"十二五"职业教育国家规划教材
经全国职业教育教材审定委员会审定

UG NX 8.0 CAD 情境教程
(第二版)

主　编　於　星　黄益华
副主编　王　俊　嵇俊锋
主　审　冯　伟

大连理工大学出版社

图书在版编目(CIP)数据

UG NX 8.0 CAD 情境教程 / 於星，黄益华主编. -- 2版. -- 大连：大连理工大学出版社，2019.9(2023.7重印)
新世纪高职高专机电类课程规划教材
ISBN 978-7-5685-2298-4

Ⅰ. ①U… Ⅱ. ①於… ②黄… Ⅲ. ①机械设计－计算机辅助设计－应用软件－高等职业教育－教材 Ⅳ. ①TH122

中国版本图书馆 CIP 数据核字(2019)第 240071 号

大连理工大学出版社出版
地址：大连市软件园路 80 号　邮政编码：116023
发行：0411-84708842　邮购：0411-84708943　传真：0411-84701466
E-mail:dutp@dutp.cn　URL:https://www.dutp.cn
辽宁虎驰科技传媒有限公司印刷　大连理工大学出版社发行

幅面尺寸:185mm×260mm　　印张:19.25　　字数:462 千字
2014 年 8 月第 1 版　　　　　　　　　　2019 年 9 月第 2 版
　　　　　　　　2023 年 7 月第 6 次印刷

责任编辑:刘　芸　　　　　　　　　　责任校对:吴媛媛
　　　　　　　　封面设计:张　莹

ISBN 978-7-5685-2298-4　　　　　　　　定　价:56.80 元

本书如有印装质量问题，请与我社发行部联系更换。

前 言

Unigraphics NX 8.0(简称 UG NX 8.0)软件是 SIEMENS 公司推出的集 CAD/CAE/CAM 于一体的三维数字化软件,它提供了完整的产品工程解决方案,包括概念设计、详细设计、工程分析、产品验证和加工制造等,并完全在数字化的环境中建立及捕获 3D 产品信息,实现产品整个生命周期的数据管理,因而广泛应用于航空航天、汽车、模具、医疗仪器、日用消费品、通用机械及电子工业等领域。

本教材在工学结合理念的指导下,根据企业产品开发设计的要求和软件的功能特点,以企业实际工作过程和项目任务的实现过程为引线,进行精心的组织和编排。本教材在 UG NX 8.0 软件平台上,以企业产品工程设计为背景,以教学情境为单元,以学习任务为引导,以造型案例学习和操作应用为主体,全面、系统地介绍了软件中三维造型(Modeling)、装配(Assemblies)和工程图(Drafting)三个基本模块以及 UG 软件的新功能——GC 工具箱(GC Toolkits)和同步建模(Synchronous Modeling)。

本教材共分 11 个学习情境,分别为槽钢、支架、配件、垫块——基本实体;零件曲线——草图;零件曲线——曲线;轴座、V 带轮、弹簧——扫描特征;法兰盘、钳身、阶梯轴、花键套——成型特征和基准特征;手机盖、把手、一级圆柱齿轮减速器箱盖——特征操作;水罐、饮料瓶——曲面建模;GC 工具箱——齿轮建模和弹簧建模;万向轮、一级圆柱齿轮减速器——装配;平口钳——绘制工程图;手机盖、鼠标底座等模型的修改——同步建模。内容编排由简单到复杂,知识体系注重突显软件的特色,力求突出"操作命令学习"和"造型思路分析"这两个重点,将知识与实践有机地结合起来,使学生得到系统的训练,从而提高软件的操作能力和知识的综合运用能力。

本教材在编写过程中力求突出以下特色:

1.本教材设置了 11 个学习情境,其中的所有任务关联结合而构成一个网格,每个任务相当于一个网格节点,网格横向是难度由浅至深的任务训练,纵向是命令操作和知识学习。整个网格命令与任务相结合,互为线索、互相

印证,覆盖了 UG CAD 的各项命令、概念、操作步骤、参数设置以及具体应用等内容,线条清晰,查询方便,便于高职高专的学生学习。

2. 在情境教学中,注重融入企业文化并结合生产要求,参照企业产品模型的设计过程,构建从任务要求、任务分析、任务实施到知识解析的学习过程。从第一次课就开始在造型任务的驱动下展开教学,使学生做中学、学中做,且前后任务递进,形成以学生为主体的教与学的情境,从而使学生逐步掌握 UG 命令,提高对命令的理解,了解软件的建模特点和造型思路。

3. 及时介绍软件的新增功能——GC 工具箱和同步建模,结合先进制造业的具体情况和应用案例,以任务为载体(GC 工具箱包括渐开线圆柱齿轮、锥齿轮、圆柱弹簧 3 个任务,同步建模包括移动面、拉出面、偏置区域等 11 个任务),介绍了 GC 工具箱和同步建模相关命令的功能、操作与应用。

4. 本教材采用软件的英文版界面,软件中的命令采用中、英文双语说明,使学生在潜移默化中提高专业英语的能力,有利于拓宽学生的从业面。

为了便于学生学习,我们将教材中任务和练习的源文件及任务操作过程视频上传至出版社的职教数字化服务平台,可免费下载使用。教材中任务的操作过程被录制成 EXE 格式的视频文件,不需要安装任何播放软件即可播放,播放时单击鼠标右键会出现控制菜单,在控制窗体中可以进行播放、暂停、停止、快放、播放定位等操作。

本教材既可作为高职高专院校机械、数控、模具、自动化、工业设计等专业的教材,又可作为企业和各类培训机构的培训教材以及 CAD 相关领域技术人员的参考用书。

本教材由苏州工业园区职业技术学院於星、黄益华任主编,南京农业大学工学院王俊和上华壹特精密元件(常州)有限公司稽俊锋任副主编,西安航空职业技术学院陈芳参加了部分内容的编写。编写分工如下:学习情境 1~2 和各学习情境的"学习目标"由黄益华编写;学习情境 3 由王俊编写;学习情境 4 由稽俊锋编写;学习情境 5、7~11 由於星编写;学习情境 6 由陈芳编写。全书由於星负责统稿和定稿。常州机电职业技术学院冯伟审阅了全书并提出了许多宝贵的意见和建议,在此深表感谢!

在编写本教材的过程中,我们参考、引用和改编了国内外出版物中的相关资料以及网络资源,在此对这些资料的作者表示诚挚的谢意。请相关著作权人看到本教材后与出版社联系,出版社将按照相关法律的规定支付稿酬。

尽管我们在教材特色的建设方面做出了许多努力,但由于编者水平有限,教材中仍可能存在一些疏漏和不妥之处,恳请各教学单位和读者在使用本教材时多提宝贵意见,以便下次修订时改进。

编 者

2019 年 8 月

所有意见和建议请发往:dutpgz@163.com
欢迎访问职教数字化服务平台:https://www.dutp.cn/sve/
联系电话:0411-84708979　84707424

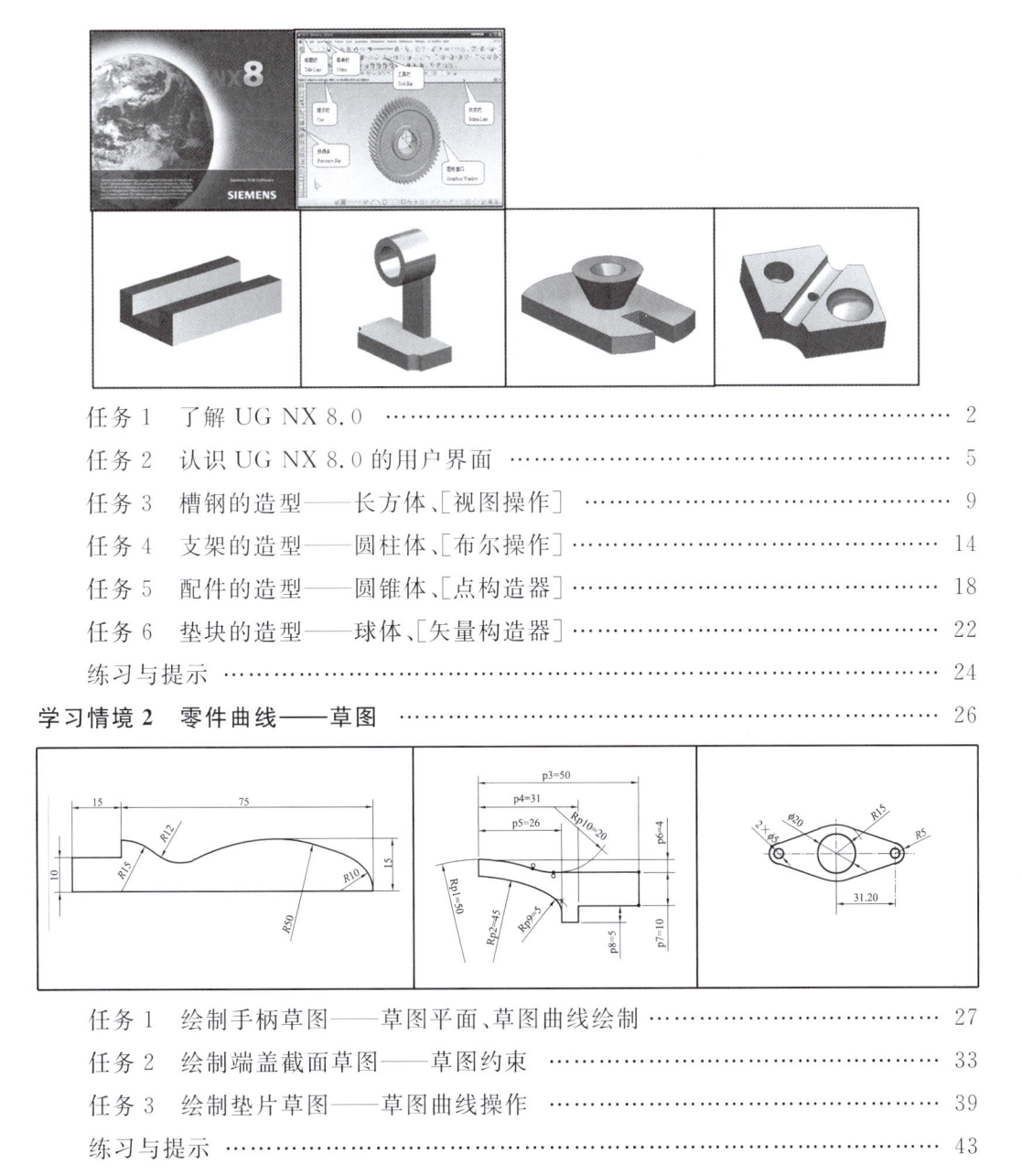

目 录

学习情境 1　槽钢、支架、配件、垫块——基本实体 ………………………………… 1

　　任务 1　了解 UG NX 8.0 ……………………………………………………………… 2
　　任务 2　认识 UG NX 8.0 的用户界面 ………………………………………………… 5
　　任务 3　槽钢的造型——长方体、[视图操作] ……………………………………… 9
　　任务 4　支架的造型——圆柱体、[布尔操作] ……………………………………… 14
　　任务 5　配件的造型——圆锥体、[点构造器] ……………………………………… 18
　　任务 6　垫块的造型——球体、[矢量构造器] ……………………………………… 22
　　练习与提示 ……………………………………………………………………………… 24

学习情境 2　零件曲线——草图 ………………………………………………………… 26

　　任务 1　绘制手柄草图——草图平面、草图曲线绘制 ……………………………… 27
　　任务 2　绘制端盖截面草图——草图约束 …………………………………………… 33
　　任务 3　绘制垫片草图——草图曲线操作 …………………………………………… 39
　　练习与提示 ……………………………………………………………………………… 43

学习情境 3　零件曲线——曲线 ································· 45

　　任务 1　绘制勺子空间曲线——直线和圆弧 ································· 46
　　任务 2　绘制槽钢截面曲线——基本曲线（直线、圆弧、圆、倒圆角、修剪） ································· 50
　　任务 3　绘制连接件截面曲线——建立其他类型的曲线 ································· 57
　　练习与提示 ································· 63

学习情境 4　轴座、V 带轮、弹簧——扫描特征 ································· 64

　　任务 1　轴座的造型——拉伸 ································· 65
　　任务 2　V 带轮的造型——旋转 ································· 69
　　任务 3　弹簧的造型——沿引导线扫描 ································· 73
　　练习与提示 ································· 76

学习情境 5　法兰盘、钳身、阶梯轴、花键套——成型特征和基准特征 ································· 84

　　任务 1　法兰盘的造型——孔、圆台、［隐藏对象］ ································· 85
　　任务 2　钳身的造型——腔体、凸台、［改变对象显示］ ································· 96
　　任务 3　阶梯轴的造型——键槽、旋槽、［坐标系操作］ ································· 101
　　任务 4　花键套的造型——基准特征（基准平面、基准轴） ································· 107
　　练习与提示 ································· 113

学习情境 6　手机盖、把手、一级圆柱齿轮减速器箱盖——特征操作 …………………… 118

　　任务 1　手机盖的造型——拔模、边倒圆、缩放体、[图层操作] ……………………… 119
　　任务 2　把手的造型——倒斜角、抽壳、偏置表面 ……………………………………… 127
　　任务 3　一级圆柱齿轮减速器箱盖的造型——螺纹、对特征形成图样、镜像特征、
　　　　　　修剪实体、分割实体 …………………………………………………………… 131
　　练习与提示 ……………………………………………………………………………… 142

学习情境 7　水罐、饮料瓶——曲面建模 146

　　任务 1　水罐的造型——直纹面、通过曲线组 …………………………………………… 147
　　任务 2　饮料瓶的造型——通过曲线网格、扫掠、N 边曲面、规律延伸 …………… 154
　　练习与提示 ……………………………………………………………………………… 162

学习情境 8　GC 工具箱——齿轮建模和弹簧建模 ……………………………………… 164

　　任务 1　一级圆柱齿轮减速器中齿轮的造型——直齿渐开线圆柱齿轮、斜齿渐开线
　　　　　　圆柱齿轮 ……………………………………………………………………… 165
　　任务 2　变速器齿轮的造型——锥齿轮、齿轮啮合 …………………………………… 170
　　任务 3　弹簧的造型——圆柱拉伸弹簧、圆柱压缩弹簧 ……………………………… 176
　　练习与提示 ……………………………………………………………………………… 183

学习情境 9　万向轮、一级圆柱齿轮减速器——装配 ……………………………… 185

　　任务 1　装配万向轮——进入装配、组件操作、引用集 …………………………… 186
　　任务 2　装配一级圆柱齿轮减速器——装配导航器、检查干涉、装配爆炸图、
　　　　　　组件应用 ……………………………………………………………………… 197
　　练习与提示 …………………………………………………………………………… 235

学习情境 10　平口钳——绘制工程图　　　　　　　　　　　　　　　　　　　237

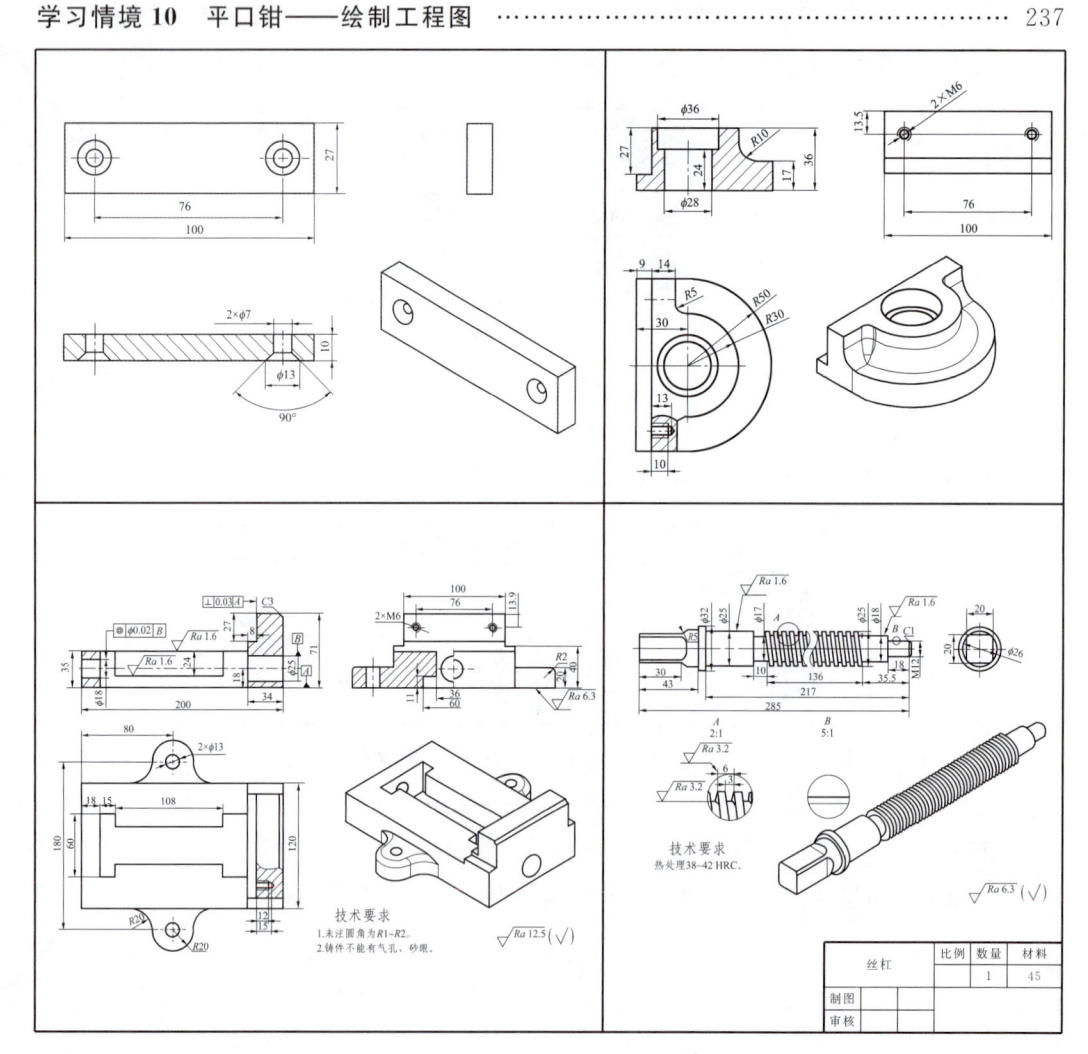

任务 1　钳口——图纸的建立与编辑、基本视图、全剖视图 …………………………… 238
　　任务 2　活动钳身——投影视图、局部剖视图、标注尺寸 ……………………………… 244
　　任务 3　固定钳身——半剖视图、标注几何公差、添加注释 …………………………… 249
　　任务 4　丝杠——断开视图、局部放大图、标注表面粗糙度、添加图框和标题栏、
　　　　　　预设置工程图参数 ……………………………………………………………… 257
　　练习与提示 ………………………………………………………………………………… 275
学习情境 11　手机盖、鼠标底座等模型的修改——同步建模 …………………………… 277

　　任务 1　修改手机盖模型侧面按键孔的位置——移动面 ………………………………… 278
　　任务 2　修改手机盖模型圆台的高度——拉出面 ………………………………………… 280
　　任务 3　修改鼠标底座模型底板的厚度——偏置区域 …………………………………… 281
　　任务 4　取消手机盖模型侧面的按键孔——替换面 ……………………………………… 282
　　任务 5　修改手机盖模型的圆弧半径——调整圆角大小 ………………………………… 283
　　任务 6　修改手机盖模型的安装柱——调整面 …………………………………………… 284
　　任务 7　修改手机盖模型的听筒孔——删除面 …………………………………………… 286
　　任务 8　添加手机盖模型的安装柱——复制面 …………………………………………… 287
　　任务 9　修改鼠标底座模型安装柱的高度——设为共面 ………………………………… 289
　　任务 10　修改手机盖模型安装柱的位置——线性尺寸 ………………………………… 290
　　任务 11　修改电器盒盖模型的截面形状和尺寸——横截面编辑 ……………………… 292
　　练习与提示 ………………………………………………………………………………… 293
参考文献 …………………………………………………………………………………… 296

学习情境 1

槽钢、支架、配件、垫块——基本实体

学习目标

1. 熟练地启动与退出 UG NX 8.0 软件,并与 AutoCAD 等其他应用软件的启动与退出方式比较,指出其特点。

2. 了解 UG NX 8.0 软件的用户界面,有目的地进行工具栏的定制。

3. 通过槽钢的造型示例,展示基本实体——长方体建模的各种方法,并要求读者进行造型练习,同时灵活使用鼠标、快捷菜单及常用视图命令进行视图操作,比较各种视图变换下的模型显示效果。

4. 通过支架的造型示例,展示基本实体——圆柱体建模的各种方法,并要求读者进行造型练习,同时重点使用布尔操作对模型进行相加、相减、相交。

5. 通过配件的造型示例,展示基本实体——圆锥体建模的各种方法,并要求读者进行造型练习,同时重点使用点构造器进行模型特征的准确定位。

6. 通过垫块的造型示例,展示基本实体——球体建模的各种方法,并要求读者进行造型练习,同时重点使用矢量构造器定义并控制模型的生长方向。

7. 要求读者灵活使用基本实体的各种建模方法,独立完成后面提供的造型练习,力求精确无误,同时体会 UG NX 8.0 软件的一般建模过程。

学习任务

任务 1

任务 2

任务 3

任务 4

任务 5

任务 6

任务1 了解 UG NX 8.0

1. 任务要求

了解 UG 软件,了解 UG NX 8.0(图 1-1)的主要特点。

图 1-1 UG NX 8.0 启动界面

2. 任务内容

(1)UG 软件的发展

Unigraphics(简称 UG)软件起源于美国麦道飞机公司,60 年代起成为商业化软件,1990 年成为 McDonnell Douglas(现在的波音飞机公司)机械 CAD/CAM/CAE 的标准。1991 年并入世界上最大的软件公司 EDS(电子资讯系统有限公司),该公司通过实施虚拟产品开发(VPD)的理念提供多极化的、集成的、企业级的软件产品与服务的完整解决方案。2007 年西门子公司旗下全球领先的产品生命周期管理(PLM)软件和服务提供商收购了 UGS 公司。UGS 公司从此更名为"UGS PLM 软件公司(UGS PLM Software)",并作为西门子自动化与驱动集团(Siemens A&D)的一个全球分支机构展开运作。UG 从第 19 版开始改名为 NX 1.0,此后又相继发布了 NX2、NX3、NX4、NX5、NX6 和 NX7,当前最新版本为 NX8,该版本于 2011 年在北京正式发布,展示了当今世界领先的 CAD/CAM/CAE 三维数字化产品创新、开放、精确可视化的分析解决方案,为用户带来了前所未有的三维开发新技术体验,为在 CAD/CAM/CAE 领域创新、成功实施提供了强大的助力。

自从 UG 软件出现以后,在航空航天、汽车、通用机械、工业设备、医疗器械以及其他高科技应用领域的机械设计和模具加工自动化的市场上得到了广泛的应用。多年来,UGS 一直在支持美国通用汽车公司实施目前全球最大的虚拟产品开发项目,同时 Unigraphics 也是日本著名汽车零部件制造商 DENSO 公司的计算机应用标准,并在全球汽车行业得到了很大的应用,如 Navistar、底特律柴油机厂、Winnebago 和 Robert Bosch AG 等,其主要大客户包括通用汽车、通用电气、福特、波音、麦道、洛克希德、劳斯莱斯、普惠发动机、克莱斯勒等。

(2) UG 软件的主要用途和常用模块

UG NX 8.0 包括许多应用模块,其中 CAD 部分的模块可以实现实体造型、虚拟装配和创建工程图等功能;依据建立的三维造型,CAM 部分的模块可以实现生成数控代码并直接用于产品加工;CAE 部分的模块实现有限元分析、运动分析和仿真模拟等。

CAD 部分常用的模块有建模模块、工程图模块、装配模块和模具向导模块。下面分别介绍其功能。

① 建模模块

建模模块是提供参数化草图工具、曲线工具、实体建模、特征建模、曲面建模等先进的造型和辅助功能的造型模块。如图 1-2 所示是使用建模模块创建的法兰盘三维造型。

② 工程图模块

图 1-2 法兰盘三维造型

工程图模块可由三维造型生成平面视图,也可由曲线工具绘制二维工程图,并提供了自动视图布置、斜视图、剖视图(全剖、半剖、局部剖、阶梯剖、旋转剖)、剖面图、局部放大图、尺寸标注、几何公差、表面结构标注、汉字输入、视图手工编辑、爆炸图、装配图、序号生成、明细表生成等。如图 1-3 所示是使用工程图模块创建的法兰盘零件工程图。

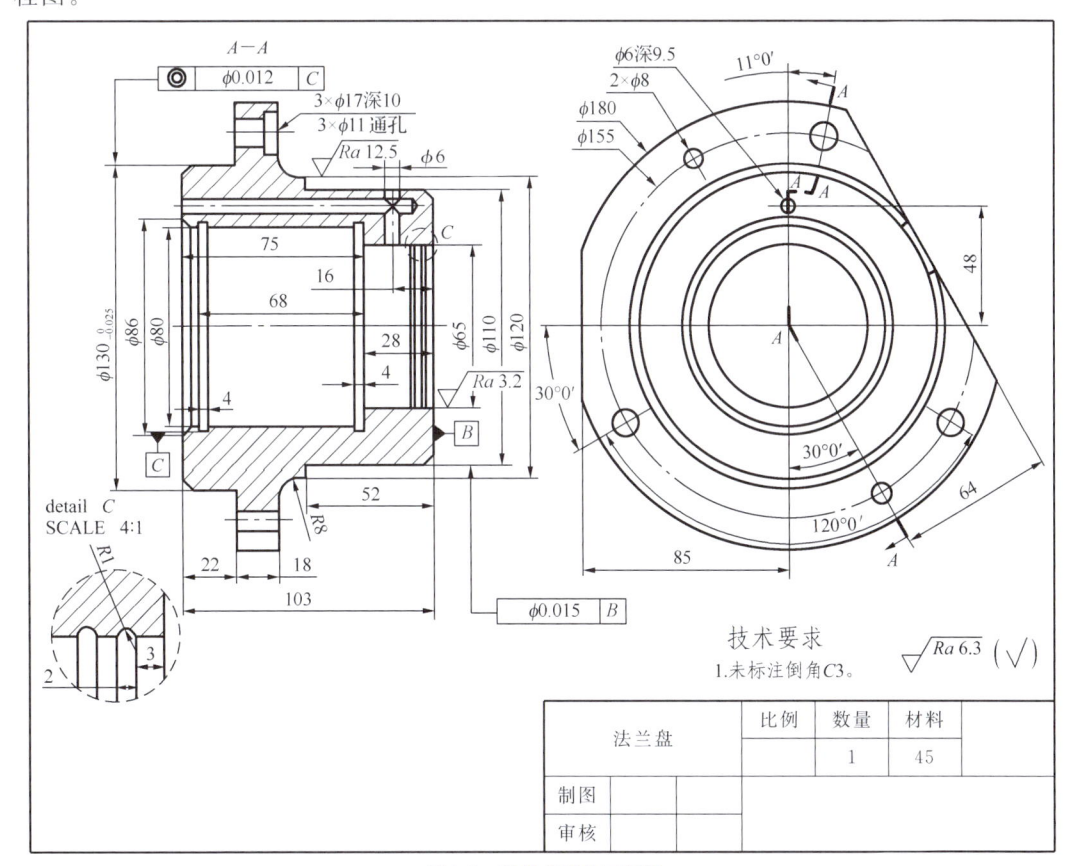

图 1-3 法兰盘零件工程图

③装配模块

装配模块用于产品的模拟装配,可采用"自下向上"或"自上向下"的装配方法,零件或部件以坐标、对齐、贴合、自动判断中心/轴、距离等方式定位。装配模型中零件是链接映象,装配模型与零件是双向相关,即零件设计修改后装配模型中的零件会自动更新。如图1-4所示是使用装配模块创建的一级圆柱齿轮减速器装配体。

④模具向导模块

模具向导模块(Mold Wizard)是 SIEMENS 公司提供的运行在 UG NX 软件基础上的一个智能化、参数化的注塑模具设计模块。它提供了模具设计的向导,覆盖从产品的装载、收缩、布局、分型、模架和标准件、浇注系统、冷却系统、电极到模具工程图的整个设计过程。加载的产品可从其他 CAD 软件导入,在设计中自动产生模具装配结构。模具型芯、型腔和其他零件的三维实体造型能快速、方便地用于数控编程加工。如图1-5所示是使用模具向导模块创建的名片盒注塑模具三维实体造型。

图1-4　一级圆柱齿轮减速器装配体　　　　图1-5　名片盒注塑模具三维实体造型

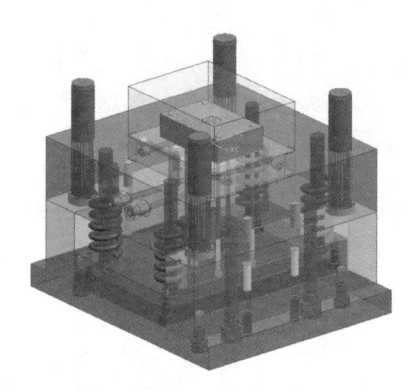

(3) UG NX 8.0 软件的新特点

UG NX 8.0 软件提供了理想的工作环境和功能涵盖了产品整个开发和制造过程的解决方案,主要体现在以下几点:

①设计效率

利用独特的三维精确描述技术和功能强大的新设计工具重新定义了 CAD 生产效率,可提高工作效率,加快设计流程,降低成本并改善决策过程。

②分析效率

通过集成主流几何体工具及最新的用于建模、仿真、自动化和测试相关性的强大分析技术,重新定义了 CAE 效率。将仿真与设计同步,执行更快的设计分析迭代,做出更好的工程决策。

③制造效率

通过在新的编程环境中利用新的应用程序,提高了零件制造效率,并提供用于涡轮叶片加工的复杂形状的叶轮编程以及数控检测编程,可根据模型数据自动运行。

④GC 工具箱

GC 工具箱是为中国制造业用户量身定制的软件工具包。它包括标准化的 GB 环境、质量检查工具、属性工具、齿轮建模工具、弹簧建模工具等,可以极大地帮助工程师在产品设计时提高标准化程度和工作效率。

学习情境1　槽钢、支架、配件、垫块——基本实体

任务2　认识UG NX 8.0的用户界面

1.任务要求

掌握UG NX 8.0的启动与退出；认识UG NX 8.0的用户界面；了解工具栏的定制。

2.任务内容

(1)UG NX 8.0的启动与退出

①启动

● 选择[开始]→[所有程序]→[UGS NX 8.0]→[NX 8.0]（或左键双击桌面上UG NX 8.0的快捷图标），进入UG NX 8.0初始界面，如图1-6所示。

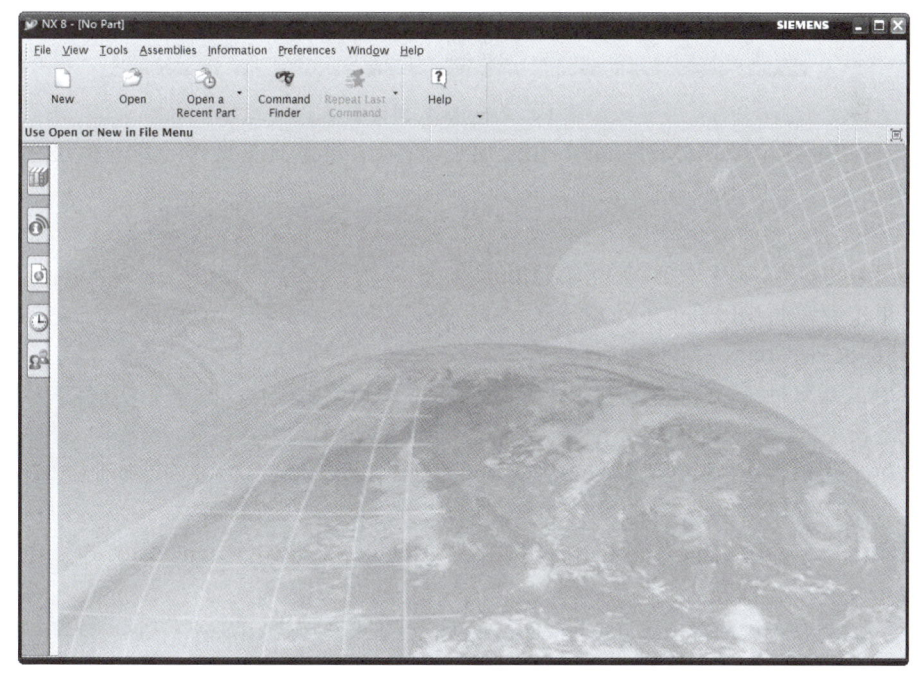

图1-6　UG NX 8.0初始界面

● 单击"New"图标，在弹出的如图1-7所示的New(新建)对话框中选择Model(模型)选项卡。在Templates(模板)组中，选择Units(单位)是Millimeters(毫米)、Name(名称)是Model(模型)的模板。在New File Name(新文件名)组的Name(名称)文本框中输入文件名称(只能使用英文字符或数字，长度不超过26个字符)，在Folder(文件夹)文本框中设置新建文件的存放目录，之后单击"OK"按钮。

New(新建)对话框包含六个选项卡，即Model(模型)、Drawing(图纸)、Simulation(仿真)、Manufacturing(加工)、Inspection(检测)、Mechatronics Concept Designer(机电概念设计)，分别用于创建相应的文件。其中Model(模型)选项卡包含执行工程设计的各个模块；Drawing(图纸)选项卡包含执行工程设计的各种图纸类型；Simulation(仿真)选项卡包含仿

图1-7 New(新建)对话框

真操作和分析的各个模块；Manufacturing(加工)选项卡包含加工操作的各个模块。

② 退出

● 关闭文件

不退出 UG NX 8.0 系统，关闭已打开的文件。

Ⅰ．单击菜单栏中[File(文件)]→[Close(关闭)]→[Selected Parts(选定的部件)]，选择一个打开的文件关闭。

Ⅱ．单击菜单栏中[File(文件)]→[Close(关闭)]→[All Parts(所有部件)]，关闭所有已打开的文件。

Ⅲ．单击菜单栏中[File(文件)]→[Close(关闭)]→[Save and Close(保存并关闭)]，保存并关闭已打开的文件。

Ⅳ．单击菜单栏中[File(文件)]→[Close(关闭)]→[Save As and Close(另存为并关闭)]，另存并关闭已打开的文件。

Ⅴ．单击菜单栏中[File(文件)]→[Close(关闭)]→[Save All and Close(全部保存并关闭)]，保存并关闭所有已打开的文件。

● 退出 UG NX 8.0 系统

Ⅰ．单击菜单栏中[File(文件)]→[Exit(退出)]，退出系统。

Ⅱ．单击 UG NX 8.0 系统窗口界面中右上角的 ✕ 按钮，退出系统。

在采用以上两种退出方法时，如果设计结果已保存，则退出时不会有任何提示；如果设计结果没有保存，系统会弹出如图1-8所示的 Exit(退出)对话框，提示用户文件已被修改，是否保存(提示内容："您的一个打开的文件已修改，您要保存它之后退出吗？")，单击"Yes—Save and Exit(是的—保存和退出)"按钮，保存文件并退出系统；单击"No—Exit(不—退出)"按钮，不保存文件并退出系统；单击"Cancel(取消)"按钮，取消退出操作。

(2) UG NX 8.0 的用户界面

UG NX 8.0 的用户界面如图1-9所示，主要由标题栏、菜单栏、工具栏、图形窗口、资源

图 1-8　Exit(退出)对话框

条、提示栏、状态栏等组成。

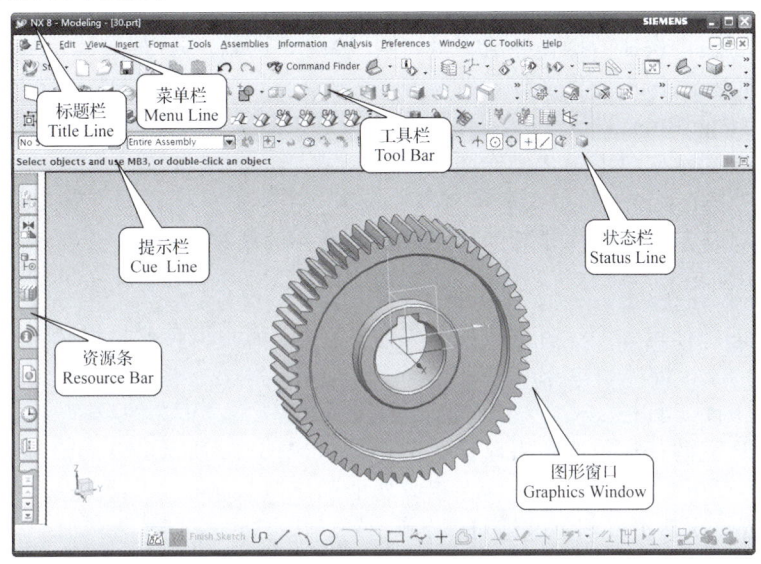

图 1-9　UG NX 8.0 的用户界面

①标题栏(Title Line)

标题栏位于用户界面的最上方,用来显示 UG NX 的版本、正在运行的应用模块和文件名称。

②菜单栏(Menu Line)

菜单栏位于标题栏下方,包含了 UG NX 所有的操作命令。不同的应用模块,下拉菜单的命令内容有所不同。在建模模块中主要包含以下菜单:

　　File(文件):模型文件的管理。

　　Edit(编辑):模型文件的设计更改。

　　View(视图):模型的显示控制。

　　Insert(插入):建模模块的常用命令。

　　Format(格式):模型设置的组织与管理。

　　Tools(工具):复杂建模工具。

　　Assemblies(装配):虚拟装配的命令(装配模块)。

　　Information(信息):信息查询。

　　Analysis(分析):模型对象分析。

　　Preferences(首选项):参数设置。

　　Window(窗口):窗口切换(可以切换到已打开的其他文件)。

　　GC Toolkits(GC 工具箱):是为我国用户开发使用的工具箱,主要包括:GC 数据规范、齿轮建模、弹簧设计、加工准备。

　　Help(帮助):使用求助。

③工具栏(Tool Bar)

工具栏是使用 UG 命令的快捷方式,每个工具栏中的图标都对应着菜单栏中的一个命令,工具栏中包含的图标可根据用户需要自行定制。

④图形窗口(Graphics Window)

图形窗口是用户绘制图形的区域。

⑤资源条(Resource Bar)

资源条用于提供快捷的操作导航工具,包括装配导航器、部件导航器、浏览导航器、培训导航器、帮助导航器、历史操作文件导航器等。

⑥提示栏(Cue Line)

提示栏用于提示用户下一步操作。

⑦状态栏(Status Line)

状态栏用于显示当前操作步骤的状态或当前操作的结果。

(3)工具栏的定制

工具栏中的图标包含 UG 各模块的相关命令,通过定制工具栏可以选择用户所需要命令的图标。

①显示或关闭工具栏

在工具栏区域的任何位置单击鼠标右键,弹出如图 1-10 所示的 Tool Bar(工具栏)设置菜单,在用户界面中要显示工具栏,则在相应功能的工具栏前面单击勾选即可;要不显示某个工具栏,只要再次单击取消勾选即可。

②在工具栏中添加或移除图标

单击工具栏右侧按钮 ,弹出"Add or Remove Buttons(添加或移除图标)"命令,在下拉菜单相应的图标选项前面单击,通过勾选或取消勾选来添加或移除工具栏中的图标,如图 1-11 所示。

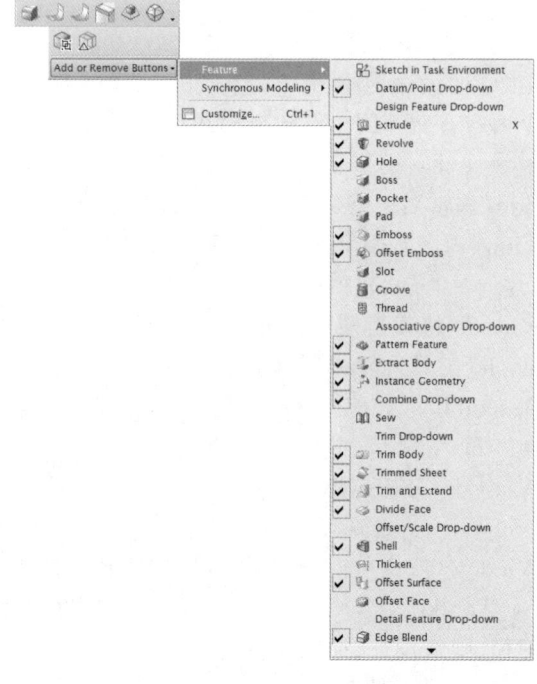

图 1-10　Tool Bar(工具栏)设置菜单　　　图 1-11　Add or Remove Buttons(添加或移除图标)

任务 3　槽钢的造型——长方体、[视图操作]

1. 任务要求

制作槽钢的三维造型,结构与尺寸如图 1-12 所示。

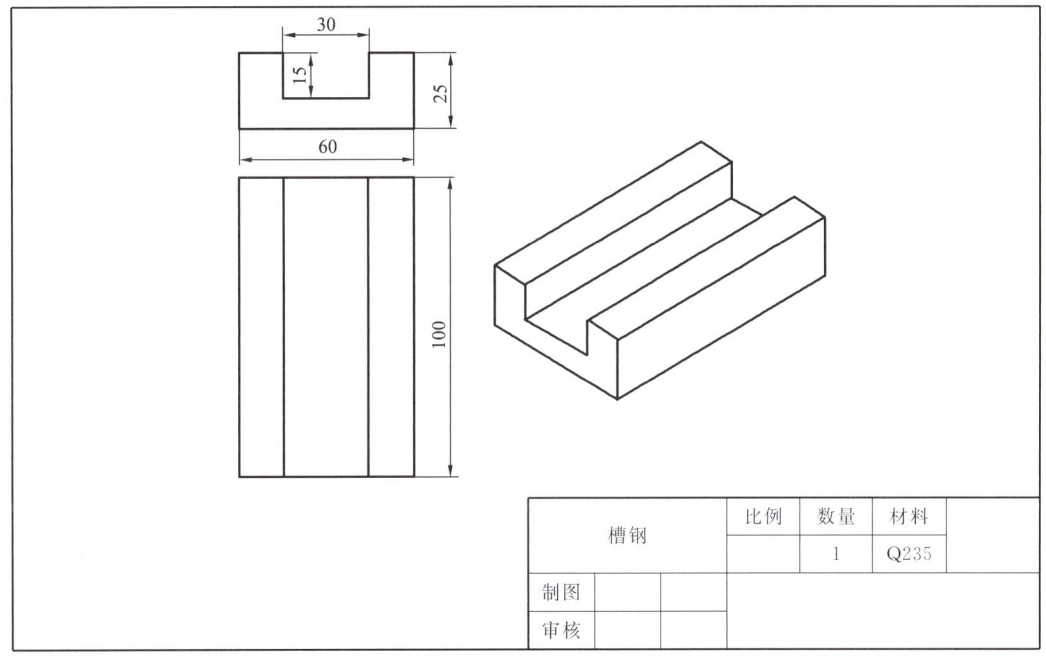

图 1-12　槽钢零件图

2. 任务分析

槽钢零件是由长方体组合而成的。

3. 任务实施

分步操作结果如图 1-13 所示。

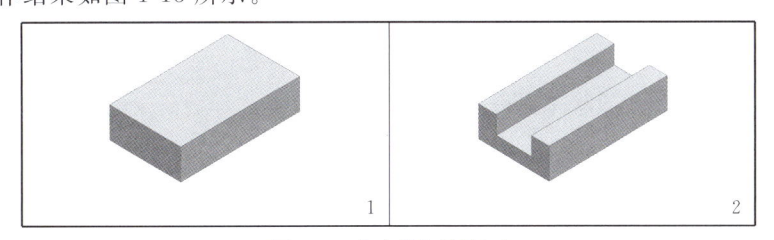

图 1-13　分步操作结果(1)

4. 知识解析

(1) Block(长方体)

选择下拉菜单:[Insert(插入)]→[Design Feature(设计特征)]→[Block(长方体)],弹出如图 1-14 所示的 Block(长方体)对话框。

● Type(类型):创建长方体的类型有三种,即 Origin and Edge Lengths(原点与边长)、Two Points and Height(两个点与高度)、Two Diagonal Points(两个对角点)。

● Origin(原点):

Specify Point(指定点):设定长方体第一点。

● Dimensions(尺寸):输入长方体的长度、宽度、高度。

Length(长度)、Width(宽度)、Height(高度)。

● Boolean(布尔):设置布尔操作。

● Settings(设置)

● Preview(预览)

①Origin and Edge Lengths(原点与边长)创建长方体,如图 1-14 所示。

步骤 1:指定长方体原点,如图 1-15 所示。

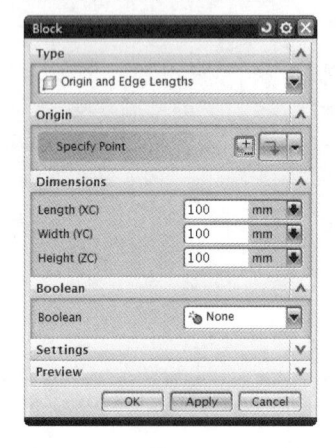

图 1-14 Block(长方体)对话框——类型"原点与边长"

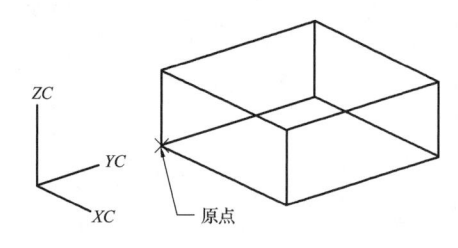

图 1-15 "原点与边长"创建长方体

步骤 2:输入长方体的长度、宽度、高度。

步骤 3:设置布尔操作。

步骤 4:单击"OK"按钮。

②Two Points and Height(两个点与高度)创建长方体,如图 1-16 所示。

步骤 1:设定长方体第一点,如图 1-17 所示。

图 1-16 Block(长方体)对话框——类型"两个点与高度"

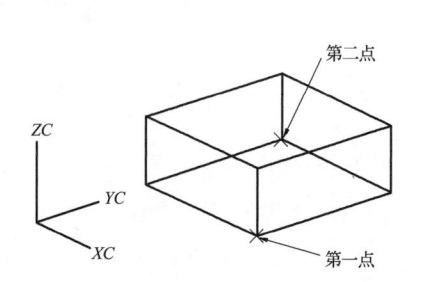

图 1-17 "两个点与高度"创建长方体

步骤 2：设定长方体第二点(Point XC,YC from Origin(从原点出发的点 XC、YC))，如图 1-17 所示。

步骤 3：输入长方体的高度。

步骤 4：设置布尔操作。

步骤 5：单击"OK"按钮。

③Two Diagonal Points(两个对角点)创建长方体，如图 1-18 所示。

步骤 1：设定长方体第一点，如图 1-19 所示。

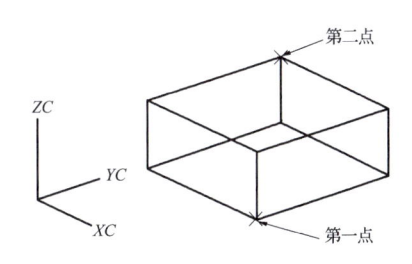

图 1-18 Block(长方体)对话框——类型"两个对角点"

图 1-19 "两个对角点"创建长方体

步骤 2：设定长方体第二点(Point XC,YC,ZC from Origin(从原点出发的点 XC、YC、ZC))，如图 1-19 所示。

步骤 3：设置布尔操作。

步骤 4：单击"OK"按钮。

(2)View(视图操作)

①观察视图的方法

a. 在 View(视图)工具栏选择图标命令，如图 1-20 所示，图标命令含义见表 1-1。

图 1-20 View(视图)工具栏

表 1-1 View(视图)工具栏及快捷菜单(图形窗口单击鼠标右键打开的快捷菜单)命令含义

命 令	中文含义
Refresh	刷新：对视图进行清理，擦除临时显示对换
Fit	适合窗口：使全部可见，模型充满图形窗口
Zoom	缩放：利用鼠标拖出矩形进行图形放大
Pan	平移
Rotate	旋转：按住鼠标左键拖动，进行动态旋转

续表

命　令	中文含义
Update Display	更新显示
Restore	恢复:将工作视图恢复到上次操作之前的方位和比例
True Shading	真实着色
Rendering Style	渲染样式;显示方式
Orient View	定向视图;系统提供八个方向的视图
Replace View	替换视图
Set Rotate Point	设置旋转点
Repeat Command	复述命令
Undo	撤消

b. 在图形窗口单击鼠标右键,打开快捷菜单(图 1-21),选择视图命令,命令含义见表 1-1。

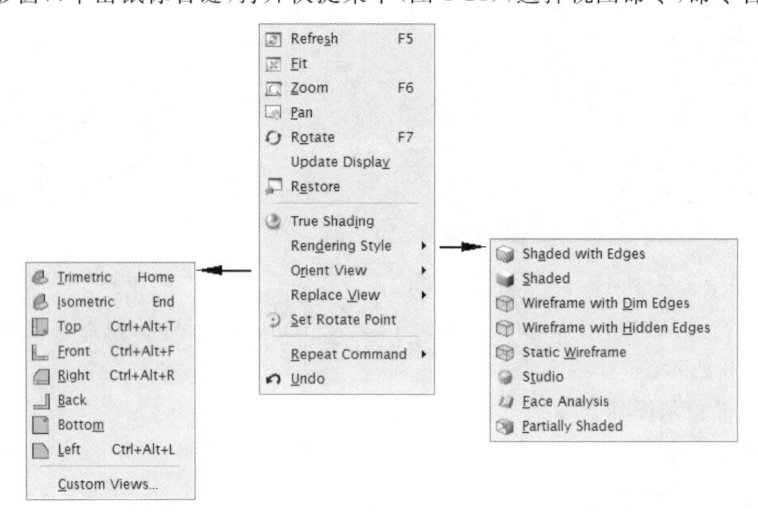

图 1-21　快捷菜单

● Rendering Style(渲染样式)

Shaded with Edges(带边着色):用以渲染实体的面并显示边,如图 1-22 所示。

Shaded(着色):用以渲染实体的面,不显示边,如图 1-23 所示。

Wireframe with Dim Edges(带淡化边的线框):图形中隐藏线显示为灰色,如图 1-24 所示。

图 1-22　Shaded with Edges　　图 1-23　Shaded(着色)　　图 1-24　Wireframe with Dim Edges
　　　　（带边着色）　　　　　　　　　　　　　　　　　　　　　　　　　　（带淡化边的线框）

Wireframe with Hidden Edges(带隐藏边的线框):不显示图形中隐藏线,如图 1-25 所示。

Static Wireframe(静态线框):图形中隐藏线显示为实线,如图 1-26 所示。

Studio(艺术外观):根据材料、纹理和光源渲染视图中的面,如图 1-27 所示。

图 1-25　Wireframe with Hidden Edges　　　图 1-26　Static Wireframe　　　图 1-27　Studio
　　　(带隐藏边的线框)　　　　　　　　　　　(静态线框)　　　　　　　　　(艺术外观)

Face Analysis(面分析):渲染选定的对象,以指示曲面分析数据。
Partially Shaded(局部着色):对部分面、实体着色显示,其余线框显示。
- Orient View(定向视图)——系统提供八个方向的视图,如图 1-28 所示。

Trimetric (正二测视图)　　　　　Isometric (正等测视图)

Bottom (仰视图)　　　　　　　Top (俯视图)

Right (右视图)　　Front (前视图)　　Left (左视图)　　Back (后视图)

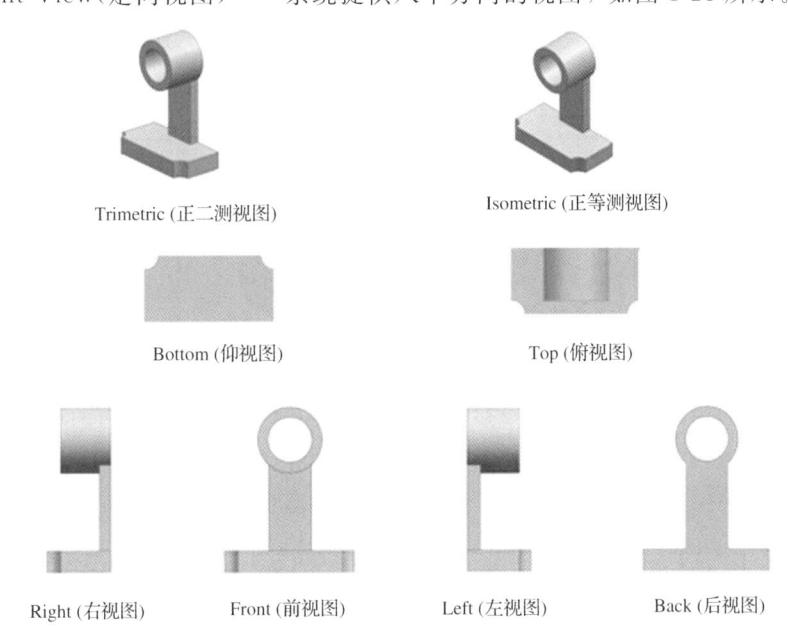

图 1-28　Orient View(定向视图)

Trimetric(正二测视图):从坐标系的右－前－上方向观察实体。
Isometric(正等测视图):以等角度关系,从坐标系的右－前－上方向观察实体。
Top(俯视图):沿 ZC 负方向投影到 XC－YC 平面上的视图。
Front(前视图):沿 YC 正方向投影到 XC－ZC 平面上的视图。
Right(右视图):沿 XC 负方向投影到 YC－ZC 平面上的视图。
Back(后视图):沿 YC 负方向投影到 XC－ZC 平面上的视图。
Bottom(仰视图):沿 ZC 正方向投影到 XC－YC 平面上的视图。
Left(左视图):沿 XC 正方向投影到 YC－ZC 平面上的视图。
②鼠标(图 1-29)的使用
左键:用于选择菜单命令、对象或拖动。
中键:用于确定。按住并拖动时,可以旋转视图。

图 1-29　鼠标

右键:用于显示快捷菜单(在绘图区域单击鼠标右键显示视图操作快捷菜单,在工具栏区域单击鼠标右键显示定制工具栏快捷菜单)。

Ctrl+左键:选取多个选项。

Shift+左键:选取一个连续区域的所有选项。

Alt+中键:取消操作。

Shift+中键:平移视图。

转动滚轮:视图缩放。

任务 4　支架的造型——圆柱体、[布尔操作]

1. 任务要求

制作支架的三维造型,结构与尺寸如图 1-30 所示。

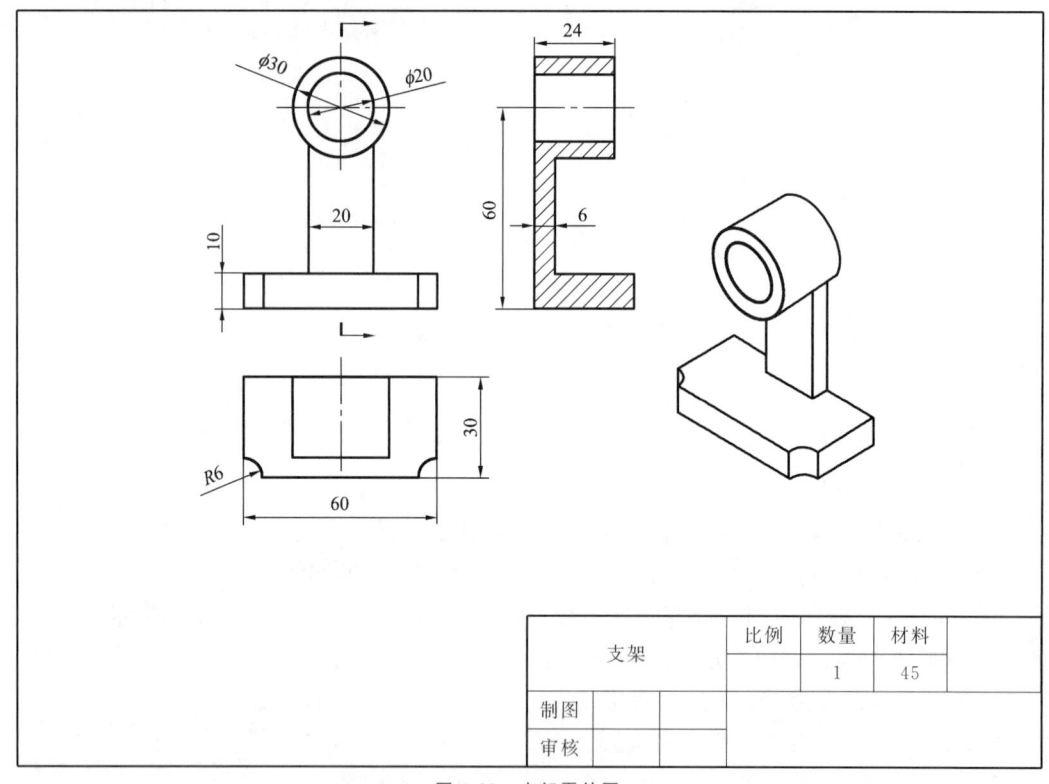

图 1-30　支架零件图

2. 任务分析

支架零件是由长方体和圆柱体组合而成的。

3. 任务实施

分步操作结果如图 1-31 所示。

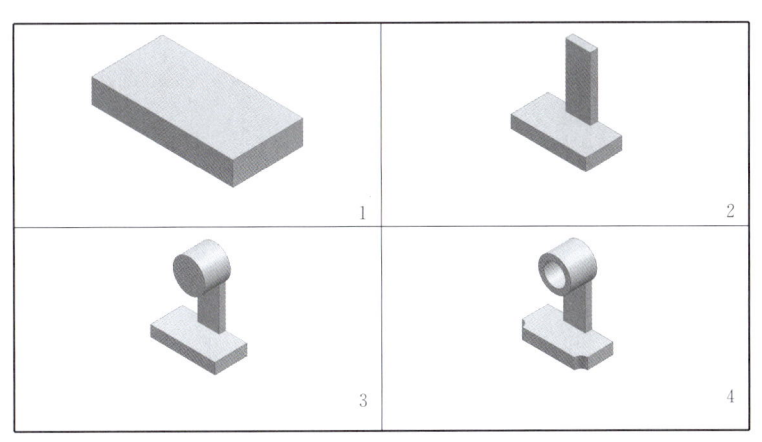

图 1-31　分步操作结果(2)

4. 知识解析

(1)Cylinder(圆柱体)

选择下拉菜单：[Insert(插入)]→[Design Feature(设计特征)]→[Cylinder(圆柱体)]，弹出如图 1-32 所示的 Cylinder(圆柱体)对话框。

- Type(类型)：创建圆柱体的类型有两种，即 Axis，Diameter and Height(轴、直径和高度)、Arc and Height(圆弧和高度)。
- Axis(轴)

Specify Vector(指定矢量)：指定圆柱体的轴线方向。

Specify Point(指定点)：指定原点(圆柱体底面的圆心)。

- Dimensions(尺寸)：输入直径和高度。

Diameter(直径)、Height(高度)。

- Boolean(布尔)：设置布尔操作。
- Settings(设置)
- Preview(预览)

①Axis，Diameter and Height(轴、直径和高度)创建圆柱体，如图 1-32 所示。

步骤1：指定圆柱体的轴线方向。

步骤2：指定原点(圆柱体底面的圆心)。

步骤3：输入直径和高度。

步骤4：设置布尔操作。

步骤5：单击"OK"按钮，如图 1-33 所示。

②Arc and Height(圆弧和高度)创建圆柱体，如图 1-34 所示。

步骤1：选择圆弧(作为圆柱体底面圆弧)。

步骤2：输入高度。

步骤3：设置布尔操作。

步骤4：单击"OK"按钮，如图 1-35 所示。

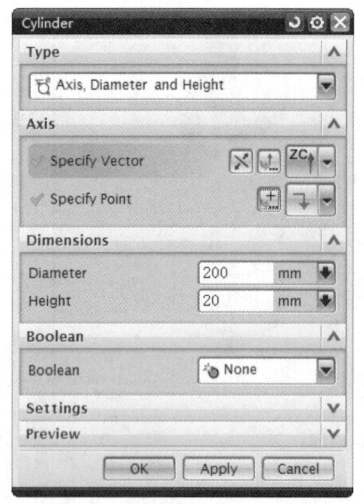

图 1-32　Cylinder(圆柱体)对话框——类型"轴、直径和高度" 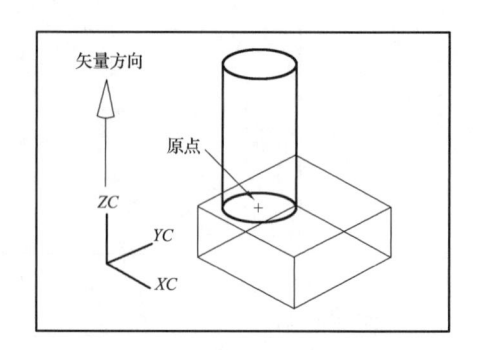　　图 1-33　"轴、直径和高度"创建圆柱体

图 1-34　Cylinder(圆柱体)对话框——类型"圆弧和高度" 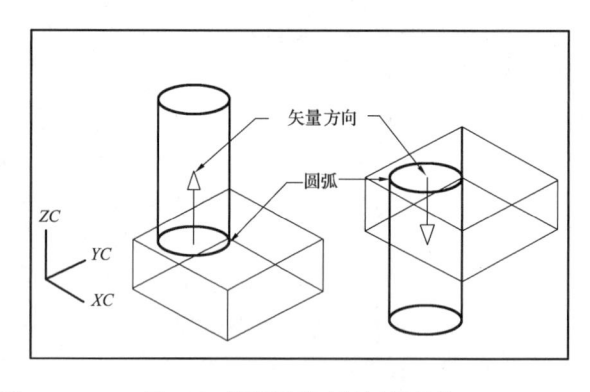　　图 1-35　"圆弧和高度"创建圆柱体

(2) Boolean(布尔操作)

在建模过程中,将多个实体组合成单个实体的操作称为布尔操作。布尔操作中目标实体(Target Body)是指首先选取的需要被加或被减的对象,目标实体只有一个。工具实体(Tool Body)是指在进行布尔操作时第二个及以后选取的对象,工具实体可以有多个。

① Unite(求和)

单击工具栏图标:Feature(特征)工具栏中的 Unite(求和)图标 ![图标],或选择下拉菜单:[Insert(插入)]→[Combine(组合)]→[Unite(求和)],弹出如图 1-36 所示的 Unite(求和)对话框。

● Target(目标)

Select Body(选择实体):用于选择目标实体。

● Tool(工具)

Select Body(选择实体):用于选择工具实体。

● Settings(设置)

Keep Target(保存目标):保留目标实体。

Keep Tool(保存工具):保留工具实体。
Tolerance(公差值):用于设置创建布尔实体特征的允许公差。
● Preview(预览)
步骤1:选择目标实体。
步骤2:选择工具实体。
步骤3:设置是否保留目标实体或是否保留工具实体。
步骤4:单击"OK"按钮,如图1-37所示。
当使用Unite(求和)时,工具实体必须与目标实体接触,如图1-37所示,否则将显示如下错误信息:"Tool body completely outside target body(工具实体完全超出目标实体)"。

图1-36 Unite(求和)对话框 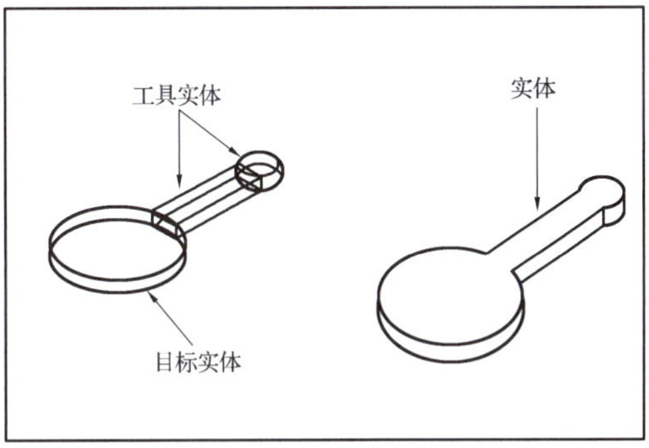　　　　　　图1-37 求和

②Subtract(求差)
单击工具栏图标:Feature(特征)工具栏中的Subtract(求差)图标，或选择下拉菜单:[Insert(插入)]→[Combine(组合)]→[Subtract(求差)],弹出如图1-38所示的Subtract(求差)对话框。
步骤1:选择目标实体。
步骤2:选择工具实体。
步骤3:设置是否保留目标实体和工具实体。
步骤4:单击"OK"按钮,如图1-39所示。

图1-38 Subtract(求差)对话框 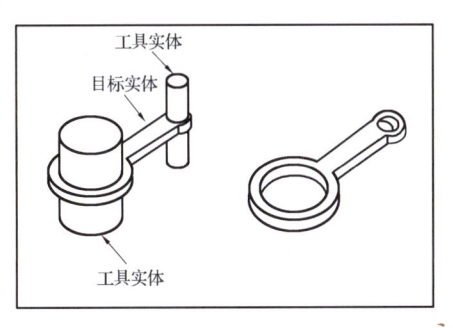　　　　　　图1-39 求差

③Intersect(求交)
单击工具栏图标:Feature(特征)工具栏中的Intersect(求交)图标，或选择下拉菜单[Insert(插入)]→[Combine(组合)]→[Intersect(求交)],弹出如图1-40所示的Intersect(求交)对话框。

步骤1:选择目标实体。
步骤2:选择工具实体。
步骤3:设置是否保留目标实体和工具实体。
步骤4:单击"OK"按钮,如图1-41所示。

图 1-40 Intersect(求交)对话框

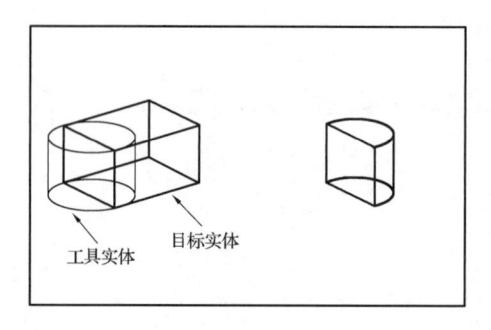

图 1-41 求交

任务5 配件的造型——圆锥体、[点构造器]

1. 任务要求

制作配件的三维造型,结构与尺寸如图1-42所示。

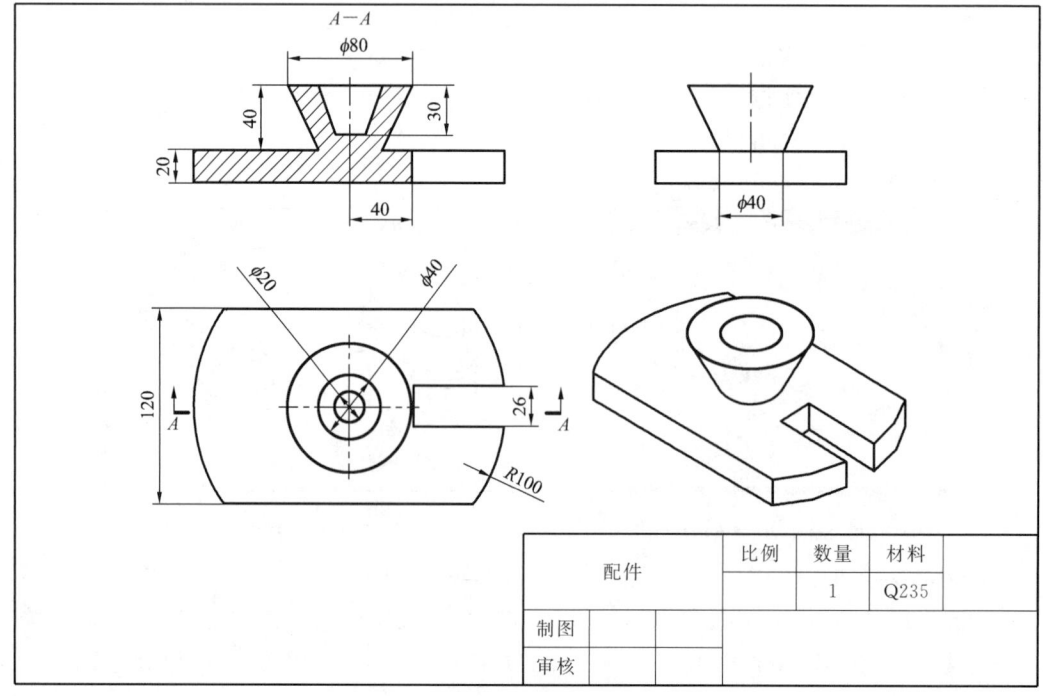

图 1-42 配件零件图

2. 任务分析

配件零件是由圆柱体、长方体和圆锥体组合而成的。

3. 任务实施

分步操作结果如图 1-43 所示。

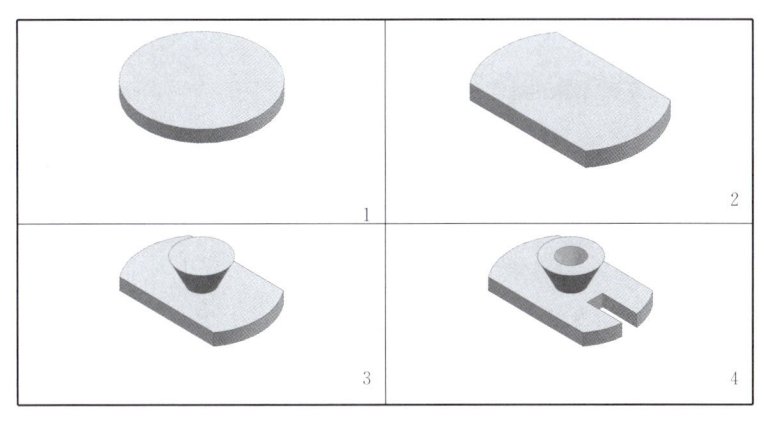

图 1-43　分步操作结果(3)

4. 知识解析

(1) Cone(圆锥体)

选择下拉菜单：[Insert(插入)]→[Design Feature(设计特征)]→[Cone(圆锥体)]，弹出如图 1-44 所示的 Cone(圆锥体)对话框。

- Type(类型)：创建圆锥体的类型有五种，即 Diameters and Height(直径和高度)；Diameters and Half Angle(直径和半角)；Base Diameter，Height and Half Angle(底部直径、高度和半角)；Top Diameter，Height and Half Angle(顶部直径、高度和半角)；Two Coaxial Arcs(两个共轴的圆弧)。
- Axis(轴)：

Specify Vector(指定矢量)：指定圆锥体的轴线方向。

Specify Point(指定点)：指定原点(圆锥体底面的圆心)。

- Dimensions(尺寸)：输入底部直径、顶部直径和高度。

Base Diameter(底部直径)、Top Diameter(顶部直径)、Height(高度)。

①Diameters and Height(直径和高度)

通过定义底部直径(Base Diameter)、顶部直径(Top Diameter)和高度(Height)创建圆锥体。

步骤 1：指定圆锥体的轴线方向。

步骤 2：指定原点(圆锥体底面的圆心)。

步骤 3：输入底部直径、顶部直径和高度。

步骤4:设置布尔操作。

步骤5:单击"OK"按钮,如图1-45所示。

②Diameters and Half Angle(直径和半角)

通过定义底部直径(Base Diameter)、顶部直径(Top Diameter)和半角(Half Angle)创建圆锥体,如图1-46和图1-47所示。

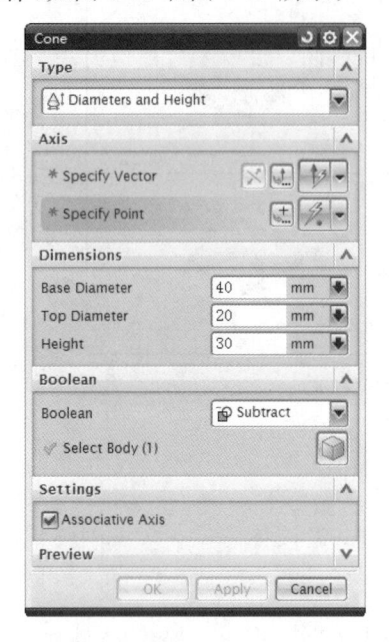

图1-44 Cone(圆锥体)对话框——类型"直径和高度"

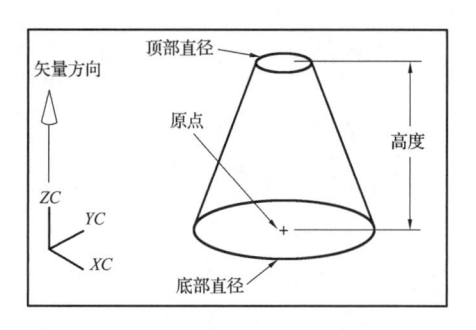

图1-45 "直径和高度"创建圆锥体

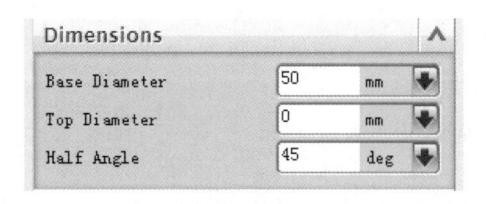

图1-46 "直径和半角"参数

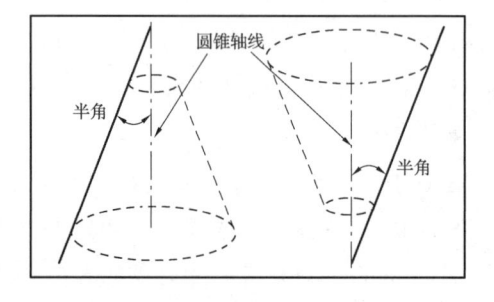

图1-47 "直径和半角"创建圆锥体

③Base Diameter,Height and Half Angle(底部直径、高度和半角)

通过定义底部直径(Base Diameter)、高度(Height)和半角(Half Angle)创建圆锥体,参数设置如图1-48所示。

④Top Diameter,Height and Half Angle(顶部直径、高度和半角)

通过定义顶部直径(Top Diameter)、高度(Height)和半角(Half Angle)创建圆锥体,参数设置如图1-49所示。

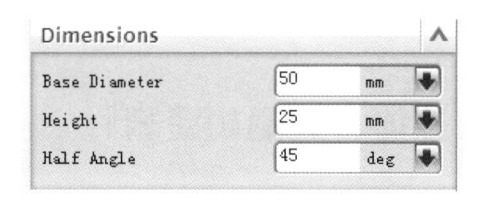

图 1-48 "底部直径、高度和半角"参数 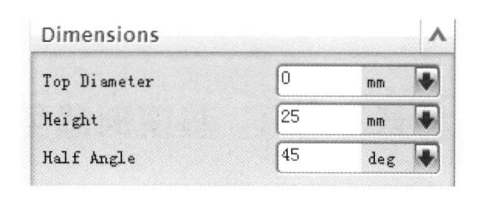　　　　图 1-49 "顶部直径、高度和半角"参数

⑤Two Coaxial Arcs(两个共轴的圆弧)

通过选择两个圆弧创建圆锥体。如果两个圆弧不共轴，系统会将第二个选中的圆弧(顶弧)沿由该圆弧形成的平面平移到共轴为止。

(2)Point(点构造器)

在 UG NX 8.0 操作过程中，当需要指定一个点时，系统通常会弹出 Point(点构造器)对话框，如图 1-50 所示。

点的确定有三种方法：

①Point Location(点位置)：

Select Object(选择对象)：用捕捉方式确定点。该选项利用点的智能捕捉功能，自动捕捉各类对象上的关键点(端点、交点、圆心等)。系统提供了 12 种捕捉方式。

● Inferred Point(自动判断的点)：根据光标所处的位置，自动判断出所要选取的点。

● Cursor Location(光标位置)：定位光标当前的位置点。

图 1-50　Point(点构造器)对话框

● Existing Point(存在点)：选择某个存在点。

● End Point(端点)：直线、圆弧、各类曲线的端点。

● Control Point(控制点)：曲线的控制点。

● Intersection Point(交点)：线与线的交点。

● Arc/Ellipse/Sphere Center(圆弧中心)：在圆弧、椭圆或球的中心指定一个位置。

● Angle on Arc/Ellipse(圆弧上的角度点)：在沿着圆弧或椭圆与 XC 轴正方向成一定角度(按逆时针)的位置指定一个位置。

● Quadrant Point(象限点)：在一个圆弧或一个椭圆的四分点指定一个位置。

● Point on Curve/Edge(点在曲线/边上)：在曲线或边上指定一个位置。

● Point on Face(点在曲面上)：指定面上的一个点。

● Between Two Points(两点之间)：在两点之间指定一个位置。

②Output Coordinates(输出坐标)：用输入坐标值方式确定点。

直接在 Point(点构造器)对话框中输入点的坐标值，然后单击"OK"按钮。在 Reference (参考)选项框选择"WCS(工作坐标系)"，输入的坐标值是相对于工作坐标系的；选择"Absolute(绝对)"，输入的坐标值是相对于绝对坐标系的。

③Offset(偏置)：用偏置方式确定点。

任务6　垫块的造型——球体、[矢量构造器]

1. 任务要求

制作垫块的三维造型,结构与尺寸如图1-51所示。

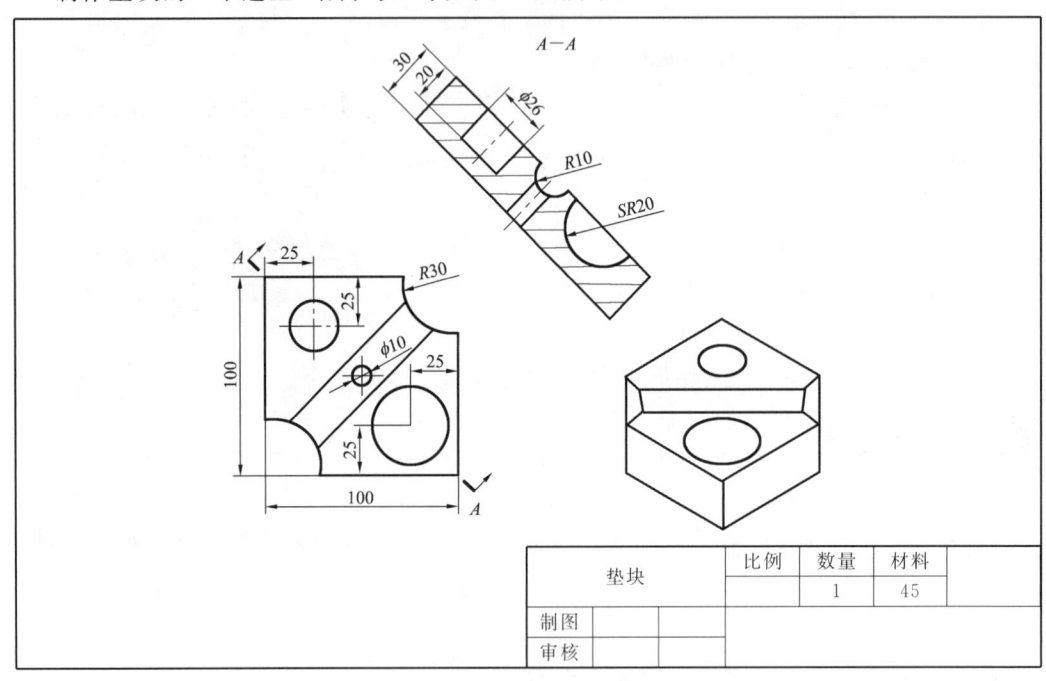

图1-51　垫块零件图

2. 任务分析

垫块零件是由长方体、圆柱体和球体组合而成的。

3. 任务实施

分步操作结果如图1-52所示。

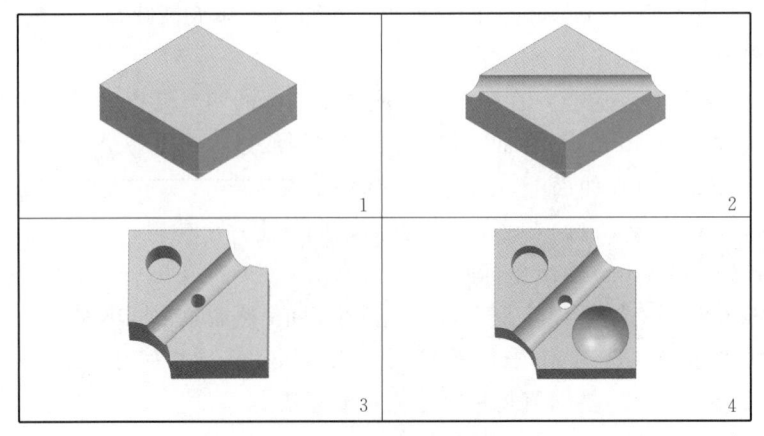

图1-52　分步操作结果(4)

4. 知识解析

(1) Sphere(球体)

选择下拉菜单:[Insert(插入)]→[Design Feature(设计特征)]→[Sphere(球体)],弹出如图 1-53 所示的 Sphere(球体)对话框。

图 1-53 Sphere(球体)对话框——类型"球心和直径"

● Type(类型):创建球体的类型有两种,即 Center Point and Diameter(球心和直径)、Arc(圆弧)。

● Center Point(球心)

Specify Point(指定点):确定球心坐标。

● Dimensions(尺寸)

Diameter(直径):输入直径。

● Boolean(布尔):设置布尔操作。

① Center Point and Diameter(球心和直径)

通过定义直径(Diameter)、球心(Center Point)坐标创建球体。

步骤 1:确定球心坐标。

步骤 2:输入直径。

步骤 3:设置布尔操作。

步骤 4:单击"OK"按钮。

② Arc(圆弧)

在如图 1-54 所示的 Sphere(球体)对话框中,通过选择圆弧创建球体,如图 1-55 所示。

图 1-54 Sphere(球体)对话框——类型"圆弧" 　　图 1-55 "选择圆弧"方式创建球体

步骤 1：选择已经存在的圆弧。
步骤 2：设置布尔操作。
步骤 3：单击"OK"按钮。

(2) Vector(矢量构造器)

很多建模操作都要用到矢量，用以确定特征或对象的方位。矢量构造器用于构造一个单位方向矢量，矢量的各坐标分量值只用于确定矢量方向。Vector(矢量构造器)对话框如图 1-56 所示。

图 1-56 Vector(矢量构造器)对话框

① Type(类型)——构造矢量的方法

- Inferred Vector(自动判断的矢量)：根据选择的几何对象不同，自动推测一种方式来定义矢量。
- Two Points(两点)：用于选择空间两点来定义一个矢量，其方向由第一点指向第二点。
- At Angle to XC(与 XC 轴呈一角度)：用于在 XC-YC 平面上构造与 XC 轴成一定角度的矢量。
- On Curve Vector(在曲线矢量上)：用于以曲线某一点位置上的切向矢量作为要构造的矢量。
- Face/Plane Normal(面的法向)：用于构造一个与平面法线或圆柱面轴线平行的矢量。
- XC Axis(XC 轴)：用于构造一个与 XC 轴平行或与已存在坐标系的 X 轴平行的矢量。
- YC Axis(YC 轴)：用于构造一个与 YC 轴平行或与已存在坐标系的 Y 轴平行的矢量。
- ZC Axis(ZC 轴)：用于构造一个与 ZC 轴平行或与已存在坐标系的 Z 轴平行的矢量。

② Objects to Define Vector(要定义矢量的对象)
Select Object(选择对象)

③ Vector Orientation(矢量方位)
Reverse Direction(反向)

练习与提示

1-1　创建如图 1-57 所示的三维造型。
提示：创建长方体。
1-2　创建如图 1-58 所示的三维造型。

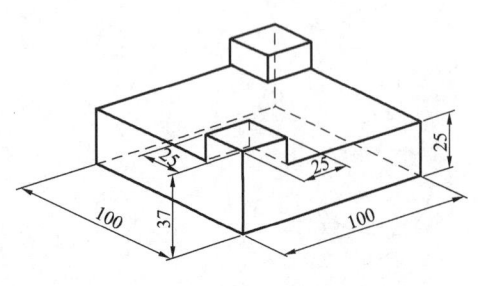

图 1-57　题 1-1 图

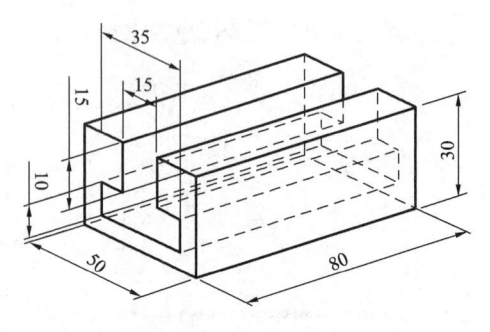

图 1-58　题 1-2 图

1-3 创建如图 1-59 所示的三维造型。
提示：创建圆柱体。

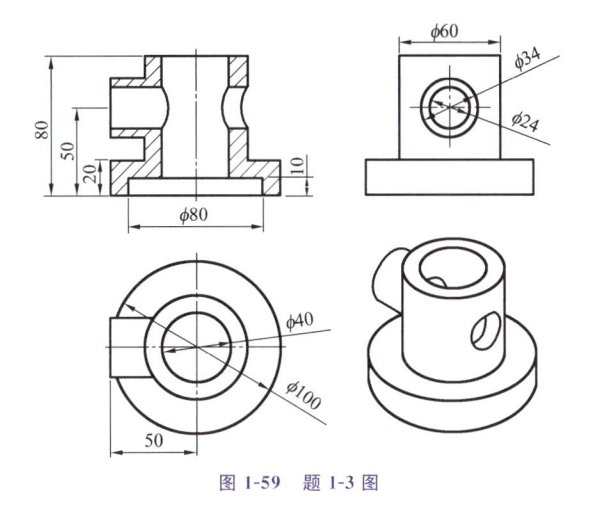

图 1-59 题 1-3 图

学习情境 2
零件曲线——草图

学习目标

1. 在 UG NX 8.0 的草图功能下,绘制手柄草图,演示选择草图平面、命名草图以及绘制草图曲线的方法。

2. 通过绘制手柄草图,掌握草图曲线的尺寸驱动和参数化控制功能,并加以应用和修改,生成不同曲线形状的手柄草图。

3. 通过绘制端盖截面草图,演示草图的尺寸约束和几何约束功能,进一步展示草图的参数化特点,要求读者灵活有序地选择有效方式,精确地完成端盖截面草图的指定练习。

4. 通过绘制垫片草图,演示草图曲线的镜像、偏置、投影、相交、添加等曲线操作功能,要求读者对比选择,精确无误地完成垫片草图的指定练习。

5. 要求读者熟练使用草图功能完成后面指定的练习,能够进行各种转换实现草图的尺寸驱动和参数化控制功能,并逐渐形成个性化的绘图习惯。

学习任务

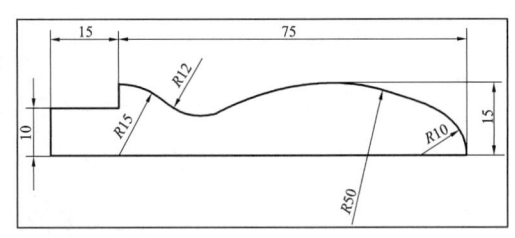

任务 1

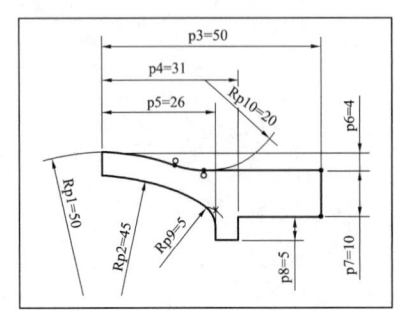

任务 2

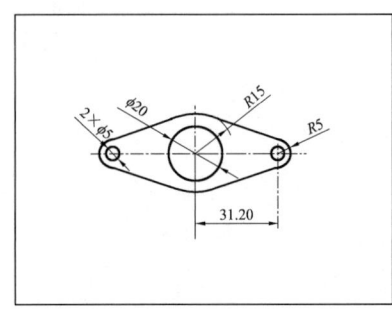

任务 3

任务1　绘制手柄草图——草图平面、草图曲线绘制

1. 任务要求

绘制手柄草图，如图 2-1 所示。

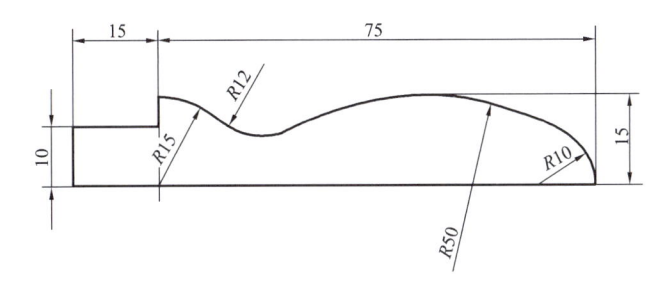

图 2-1　手柄草图

2. 任务分析

如图 2-1 所示，手柄草图是由水平线、竖直线和圆弧（R15、R12、R50、R10）组成的，R15 圆弧的圆心既在水平线上，又在 15 竖直线的延长线上，R10 圆弧的圆心在水平线上；R15 圆弧与 R12 圆弧相切，R12 圆弧与 R50 圆弧相切，R50 圆弧与 R10 圆弧相切。做图思路是：首先画出近似的草图轮廓线，其次按上述几何关系和图中尺寸关系进行约束，获得符合图纸要求的手柄草图。

3. 任务实施

操作步骤如下：

（1）进入草图

选择［Insert（插入）］→［Sketch in Task Environment（任务环境中的草图）］，弹出 Create Sketch（创建草图）对话框，单击"OK"按钮（Plane Method（平面方法）为 Inferred（自动判断），系统默认创建的草图平面为 XC－YC 平面）。

（2）画草图

①选择 Profile（轮廓线）和 Arc（圆弧）命令，近似绘制如图 2-2 所示的手柄草图轮廓曲线。

图 2-2　手柄草图轮廓曲线

②选择 Constraints（手动几何约束）命令，约束点在线上；R15 圆弧和 R10 圆弧的圆心在水平线上，R15 圆弧的圆心在 15 竖直线上；约束相切：R15 圆弧与 R12 圆弧，R12 圆弧与 R50 圆弧，R50 圆弧与 R10 圆弧。

③选择 Inferred Dimensions（尺寸约束）命令，标注尺寸如图 2-3 所示。

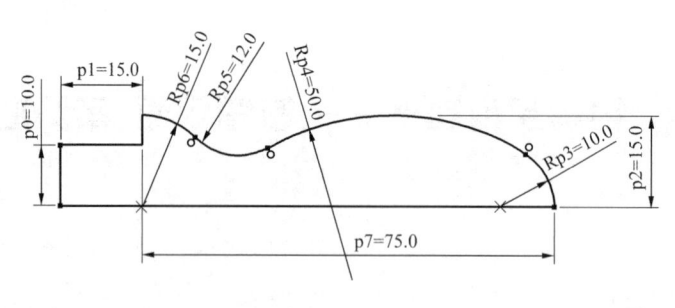

图 2-3　标注手柄草图尺寸

(3)定位草图

选择 Inferred Dimensions(尺寸约束)命令,选择手柄二维曲线的竖直线,再选择 Y 坐标轴,输入尺寸值 0,按 Enter(回车)键;选择手柄二维曲线的水平线,再选择 X 坐标轴,输入尺寸值 0,按 Enter(回车)键。

(4)退出草图

单击"Finish Sketch(完成草图)"按钮。

4. 知识解析

(1)草图平面

草图(Sketch)是位于平面上的点、线的集合,二维图形作为三维建模的基础,可以进行参数化控制,修改草图,实体模型会自动更新。

草图平面是用于绘制草图曲线的平面(可以是坐标平面、基准平面或实体表面)。

①创建草图平面

单击工具栏图标:Feature(特征)工具栏中的 Sketch in Task Environment(任务环境中的草图)图标，或选择下拉菜单:[Insert（插入）]→[Sketch in Task Environment(任务环境中的草图)],弹出如图 2-4 所示的 Create Sketch(创建草图)对话框。

Type(类型):设置草图的类型有以下两种:

● On Plane(在平面上)

Ⅰ.Sketch Plane(草图平面)

(Ⅰ)Plane Method(平面方法)

Inferred(自动判断)——系统根据选择的对象自动判断草图平面。

Existing Plane(现有平面)——可以直接选取模型平面或坐标平面作为草图平面。

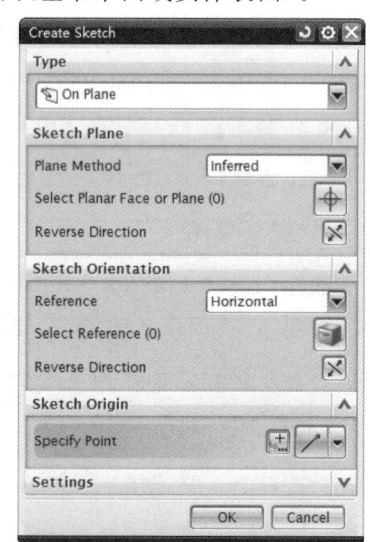

图 2-4　Create Sketch(创建草图)对话框

Create Plane(创建平面)——单击 Plane Dialog(平面对话)图标,在 Plane(平面)对话框中选择"Inferred(自动判断)"、"Point and Direction(点和方向)"、"At Distance(距离)"、"At Angle(呈一角度)"和"XC－YC Plane、YC－ZC Plane、XC－ZC Plane(固定基准)"等方式建立草图平面。

Create Datum CSYS(创建基准坐标系)——单击 Create Datum CSYS(基准坐标系)图

标,在 Datum CSYS(基准 CSYS)对话框中选择"Inferred(自动判断)"、"Three Planes(三平面)"等方式建立草图平面。

(Ⅱ)Select Planar Face or Plane(选择平的面或平面)

(Ⅲ)Reverse Direction(反向)

Ⅱ.Sketch Orientation(草图方位)

Reference(参考):有 Horizontal(水平)、Vertical(竖直)两种选择。

Select Reference(选择参考)

Reverse Direction(反向)

Ⅲ.Sketch Origin(草图原点)

Specify Point(指定点)

● On Path(在轨迹上)

该方式可以在曲线上创建草图平面。选取空间曲线,确定草图平面在曲线上的准确位置,有"圆弧长(Arc Length)"、"%圆弧长(% Arc Length)"、"通过点(Through Point)"三种方式。之后确定草图平面的方向,有"垂直于路径(Normal to Path)"、"垂直于矢量(Normal to Vector)"、"平行于矢量(Parallel to Vector)"、"通过轴(Through Axis)"四种方式。

②草图的命名

在 Sketch(草图)工具栏的 Finish Sketch 选项框中显示缺省的草图名为"SKETCH_数字",如图 2-5 所示,可以根据需要重新输入新的名称,并按 Enter(回车)键确认。

图 2-5　Sketch(草图)工具栏

(2)草图曲线绘制

创建草图平面后,单击如图 2-6 所示的 Sketch Tools(草图工具)工具栏中的图标,在草图平面中直接绘制和编辑草图曲线。

图 2-6　Sketch Tools(草图工具)工具栏——曲线绘制命令

①Profile(轮廓线)

该命令可以在直线与圆弧之间转换,连续绘制出带有圆弧和直线的草图。

在如图 2-6 所示的工具栏中单击 Profile 图标 ,弹出如图 2-7 所示的 Profile(轮廓线)工具栏。

● Object Type(对象类型)

——Line(直线)。

——Arc(圆弧)。

图 2-7　Profile(轮廓线)工具栏

● Input Mode(输入模式)

——Coordinate Mode(坐标模式),以输入绝对坐标值 XC 和 YC 来确定轮廓线的位置和距离。

──Parameter Mode(参数模式),以长度、角度和半径参数来确定轮廓线的位置和距离。

②Line(直线)

该命令用于构建单一线段。

在如图 2-6 所示的工具栏中单击 Line 图标，弹出如图 2-8 所示的 Line(直线)工具栏。

图 2-8 Line(直线)工具栏

──Coordinate Mode(坐标模式),用 XC 和 YC 坐标值绘制直线。

──Parameter Mode(参数模式),用长度和角度参数绘制直线。

③Arc(圆弧)

该命令用于构建单段圆弧。

在如图 2-6 所示的工具栏中单击 Arc 图标，弹出如图 2-9 所示的 Arc(圆弧)工具栏。

图 2-9 Arc(圆弧)工具栏

──Arc by 3 Points(三点画圆弧)。

──Arc by Center and Endpoints(圆心和端点画圆弧)。

④Circle(圆)

在如图 2-6 所示的工具栏中单击 Circle 图标，弹出如图 2-10 所示的 Circle(圆)工具栏。

──Circle by Center and Diameter(圆心和直径画圆)。

图 2-10 Circle(圆)工具栏

──Circle by 3 Points(三点画圆)。

⑤Derived Lines(派生曲线)

在如图 2-6 所示的工具栏中单击 Derived Lines 图标，再选择一条或几条直线,系统自动生成其平行线、中线或角平分线,如图 2-11 所示。

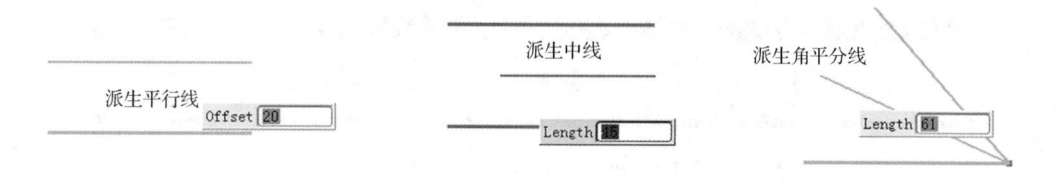

图 2-11 Derived Lines(派生曲线)方式绘制草图

⑥Quick Trim(快速修剪)

在如图 2-6 所示的工具栏中单击 Quick Trim 图标，弹出如图 2-12 所示的 Quick Trim(快速修剪)对话框。

按照 Quick Trim(快速修剪)对话框的提示选择曲线,修剪不需要的曲线,如图 2-13 所示。

步骤 1:选择 Boundary Curve(边界曲线)。

步骤 2:选择 Curve to Trim(要修剪的曲线)。

图 2-12　Quick Trim(快速修剪)对话框　　　　图 2-13　快速修剪——圆外直线

⑦Quick Extend(快速延伸)

在如图 2-6 所示的工具栏中单击 Quick Extend 图标，弹出如图 2-14 所示的 Quick Extend(快速延伸)对话框。

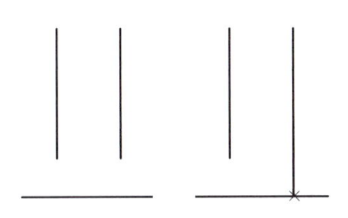

按照 Quick Extend(快速延伸)对话框的提示选择曲线，延伸曲线与边界曲线相交，如图 2-15 所示。

步骤 1：选择 Boundary Curve(边界曲线)。

步骤 2：选择 Curve to Extend(要延伸的曲线)。

⑧Fillet(圆角)

在如图 2-6 所示的工具栏中单击 Fillet 图标，弹出如图 2-16 所示的 Fillet(圆角)工具栏。

图 2-14　Quick Extend(快速延伸)对话框　　　图 2-15　快速延伸　　　图 2-16　Fillet(圆角)工具栏

- Fillet Method(圆角方法)

　　——Untrim(修剪)，对原曲线进行裁剪或延伸，如图 2-17 所示。

　　——Trim(取消修剪)，对原曲线不裁剪或不延伸，如图 2-18 所示。

图 2-17　"修剪"方式创建圆角　　　　图 2-18　"取消修剪"方式创建圆角

- Options(选项)

　　——Delete Third Curve(删除第三条曲线)，如图 2-19 所示。

——Create Alternate Fillet（创建备选圆角），如图 2-20 所示。

图 2-19 "删除第三条曲线"方式创建圆角　　　　图 2-20 "创建备选圆角"方式创建圆角

⑨Chamfer（倒斜角）

在如图 2-6 所示的工具栏中单击 Chamfer 图标，弹出如图 2-21 所示的 Chamfer（倒斜角）对话框。

● Curves to Chamfer（要倒斜角的曲线）

Select Lines（选择曲线）

Trim Input Curves（修剪输入曲线）：勾选则自动根据倒斜角来修剪两条连接曲线；不勾选则不修剪倒斜角的两条连接曲线。

● Offsets（偏置）

图 2-21　Chamfer（倒斜角）对话框

Chamfer（倒斜角）：倒斜角的类型有三种，即 Symmetric（对称）、Asymmetric（非对称）、Offset and Angle（偏置和角度）。

Distance（距离）

● Chamfer Location（倒斜角位置）

Specify Point（指定点）

步骤 1：选择要倒斜角的曲线。

步骤 2：选择倒斜角的类型。

步骤 3：输入距离。

步骤 4：按 Enter（回车）键。

⑩Rectangle（矩形）

在如图 2-6 所示的工具栏中单击 Rctangle 图标，弹出如图 2-22 所示的 Rectangle（矩形）工具栏。

Rectangle Method（矩形方法）：

—— By 2 Points（用两点创建矩形），指定两个对角点，创建矩形的边分别与 X 轴和 Y 轴平行。

图 2-22　Rectangle（矩形）工具栏

——By 3 Points（用三点创建矩形），第一点与第二点定义矩形的宽度和角度，第三点定义矩形的高度。

——From Center（从中心创建矩形），第一点定义矩形的中心点，第二点定义矩形的宽度和角度，第三点定义矩形的高度。

任务 2 绘制端盖截面草图——草图约束

1. 任务要求

绘制端盖截面草图,如图 2-23 所示。

2. 任务分析

端盖截面草图是由水平线、竖直线和圆弧($R5$、$R45$、$R50$ 和 $R20$)组成的,$R45$ 圆弧与 $R50$ 圆弧同心,$R5$ 圆弧与 $R45$ 圆弧及竖直线相切,$R20$ 圆弧与水平线及 $R50$ 圆弧相切。为便于草图的绘制与后期的旋转造型,以端盖截面的旋转中心线(最左侧竖直线)和底面水平线为定位基准线。

3. 任务实施

操作步骤如下:

(1)进入草图

选择[Insert(插入)]→[Sketch in Task Environment(任务环境中的草图)],弹出 Create Sketch(创建草图)对话框,选择坐标平面 ZC－XC 为草图平面,单击"OK"按钮。

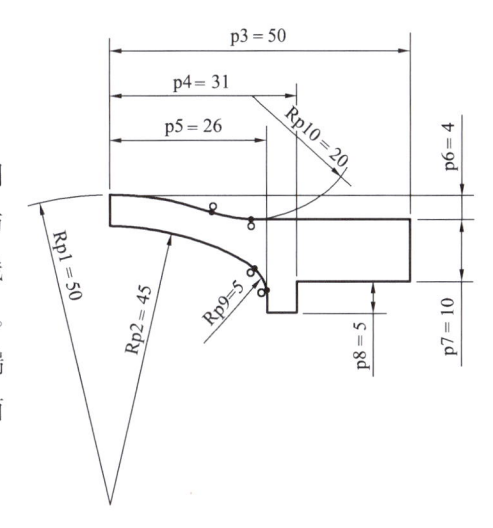

图 2-23 端盖截面草图

(2)绘制草图

①选择 Profile(轮廓线)和 Arc(圆弧)命令,近似绘制如图 2-24 所示的端盖截面草图轮廓曲线。

②选择 Constraints(手动几何约束)命令,约束同心:$R45$ 圆弧和 $R50$ 圆弧;约束点在线上:$R45$ 圆弧与 $R50$ 圆弧的圆心在旋转中心线(最左侧竖直线)上。

③选择 Inferred Dimensions(尺寸约束)命令,选择端盖截面的旋转中心线(最左侧竖直线),再选择 Y 坐标轴,输入尺寸值 0,按 Enter(回车)键;选择端盖截面底面的水平线,再选择 X 坐标轴,输入尺寸值 0,按 Enter(回车)键。

④选择 Inferred Dimensions(尺寸约束)命令,标注尺寸如图 2-25 所示。

⑤选择 Fillet(圆角)命令,输入半径 20,按 Enter(回车)键,选择曲线倒圆角 $R20$,同理倒圆角 $R5$,如图 2-23 所示。

(3)退出草图

单击"Finish Sketch(完成草图)"按钮。

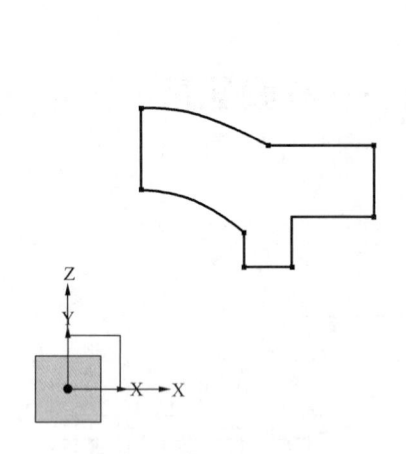

图 2-24　端盖截面草图轮廓曲线

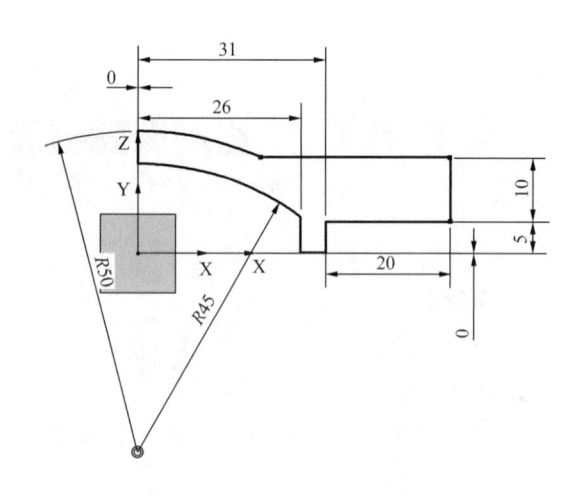

图 2-25　标注端盖截面草图尺寸

4. 知识解析

草图约束用于限制草图的形状和大小,包括限制大小的尺寸约束和限制形状的几何约束,如图 2-26 所示。

图 2-26　Sketch Tools(草图工具)工具栏——约束命令

(1)尺寸约束

单击工具栏图标:如图 2-26 所示 Sketch Tools(草图工具)工具栏中的 Inferred Dimensions(自动判断尺寸)图标,或选择下拉菜单:[Insert(插入)]→[Dimensions(尺寸)]→[Inferred Dimensions(自动判断尺寸)],弹出如图 2-27 所示的 Dimensions(尺寸)工具栏。

图 2-27　Dimensions(尺寸)工具栏

①Dimensions(尺寸)工具栏(图 2-27)

——Sketch Dimensions Dialog(草图尺寸对话),单击该图标,打开 Dimensions(尺寸)对话框,如图 2-28 所示。

——Create Reference Dimensions(创建参考尺寸),单击该图标,可以创建参考尺寸。

——Create Alternate Angle(创建备选角)。

②尺寸约束类型(图 2-29)

Inferred Dimensions(自动判断的尺寸):根据所选择的草图对象和光标位置,自动判断尺寸类型并建立尺寸约束。

Horizontal(水平尺寸):在两个特征点之间建立与 XC 轴平行的距离尺寸约束。

Vertical(竖直尺寸):在两个特征点之间建立与 YC 轴平行的距离尺寸约束。

Parallel(平行尺寸):在两个特征点之间建立一个与两点连线平行的距离尺寸约束。

Perpendicular(垂直尺寸):建立点与线的垂直距离尺寸约束。

Angular(角度尺寸):在两条直线之间建立角度尺寸约束。

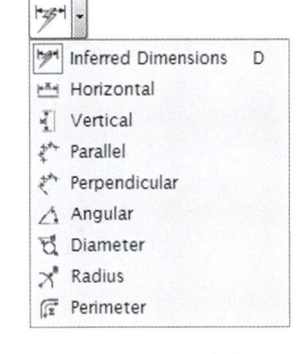

图 2-28　Dimensions(尺寸)对话框　　　　图 2-29　尺寸约束类型

Diameter(直径尺寸):建立圆弧或圆的直径尺寸约束。

Radius(半径尺寸):建立圆弧或圆的半径尺寸约束。

Perimeter(周长尺寸):建立选定的草图轮廓曲线的周长尺寸约束。

(2)几何约束

①Constraints(手动几何约束)

单击工具栏图标:如图 2-26 所示 Sketch Tools(草图工具)工具栏中的 Constraints(约束)图标，或选择下拉菜单:[Insert(插入)]→[Constraints(约束)]。

步骤 1:选取要进行几何约束的草图对象。

步骤 2:在图形窗口的左上角选择几何约束类型(系统将根据选取的几何对象,在图形窗口的左上角显示几何约束类型),系统自动完成约束。

几何约束的类型如图 2-30 所示,下面分别介绍:

Fixed(固定):固定选择的几何对象,如固定点的位置、固定直线的角度、固定端点的位置等。

Collinear(共线):定义两条或多条直线,使其在同一直线上。

Horizontal(水平):定义直线与 XC 轴平行。

Vertical(竖直):定义直线与 YC 轴平行。

Parallel(平行):定义多条直线相互平行。

Perpendicular(正交):定义两条直线相互垂直。

Equal Length(等长度):定义两条或多条直线长度相等。

Constant Length(常数长度):定义一直线,使其长度固定。

Constant Angle(常数角度):定义一直线,使其有固定的方位角。

Concentric(同心):定义两个或多个圆(圆弧)的中心在同一位置。

Tangent(相切):定义两条曲线,使其相切。

Equal Radius(等半径):定义两个或多个圆(圆弧)半径相等。

Coincident(共点):定义两个或多个点,使其在同一位置。
Point on Curve(点在曲线上):定义一个点的位置在指定的曲线上。
Midpoint(中点):定义一个点,使其位置在指定直线(圆弧)的中点。
Point on String(点在曲线串上):定义一个点的位置,使其位于抽取的曲线串上。

②Auto Constrain(自动几何约束)

单击工具栏图标:如图 2-26 所示 Sketch Tools(草图工具)工具栏中的 Auto Constrain(自动几何约束)图标,弹出如图 2-31 所示的 Auto Constrain(自动几何约束)对话框,用户可以在该对话框中设置自动约束类型。

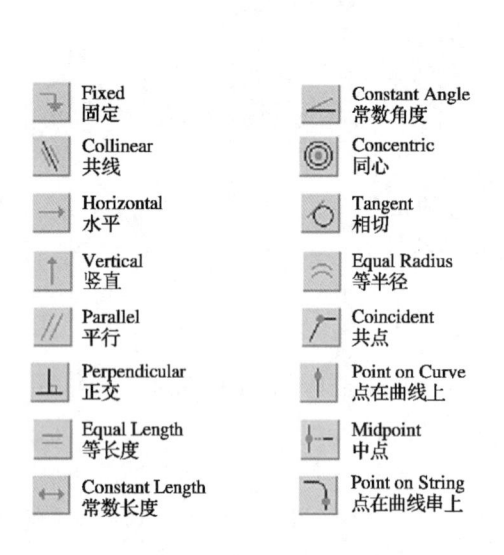

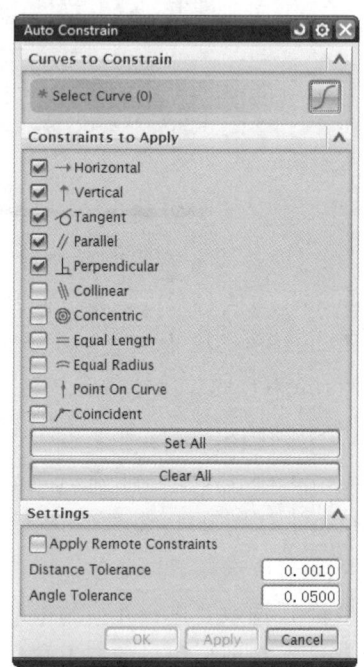

图 2-30　几何约束的类型　　　　图 2-31　Auto Constrain(自动几何约束)对话框

系统根据选定的约束类型和当前正在创建的草图几何对象间的几何关系,自动在草图对象上添加几何约束。

③Show All Constraints(显示所有约束)

单击如图 2-26 所示 Sketch Tools(草图工具)工具栏中的 Show All Constraints(显示所有约束)图标,系统显示所有的约束。

④Show No Constraints(不显示所有约束)

单击如图 2-26 所示 Sketch Tools(草图工具)工具栏中的 Show No Constraints(不显示所有约束)图标,系统不显示所有的约束。

⑤Show/Remove Constraints(显示/移除约束)

单击如图 2-26 所示 Sketch Tools(草图工具)工具栏中的 Show/Remove Constraints(显示/移除约束)图标,弹出如图 2-32 所示的 Show/Remove Constraints(显示/移除约束)对话框。

● List Constraints for(约束列表):

Selected Object(选定的对象):显示当前所选中的一个草图对象的几何约束。

Selected Objects(选定多个对象):显示当前所选中的多个草图对象的几何约束。

All In Active Sketch(活动草图中的所有对象):显示当前草图中的所有对象的几何约束。

● Constraint Type(约束类型):设置在绘图区要显示的约束类型。

Include(包含):显示指定类型的几何约束;

Exclude(排除):显示指定类型以外的其他几何约束。

● Show Constraints(显示约束):显示符合条件的约束对象。

● Remove Highlighted(移除高亮显示的):单击该按钮,将移除当前高亮显示的对象的几何约束。

● Remove Listed(移除所列的):单击该按钮,将移除"显示约束"中的所有对象的几何约束。

● Information(信息):单击该按钮,将弹出信息窗口(约束信息)。

⑥Convert To/From Reference(转换至/自参考对象)

单击如图 2-26 所示 Sketch Tools(草图工具)工具栏中的 Convert To/From Reference(转换至/自参考对象)图标,弹出如图 2-33 所示的 Convert To/From Reference(转换至/自参考对象)对话框。利用该对话框可以将草图曲线转换为参考对象或将参考对象转换为草图曲线。

图 2-32 Show/Remove Constraints
(显示/移除约束)对话框

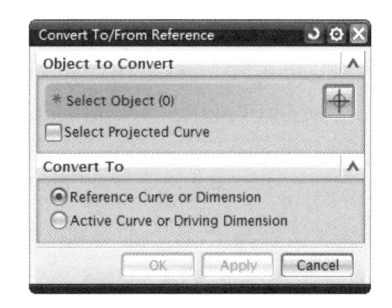

图 2-33 Convert To/From Roference
(转换至/自参考对象)对话框

● Object to Convert(要转换的对象)

Select Object(选择对象):选择草图曲线(要求变为参考对象的)。

Select Projected Curve(选择投影曲线)

● Convert To(转换为)

Reference Curve or Dimension(参考曲线或尺寸)

Active Curve or Driving Dimension(活动曲线或驱动尺寸)

步骤 1：选择草图曲线(要求变为参考对象的)。

步骤 2：选择 Reference Curve or Dimension(参考曲线或尺寸)单选钮。

步骤 3：单击"OK"按钮。

⑦Alternate Solution(备选解)

单击如图 2-26 所示 Sketch Tools(草图工具)工具栏中的 Alternate Solution(备选解)图标 ，弹出如图 2-34 所示的 Alternate Solution(备选解)对话框。利用该对话框可以将约束从一种解法替换为另一种解法，选择需要的结果。

● Object 1(对象 1)

Select Linear Dimension or Geometry(选择线性尺寸或几何体)

● Object 2(对象 2)

Select Tangent Geometry(选择相切几何体)

例如，已知两个圆外切，如图 2-35(a)所示，将其几何关系转换为如图 2-35(b)所示的内切，操作如下：

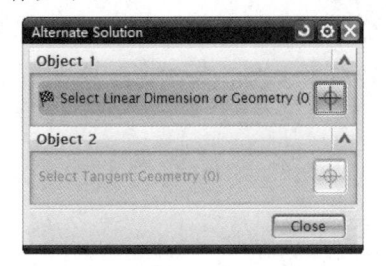

图 2-34　Alternate Solution(备选解)对话框

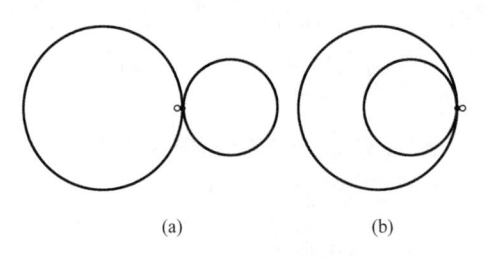

图 2-35　备选解

步骤 1：单击 Alternate Solution(备选解)图标 。

步骤 2：选择其中一个圆，系统会显示备选解，如图 2-35(b)所示。

步骤 3：单击"Close(关闭)"按钮。

⑧Inferred Constraints and Dimensions(自动判断约束和尺寸)

单击如图 2-26 所示 Sketch Tools(草图工具)工具栏中的 Inferred Constraints and Dimensions(自动判断约束和尺寸)图标 ，弹出如图 2-36 所示的 Inferred Constraints and Dimensions(自动判断约束和尺寸)对话框。通过设置对话框中的一个或多个选项，设置要自动判断和应用的约束或由捕捉点识别的约束，以及自动判断尺寸规则等，可以在创建草图曲线时，由系统根据对象间的关系，自动添加相应的约束。

图 2-36　Inferred Constraints and Dimensions (自动判断约束和尺寸)对话框

任务3　绘制垫片草图——草图曲线操作

1. 任务要求

绘制垫片草图,如图2-37所示。

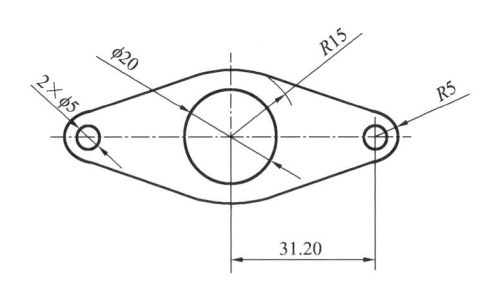

图2-37　垫片草图

2. 任务分析

垫片草图由两个φ5和一个φ20的圆以及直线与圆弧相切的外轮廓组成,整个图形上下、左右对称。

3. 任务实施

操作步骤如下:

(1)进入草图

选择[Insert(插入)]→[Sketch in Task Environment(任务环境中的草图)],弹出Create Sketch(创建草图)对话框,选择坐标平面XC—YC为草图平面,单击"OK"按钮。

(2)绘制草图

①选择Profile(轮廓线)命令,近似绘制1/4垫片外形轮廓(曲线要封闭)。

②选择Constraints(手动几何约束)命令,约束点在线上:R15圆心既在水平线上又在竖直线上,R5圆心在水平线上;约束相切:R15圆弧与斜线、斜线与R5圆弧)。

③选择Inferred Dimensions(尺寸约束)命令,标注尺寸如图2-38所示。

④选择Mirror Curve(镜像曲线)命令,选取需要镜像的草图曲线,再选取镜像中心线,单击"OK"按钮,两次镜像后曲线如图2-39所示。

⑤选择Circle(圆)命令,画三个圆。

⑥选择Inferred Dimensions(尺寸约束)命令,标注尺寸:φ5和φ20。

⑦选择Constraints(手动几何约束)命令,约束(同心——R15圆心与φ20圆心、R5圆心与φ5圆心)。

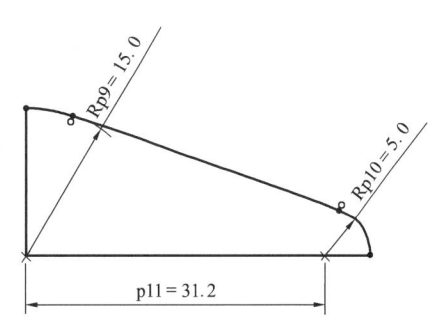

图2-38　标注1/4垫片外形轮廓草图尺寸

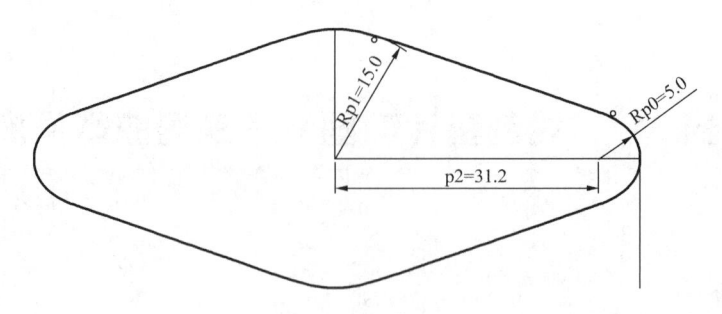

图 2-39 两次镜像后曲线

(3) 定位草图

选择 Inferred Dimensions(尺寸约束)命令,选择垫片二维曲线的竖直中心线,再选择 Y 坐标轴,输入尺寸值 0,按 Enter(回车)键;选择垫片二维曲线的水平中心线,再选择 X 坐标轴,输入尺寸值 0,按 Enter(回车)键,如图 2-40 所示。

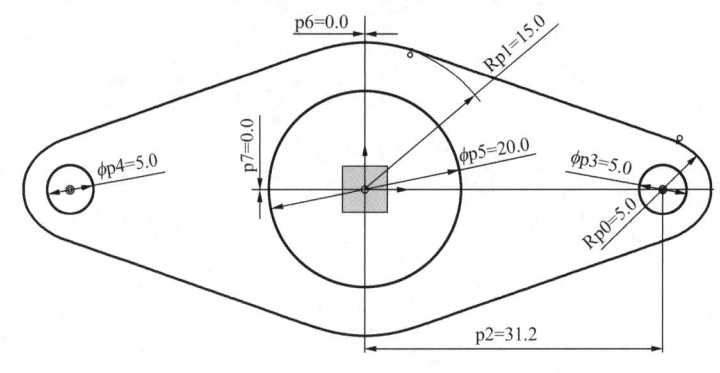

图 2-40 定位草图

(4) 退出草图

单击"Finish Sketch(完成草图)"按钮。

4. 知识解析

草图曲线操作用于对草图对象作进一步的编辑和修改,草图曲线操作的命令如图 2-41 所示。

图 2-41 Sketch Tools(草图工具)工具栏——草图曲线操作命令

(1) Mirror Curve(镜像曲线)

单击如图 2-41 所示 Sketch Tools(草图工具)工具栏中的 Mirror Curve(镜像曲线)图标 ,弹出如图 2-42 所示的 Mirror Curve(镜像曲线)对话框。

① Select Object(选择对象)

Select Curve(选择曲线):选取需要镜像的草图曲线。

② Centerline(中心线)

Select Centerline(选择中心线):选取镜像中心线。

图 2-42 Mirror Curve(镜像曲线)对话框

③Settings(设置)

Convert Centerline to Reference(转换要引用的中心线)

Show Ends(显示终点)

步骤 1:选择需要镜像的草图曲线。

步骤 2:单击 Select Centerline(选择中心线)图标。

步骤 3:选择镜像中心线。

步骤 4:设置是否转换要引用的中心线。

步骤 5:单击"OK"按钮。

(2)Offset Curve(偏置曲线)

单击如图 2-41 所示 Sketch Tools(草图工具)工具栏中的 Offset Curve(偏置曲线)图标，弹出如图 2-43 所示的 Offset Curve(偏置曲线)对话框。

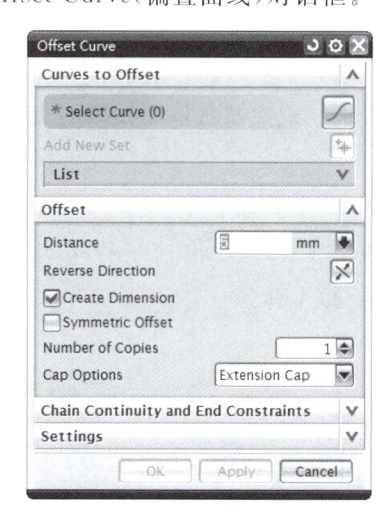

图 2-43　Offset Curve(偏置曲线)对话框

①Curves to Offset(要偏置的曲线)

Select Curve(选择曲线):选取偏置曲线。

②Offset(偏置)

- Distance(距离):输入偏置距离。
- Reverse Direction(反向):选择偏置方向。
- Create Dimension(创建尺寸)
- Symmetric Offset(对称偏置)
- Number of Copies(副本数)
- Cap Options(端盖选项)

Extension Cap(延伸端盖)

步骤 1:选择要偏置的曲线。

步骤 2:设置距离、方法、是否创建尺寸、是否对称偏置等。

步骤 3：单击"OK"按钮。

(3) Project Curve(投影曲线)

单击如图 2-41 所示的 Sketch Tools(草图工具)工具栏中的 Project Curve(投影曲线)图标，弹出如图 2-44 所示的 Project Curve(投影曲线)对话框。

图 2-44　Project Curve(投影曲线)对话框

①Objects to Project(要投影的对象)

Select Curve or Point(选择曲线或点)：选取要投影的曲线。

②Settings(设置)

Associative(关联)

Output Curve Type(输出曲线类型)：包括三种类型，即 Original(原先的)、Spline Segment(样条段)、Single Spline(单个样条)。

Tolerance(公差)

步骤 1：选择要投影的曲线。

步骤 2：设置关联和输出曲线的类型。

步骤 3：单击"OK"按钮。

(4) Intersection Curve(相交曲线)

单击如图 2-41 所示 Sketch Tools(草图工具)工具栏中 Intersection Curve(相交曲线)图标，弹出如图 2-45 所示的 Intersection Curve(相交曲线)对话框。

①Faces to Intersect(要相交的面)

Select Face(选择面)：选取要相交的面。

②Settings(设置)

Ignore Holes(忽略孔)

Join Curves(连接曲线)

Curve Fit(曲线拟合)

步骤 1：选择相交的面。

步骤 2：单击"OK"按钮。

(5) Add Curve(添加曲线)

单击如图 2-41 所示 Sketch Tools(草图工具)工具栏中 Add Existing Curves(添加现有

曲线)图标 ,弹出如图 2-46 所示的 Add Curve(添加曲线)对话框。

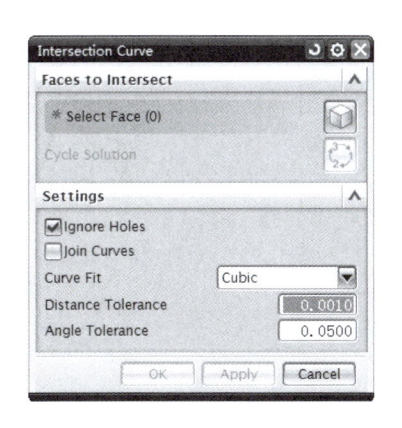

图 2-45　Intersection Curve(相交曲线)对话框　　　图 2-46　Add Curve(添加曲线)对话框

①Objects(对象)

Select Objects(选择对象):选取要添加的曲线。

Select All(全选)

Invert Selection(反向选择)

②Other Selection Methods(其他选择方法)

步骤 1:选择要添加的曲线。

步骤 2:单击"OK"按钮。

练习与提示

2-1　绘制如图 2-47 所示的二维曲线。

提示:①捕捉。

　　　②修剪。

2-2　绘制如图 2-48 所示的二维曲线。

提示:①画近似轮廓。

　　　②手动几何约束。

　　　③尺寸约束。

2-3　绘制如图 2-49 所示的二维曲线。

提示:①画近似轮廓。

　　　②手动几何约束。

　　　③尺寸约束。

　　　④草图定位。

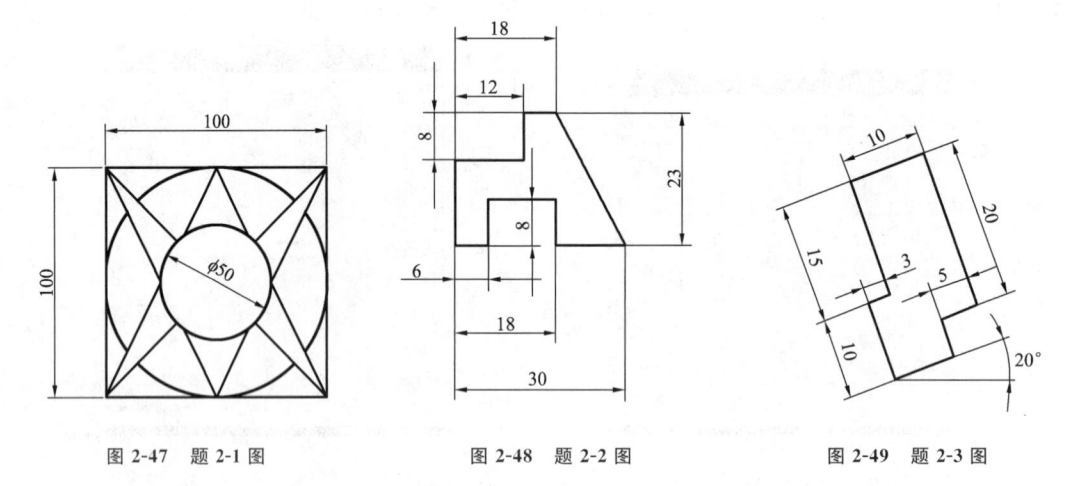

图 2-47 题 2-1 图　　　图 2-48 题 2-2 图　　　图 2-49 题 2-3 图

2-4　绘制如图 2-50 所示的二维曲线。

提示： ①旋转复制。

②同一模型创建多张草图。

③草图定位。

④镜像曲线。

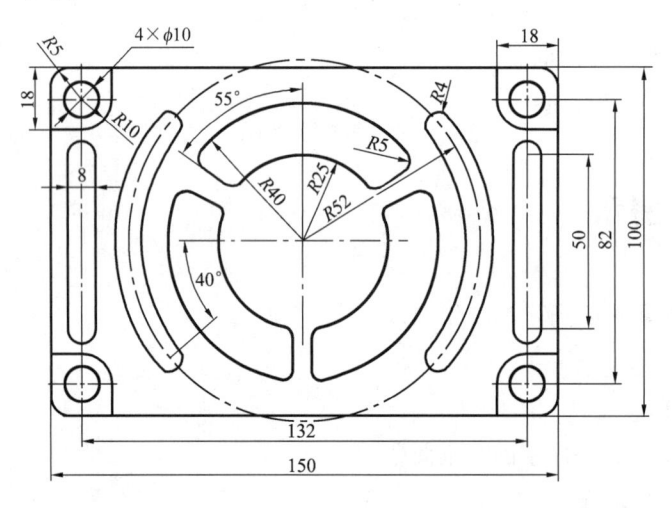

图 2-50 题 2-4 图

学习情境 3
零件曲线——曲线

学习目标

1. 通过勺子空间曲线的绘制,演示 UG NX 8.0 软件中圆弧与直线命令,掌握其灵活、快捷的使用特点以及参数含义与设置。

2. 通过槽钢截面曲线的绘制,演示基本曲线中创建直线、圆、圆弧的各种方式,以及倒圆角和修剪的各种方法。要求读者依样练习,并对比各种方法,选择相对最优方式完成指定练习。

3. 通过连接件截面曲线的绘制。演示矩形、多边形、椭圆等其他典型二维曲线的绘制方式,以及倒斜角和偏置等功能。要求读者依样练习,快速精确地完成指定练习。

4. 要求读者选择合理有效的方式方法独立完成后面提供的练习,为后期复杂的三维建模做好准备。

学习任务

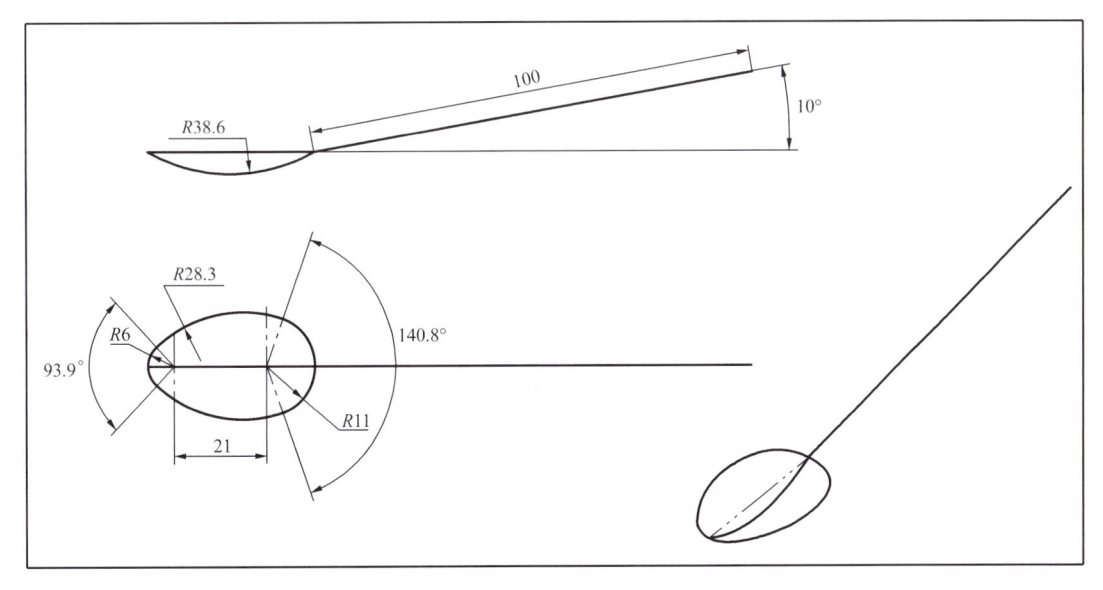

任务 1

任务 2

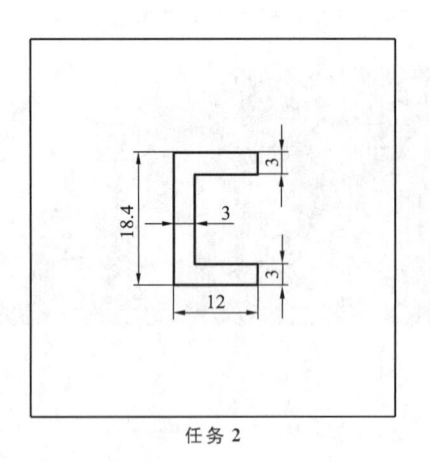

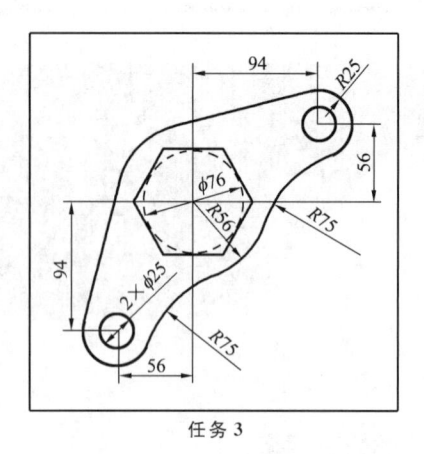

任务 3

任务 1　　绘制勺子空间曲线——直线和圆弧

1. 任务要求

绘制勺子空间曲线，如图 3-1 所示。

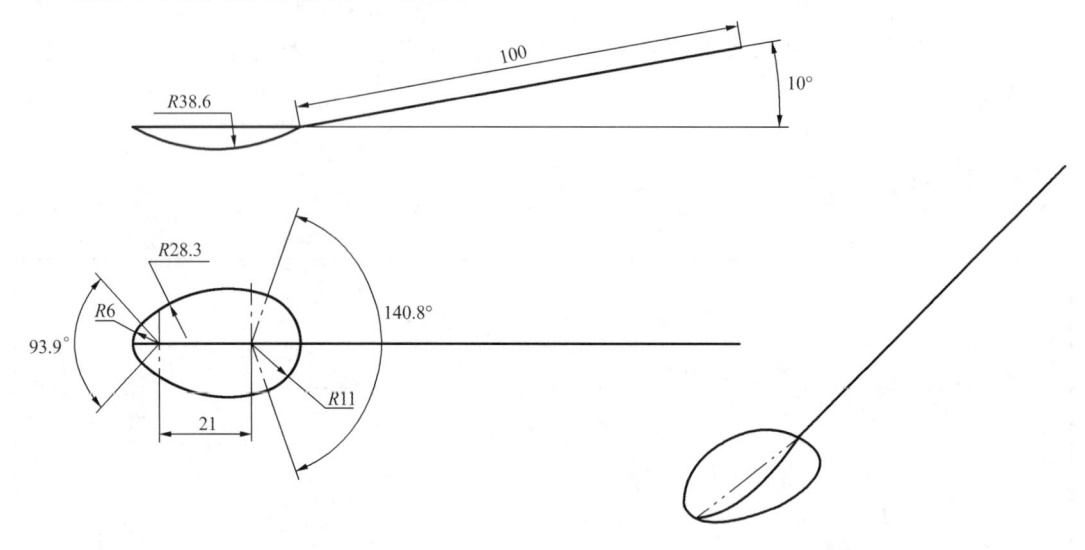

图 3-1　勺子空间曲线

2. 任务分析

勺子空间曲线是用于创建曲面和最终完成勺子实体造型的基础。勺子空间曲线分别分布在 XC-YC 平面与 XC-ZC 平面，在 XC-YC 平面有圆弧 R6、R28.3、R11，在 XC-ZC 平面有圆弧 R38.6 与直线（长度 100）。根据绘制圆弧和直线的已知条件，采用 Curve（曲线）命令下的 Arc/Circle（圆弧/圆）命令和 Line（直线）命令能简洁、灵活地完成勺子空间曲线的绘制。

3. 任务实施

操作步骤如下：

(1) 在 XC-YC 平面绘制圆弧

选择[Insert(插入)]→[Curve(曲线)]→[Arc/Circle(圆弧/圆)]，弹出如图 3-2 所示的 Arc/Circle(圆弧/圆)对话框。选择 Type(类型)为 Arc/Circle from Center(从中心开始画圆弧/圆)，如图 3-2(a)所示，在 Center Point(中心点)组中的 Point Constructor(点构造器)中输入(0,0,0)，在 Through Point(经过点)组中的 Point Constructor(点构造器)中输入(-6,0,0)，在 Support Plane(支持平面)组中的 Plane Options(平面选项)中选择 Select Plane(选择平面)，再选择坐标平面 XC-YC，在 Limits(限制)组的 Start Limit(开始限制)中选择 Value(值)，在 Angle(角度)中输入-46.95，在 End Limit(终止限制)中选择 Value(值)，在 Angle(角度)中输入 46.95，单击"Apply(应用)"按钮。

在 Center Point(中心点)组中的 Point Constructor(点构造器)中输入(21,0,0)，在 Through Point(经过点)组中的 Point Constructor(点构造器)中输入(32,0,0)，在 Limits(限制)组的 Start Limit(开始限制)中选择 Value(值)，在 Angle(角度)中输入-70.4，在 End Limit(终止限制)中选择 Value(值)，在 Angle(角度)中输入 70.4，单击"Apply(应用)"按钮。

选择 Type(类型)为 Three Point Arc(三点画圆弧)，如图 3-2(b)所示，在 Start Point(起点)组的 Start Option(起点选项)为 Inferred(自动判断)、Select Object(选择对象)为激活状态时，捕捉 R6 圆弧端点；在 End Point(终点)组的 End Option(终点选项)为 Inferred(自动判断)、Select Object(选择对象)为激活状态时，捕捉 R11 圆弧端点；在 Size(尺寸)组的 Radius(半径)中输入 28.3，单击"Apply(应用)"按钮。同理完成另一半 R28.3 圆弧的绘制，至此 XC-YC 平面内圆弧全部绘制完成，如图 3-3 所示。

(a)   (b)

图 3-2 Arc/Circle(圆弧/圆)对话框

(2) 在 ZC−XC 平面绘制圆弧

选择[Insert(插入)]→[Curve(曲线)]→[Arc/Circle(圆弧/圆)],弹出如图 3-2 所示的 Arc/Circle(圆弧/圆)对话框。选择 Type(类型)为 Three Point Arc(三点画圆弧),在 Start Point(起点)组的 Start Option(起点选项)为 Inferred(自动判断)、Select Object(选择对象)为激活状态时,捕捉 R6 圆弧中点;在 End Point(终点)组的 End Option(终点选项)为 Inferred(自动判断)、Select Object(选择对象)为激活状态时,捕捉 R11 圆弧中点;在 Size(尺寸)组的 Radius(半径)中输入 38.6,在 Support Plane(支持平面)组的 Plane Options(平面选项)中选择 Select Plane(选定平面),再选择坐标平面 ZC−XC,单击"OK"按钮,完成 ZC−XC 平面内圆弧的绘制,如图 3-4 所示。

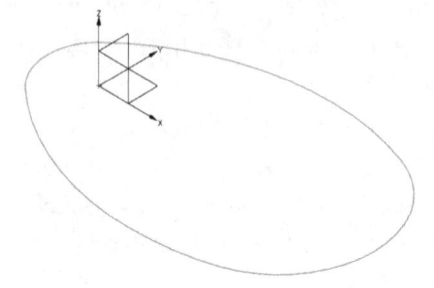

图 3-3　勺子空间曲线——XC−YC 平面内圆弧 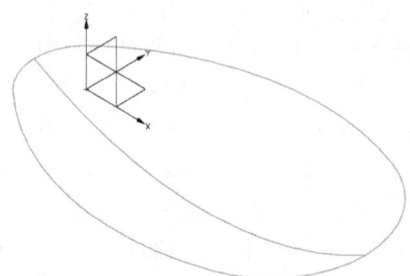　　　图 3-4　勺子空间曲线——ZC−XC 平面内圆弧

(3) 在 ZC−XC 平面绘制直线

选择[Insert(插入)]→[Curve(曲线)]→[Line(直线)],弹出如图 3-5 所示的 Line(直线)对话框。在 Start Point(起点)组的 Start Option(起点选项)为 Inferred(自动判断)、Select Object(选择对象)为激活状态时,捕捉 R11 圆弧中点;在 End Point or Direction(终点或方向)组的 End Option(终点选项)中选择 At Angle(呈一角度),在 Angle(角度)中输入 −10,选择 X 轴(用于角度约束),在 Support Plane(支持平面)组的 Plane Options(平面选项)中选择 Select Plane(选择平面),再选择坐标平面 ZC−XC,在 Limits(限制)组的 End Limit(终止限制)中选择 Value(值),在 Distance(距离)中输入 100,单击"OK"按钮,完成 ZC−XC 平面内直线的绘制,如图 3-6 所示。

图 3-5　Line(直线)对话框 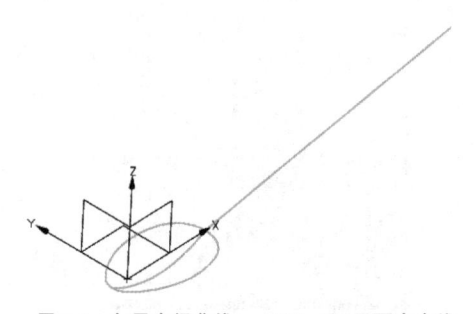　　　图 3-6　勺子空间曲线——ZC−XC 平面内直线

至此,勺子空间曲线绘制完成。

4. 知识解析

(1) Line(直线)

直线用于绘制两点间或以其他限定方式创建的线段。

单击工具栏图标：Curve(曲线)工具栏中的 Line(直线)图标 ╱，或选择下拉菜单：[Insert(插入)]→[Curve(曲线)]→[Line(直线)]，弹出如图 3-5 所示的 Line(直线)对话框。

● Start Point(起点)：用于设置直线的起点形式。

Start Option(起点选项)：Inferred(自动判断)、Point(点)、Tangent(相切)。

Select Object(选择对象)

● End Point or Direction(终点或方向)：用于设置直线的终点形式和方向。

End Option(终点选项)：Inferred(自动判断)、Point(点)、Tangent(相切)、At Angle(呈一角度)、xc Along XC(沿 XC)、yc Along YC(沿 YC)、zc Along ZC(沿 ZC)、Normal(法向)。

Select Object(选择对象)

● Support Plane(支持平面)：用于设置直线所在平面。

Plane Option(平面选项)：Automatic Plane(自动平面)、Locked Plane(锁定平面)、Select Plane(选定平面)。

● Limits(限制)：用于设置直线的起始位置和结束位置。

Start Limit(开始限制)：Value(值)、At Point(在点上)、Until Selected(直至选定对象)。

Distance(距离)

End Limit(终止限制)

Distance(距离)

● Settings(设置)

Associative(关联)：设置直线之间是否关联。

步骤 1：选择起点形式，确定直线起点。

步骤 2：选择直线的终点形式和方向。

步骤 3：选择直线所在平面。

步骤 4：设置直线的起始位置和结束位置。

步骤 5：设置直线之间是否关联。

步骤 6：单击"OK"按钮。

(2) Arc/Circle(圆弧/圆)

圆弧用于绘制空间一段圆弧曲线，圆用于绘制空间封闭圆弧曲线。

单击工具栏图标：Curve(曲线)工具栏中的 Arc/Circle(圆弧/圆)图标 ⌒，或选择下拉菜单：[Insert(插入)]→[Curve(曲线)]→[Arc/Circle((圆弧/圆))]，弹出如图 3-2 所示的 Arc/Circle(圆弧/圆)对话框。

● Type(类型)：创建圆弧/圆的类型有两种，Three Point Arc(三点画圆弧)、Arc/Circle from Center(从中心开始画圆弧/圆)。

● Start Point(起点)

Start Option(起点选项)：Inferred(自动判断)、Point(点)、Tangent(相切)。

Select Object(选择对象)

● End Point(终点)

End Option(终点选项)：Inferred(自动判断)、Point(点)、Tangent(相切)、Radius(半径)、Diameter(直径)。

Select Object(选择对象)

● Mid Point(中点)

Mid Option(中点选项)：Inferred(自动判断)、Point(点)、Tangent(相切)、Radius(半径)、Diameter(直径)。

Select Object(选择对象)

● Size(大小)

Radius(半径)

● Support Plane(支持平面)

Plane Options(平面选项)：Automatic Plane(自动平面)、Locked Plane(锁定平面)、Select Plane(选择平面)。

● Limits(限制)

● Settings(设置)

以 Three Point Arc(三点画圆弧)为例，操作步骤如下：

步骤1：选择类型为 Three Point Arc(三点画圆弧)。

步骤2：选择对象，确定起点。

步骤3：选择对象，确定终点。

步骤4：选择对象，确定中点。

步骤5：选择圆弧或圆所在平面。

步骤6：设定限制或整圆。

步骤7：单击"OK"按钮。

任务2　绘制槽钢截面曲线——基本曲线(直线、圆弧、圆、倒圆角、修剪)

1. 任务要求

绘制槽钢截面曲线，如图3-7所示。

2. 任务分析

槽钢截面曲线由8条直线组成，其中4条平行于 XC 轴，4条平行于 YC 轴，在绘制时，可采用 Basic Curves(基本曲线)命令来完成。

3. 任务实施

操作步骤如下：

(1)选择[Insert(插入)]→[Curve(曲线)]→[Basic Curves(基本曲线)]，弹出如图3-8所示的 Basic Curves(基本曲线)对话框和如图3-9所示的 Tracking Bar(跟踪栏)。

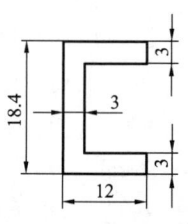

图3-7　槽钢截面曲线

图 3-8 Basic Curves(基本曲线)对话框——画直线

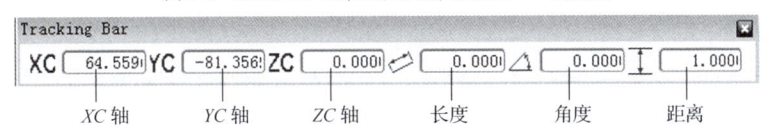

图 3-9 Tracking Bar(跟踪栏)

（2）在如图 3-8 所示的 Basic Curves(基本曲线)对话框中单击 Line(直线)图标，在 Point Method(点的方法)中单击"Point Constructor(点构造器)"，输入(0,0,0)（默认绘图平面在坐标平面 $XC-YC$），单击"OK"按钮，再单击"Back"按钮，在如图 3-9 所示的 Tracking Bar(跟踪栏)中输入长度 12，按 Tab 键输入角度 0，按 Enter(回车)键；在 Tracking Bar(跟踪栏)中输入长度 3，按 Tab 键输入角度 90，按 Enter(回车)键；在 Tracking Bar(跟踪栏)中输入长度 9，按 Tab 键输入角度 180，按 Enter(回车)键；在 Tracking Bar(跟踪栏)中输入长度 12.4，按 Tab 键输入角度 90，按 Enter(回车)键；在 Tracking Bar(跟踪栏)中输入长度 9，按 Tab 键输入角度 0，按 Enter(回车)键；在 Tracking Bar(跟踪栏)中输入长度 3，按 Tab 键输入角度 90，按 Enter(回车)键；在 Tracking Bar(跟踪栏)中输入长度 12，按 Tab 键输入角度 180，按 Enter(回车)键；在 Tracking Bar(跟踪栏)中输入长度 18.4，按 Tab 键输入角度 −90，按 Enter(回车)键。

4. 知识解析

Basic Curves(基本曲线)

选择下拉菜单[Insert(插入)]→[Curve(曲线)]→[Basic Curves(基本曲线)]，弹出如图 3-8 所示的 Basic Curves(基本曲线)对话框和如图 3-9 所示的 Tracking Bar(跟踪栏)。

（1）Line(直线)

单击 Basic Curves(基本曲线)对话框中的图标，如图 3-8 所示。

①以极坐标方式绘制直线

步骤 1：选择第一点。

步骤 2：在 Tracking Bar(跟踪栏)输入长度和角度值，如图 3-10 所示。

② 由一点绘制一直线与 XC 轴夹一角度

步骤 1：选择第一点。

步骤 2：在 Tracking Bar(跟踪栏)的角度栏输入角度值，然后按 Tab 键。

步骤 3：在绘图区选择第二点，如图 3-11 所示。

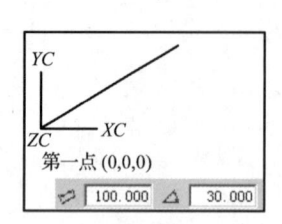

图 3-10　以极坐标方式绘制直线 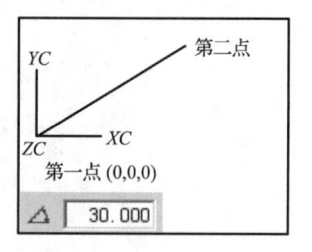　　　图 3-11　由一点绘制一直线与 XC 轴夹一角度

③ 绘制一条平行于坐标轴的直线

步骤 1：选择第一点。

步骤 2：在如图 3-8 所示的 Basic Curves(基本曲线)对话框的 Parallel to(平行)组中选择需要平行的坐标轴方向(单击相应的"XC"、"YC"或"ZC"按钮)。

步骤 3：选择第二点，如图 3-12 所示。

④ 绘制一条与已知直线平行且等长的直线(即偏移直线)

步骤 1：在如图 3-8 所示的 Basic Curves(基本曲线)对话框中关闭 String Mode(线串模式)。

步骤 2：选择已存在的直线，注意不要选在直线的控制点上。

步骤 3：在 Tracking Bar(跟踪栏)的距离栏输入偏移值，按 Enter(回车)键，如图 3-13 所示。

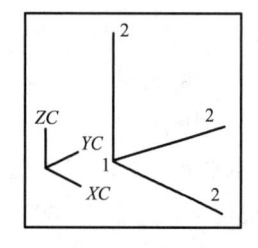

图 3-12　绘制一条平行于坐标轴的直线 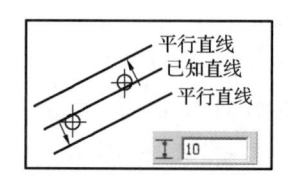　　　图 3-13　绘制一条与已知直线平行且等长的直线(选择一条)

注意：选择球的位置决定了直线的偏置方向。

⑤ 通过一点绘制一条与已知直线夹一角度的直线

步骤 1：选择第一点。

步骤 2：选择已存在的直线，注意不要选在直线的控制点上。

步骤 3：在 Tracking Bar(跟踪栏)的角度栏输入角度值，按 Tab 键。

步骤 4：选择第二点或一个几何元素作为线段的终点，如图 3-14 所示。

⑥ 绘制角平分线

步骤 1：选择两条非平行的直线，移动光标可切换角平分线的四种可能性。

步骤 2：将光标移动到欲作角平分线的方位，选择第二点，如图 3-15 所示。

⑦绘制平行等分线

步骤1:选择第一条直线,将最近的选取线端点作为新直线的起始点。

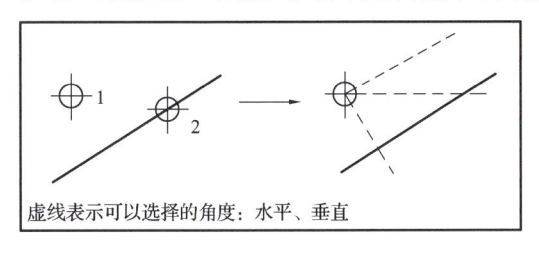

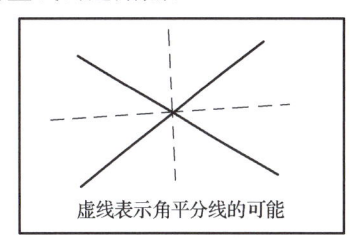

图 3-14　通过一点绘制一条与已知直线夹一角度的直线

图 3-15　绘制角平分线

步骤2:选择平行于第一条直线的另一直线,此时可产生两条平行线的中线,拖拽至想要的长度,如图 3-16 所示。

⑧以相对坐标值绘制直线

步骤1:在如图 3-8 所示的 Basic Curves(基本曲线)对话框中关闭 Unbounded(无界)选项,打开 Delta(增量)选项。

步骤2:选择第一点。

步骤3:在 Tracking Bar(跟踪栏)的坐标栏中输入相对坐标值,在此可以用 Tab 键切换 XC、YC、ZC,如图 3-17 所示。

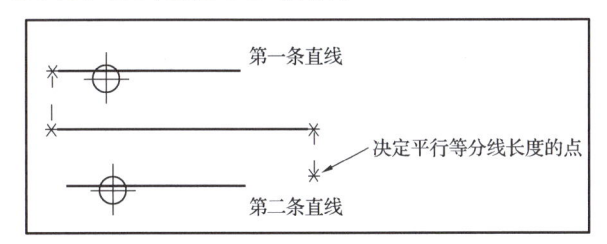

图 3-16　绘制平行等分线

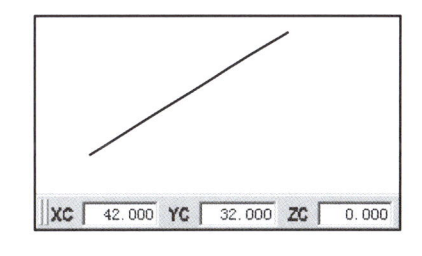

图 3-17　以相对坐标值绘制直线

⑨过一点作圆弧的切线或法线

步骤1:选取第一点作为直线的起点。

步骤2:移动选择球到圆上不同的位置,即可找到与圆相切及与该切线垂直的点位置,如图 3-18 所示。

(2)Arc(圆弧)

典型圆弧二维曲线如图 3-19 所示。

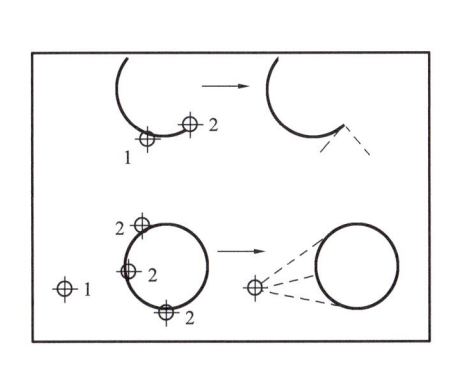

图 3-18　过一点作圆弧的切线或者法线

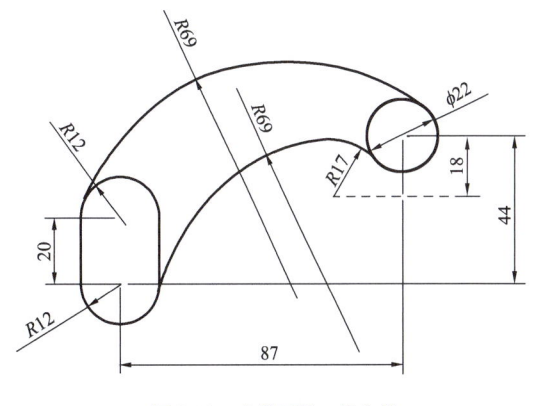

图 3-19　典型圆弧二维曲线

单击 Basic Curves(基本曲线)对话框中的图标，如图 3-20 所示。

①三点画圆弧(起点、终点、弧上点)

在如图 3-20 所示 Basic Curves(基本曲线)对话框的 Creation Method(创建方法)中选择"Start,End,Point on Arc(起点、终点、弧上点)"单选钮,步骤如图 3-21 所示。

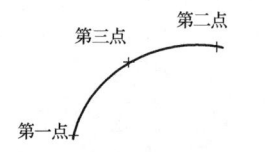

图 3-20　Basic Curves(基本曲线)对话框——画圆弧　　　图 3-21　三点画圆弧

②三点画圆弧并与一圆弧/曲线相切(起点、终点、相切点)

在如图 3-20 所示 Basic Curves(基本曲线)对话框的 Creation Method(创建方法)中选择"Start,End,Point on Arc(起点、终点、弧上点)"单选钮,步骤如图 3-22 所示。

③定义中心点、起点、终点画圆弧(中心点、起点、终点)

在如图 3-20 所示 Basic Curves(基本曲线)对话框的 Creation Method(创建方法)中选择"Center,Start,End(中心点、起点、终点)"单选钮,步骤如图 3-23 所示。

图 3-22　三点画圆弧并与一圆弧/曲线相切　　　图 3-23　定义中心点、起点、终点画圆弧

(3)Circle(圆)

单击 Basic Curves(基本曲线)对话框中的图标，如图 3-24 所示。

①由中心点、圆上的点画圆(图 3-25)

步骤 1:选择第一点(在 Point(点构造器)对话框中输入中心点坐标)。

步骤 2:选择第二点。

②由中心点、半径或直径画圆(图 3-26)。

步骤 1:选择第一点。

步骤 2:在 Tracking Bar(跟踪栏)的半径栏输入半径值(或在直径栏输入直径值),按 Enter(回车)键。

③由中心点和相切对象画圆(图 3-27)。

图 3-24 Basic Curves(基本曲线)对话框——画圆

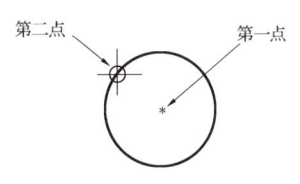

图 3-25 由中心点、圆上的点画圆

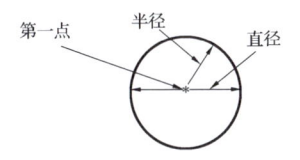

图 3-26 由中心点、半径或直径画圆

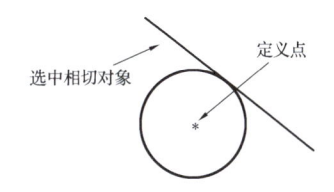

图 3-27 由中心点和相切对象画圆

步骤 1:选择第一点。

步骤 2:选择相切对象。

Multiple Positions(多重位置):若开启此功能,则系统会以之前的圆来复制多个相同的圆,此时只要选取圆的定位点即可。

(4)Curve Fillet(倒圆角)

底板零件二维曲线如图 3-28 所示。

单击 Basic Curves(基本曲线)对话框中的 Curve Fillet(倒圆角)图标，弹出如图 3-29 所示的 Curve Fillet(倒圆角)对话框。

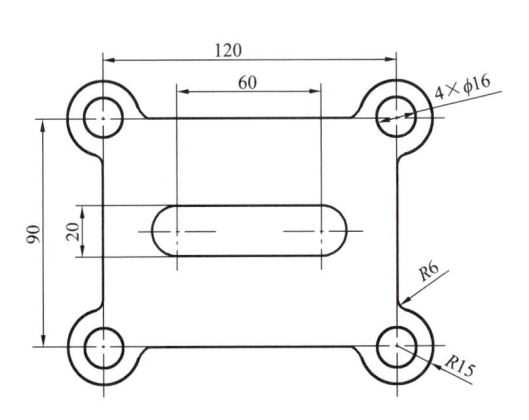

图 3-28 底板零件二维曲线

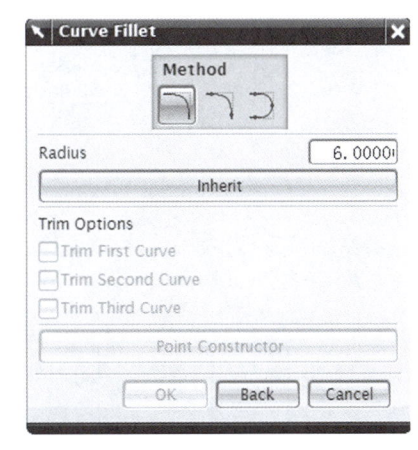

图 3-29 Curve Fillet(倒圆角)对话框

① 简单倒圆角(Simple Fillet)

该方式只能用于直线的倒圆角。

步骤1：在 Radius(半径)文本框中输入半径值。

步骤2：单击两直线的倒圆角处，如图3-30所示。

② 两条曲线倒圆角(2 Curve Fillet)

该方式不仅对直线倒圆角，也可对曲线倒圆角。

步骤1：在 Radius(半径)文本框中输入半径值。

步骤2：在 Trim Options(修剪选项)中选择修剪方法。

步骤3：依次选择两条相交曲线。

步骤4：单击圆角的近似中心点，如图3-31所示。

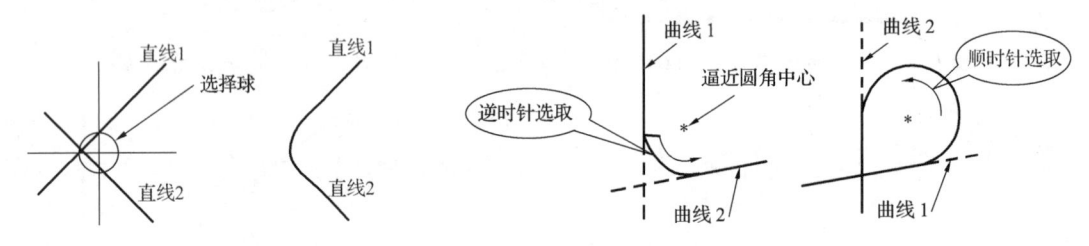

图 3-30　简单倒圆角

图 3-31　两条曲线倒圆角

③ 三条曲线倒圆角(3 Curve Fillet)

步骤1：在 Trim Options(修剪选项)中选择修剪方法。

步骤2：依次选择三条曲线。

步骤3：单击圆角的近似中心点，如图3-32所示。

(5) Trim(修剪)

单击 Basic Curves(基本曲线)对话框中的 Trim(修剪)图标　，弹出如图3-33所示的 Trim Curve(修剪曲线)对话框。

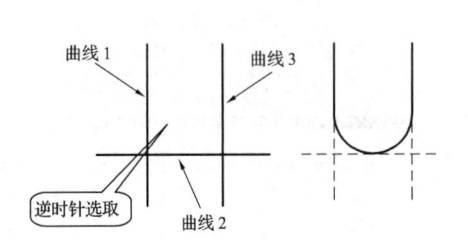

图 3-32　三条曲线倒圆角

图 3-33　Trim Curve(修剪曲线)对话框

- Curve to Trim(要修剪的曲线):选择一条或多条待修剪的曲线。

Select Curve(选择曲线)

End to Trim(要修剪的端点):Start(起点)、End(终点)。

- Bounding Object 1(边界对象 1):选择一条曲线对象作为第一边界对象。

Object(对象):Select Object(选择对象)、Specify Plane(指定平面)。

Select Object(选择对象)

- Bounding Object 2(边界对象 2):选择一条曲线对象作为第二边界对象。

Object(对象)

Select Object(选择对象)

- Settings(设置)

Associative(关联输出):选中该复选框,则修剪后的曲线与原曲线具有关联性。若改变原曲线的参数,则修剪后的曲线与边界之间的关系自动得到更新。

Input Curves(输入曲线):控制修剪后原曲线是否保留,其下拉列表列出了四种控制方式,即 Keep(保持)、Hide(隐藏)、Delete(删除)和 Replace(替换)。

Curve Extension(曲线延伸)

Trim Bounding Objects(修剪边界对象)

Keep Bounding Objects Selected(保持选定边界对象)

Automatic Selection Progression(自动选择递进)

步骤 1:选择一条或多条待修剪的曲线。

步骤 2:选择一条曲线对象作为第一边界对象。

步骤 3:选择一条曲线对象作为第二边界对象。

步骤 4:单击"OK"按钮。

修剪曲线示例如图 3-34 和图 3-35 所示。

图 3-34　修剪曲线 1　　　　　　图 3-35　修剪曲线 2

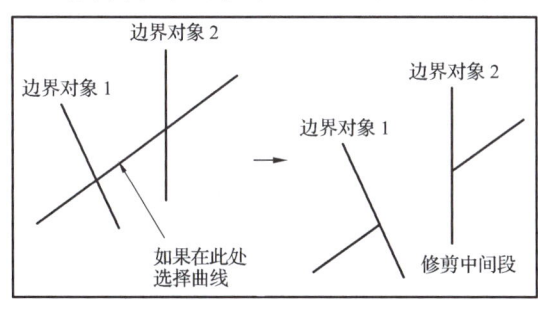

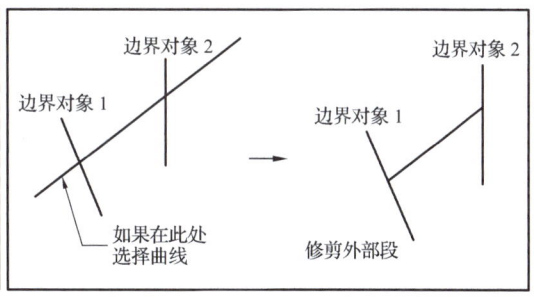

任务 3　绘制连接件截面曲线——建立其他类型的曲线

1. 任务要求

绘制连接件截面曲线,如图 3-36 所示。

2. 任务分析

连接件截面曲线以六边形(内切圆直径为 76)为中心,圆弧 R56 与六边形中心同心,右上方水平距离 94、竖直距离 56 处为圆弧 R25 和圆 ϕ25 的圆心,左下方水平距离 56、竖直距离 94 处为圆弧 R25 和圆 ϕ25 的圆心,圆弧 R25 与圆弧 R56 分别与直线相切和与圆弧 R75 相切。

3. 任务实施

操作步骤如下:

(1)绘制六边形。

(2)绘制 R56 的整圆。

(3)分别绘制 R25 和 ϕ25 的整圆(各两个)。

(4)绘制直线(圆弧 R25 与圆弧 R56 切线)。

(5)倒圆角 R75 两处(关闭 Trim First Curve(修剪第一条曲线)与 Trim Second Curve(修剪第二条曲线)选项)。

(6)修剪。

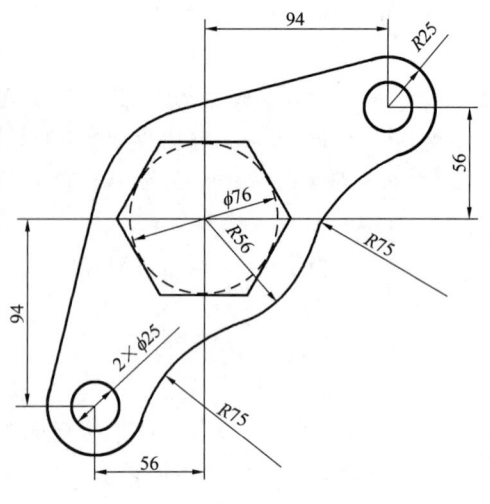

图 3-36 连接件截面曲线

4. 知识解析

(1)Rectangle(矩形)

单击工具栏图标:Curve(曲线)工具栏中的 Rectangle(矩形)图标 ,或选择下拉菜单:[Insert(插入)]→[Curve(曲线)]→[Rectangle(矩形)],弹出 Point(点构造器)对话框。

步骤1:在 Point(点构造器)对话框中输入矩形第一点坐标,单击"OK"按钮。

步骤2:在 Point(点构造器)对话框中输入矩形第二点坐标,单击"OK"按钮,创建矩形如图 3-37 所示。

(2)Polygon(多边形)

选择下拉菜单:[Insert(插入)]→[Curve(曲线)]→[Polygon(多边形)],弹出如图 3-38 所示的 Polygon(多边形)对话框。在 Number of Sides(边数)文本框中输入边数,单击"OK"按钮,弹出如图 3-39 所示的多边形创建方式对话框。

图 3-37 创建矩形

图 3-38 Polygon(多边形)对话框

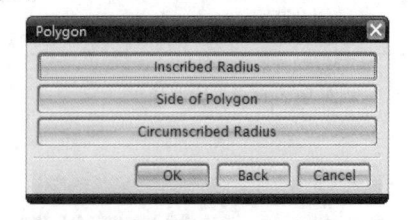

图 3-39 多边形创建方式对话框

①以"Inscribed Radius(内切圆半径)"方式创建多边形

步骤1:在如图 3-39 所示的多边形创建方式对话框中单击"Inscribed Radius(内切圆半径)"按钮。

步骤2:弹出如图 3-40 所示的内切圆半径与方位角对话框,在 Inscribed Radius(内切圆半径)文本框中输入内切圆半径,在 Orientation Angle(方位角)文本框中输入方位角,单击"OK"按钮。

步骤 3:在弹出的 Point(点构造器)对话框中输入多边形中心坐标,单击"OK"按钮。

创建的多边形如图 3-41 所示。

图 3-40　内切圆半径与方位角对话框 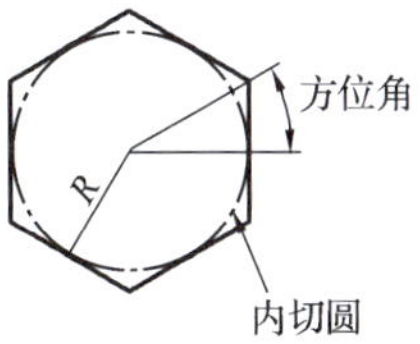　　图 3-41　以内切圆半径方式创建的多边形

②以"Side of Polygon(多边形边长)"方式创建多边形

步骤 1:在如图 3-39 所示的多边形创建方式对话框中单击"Side of Polygon(多边形边长)"按钮。

步骤 2:弹出如图 3-42 所示的边长与方位角对话框,在 Side(边长)文本框中输入边长,在 Orientation Angle(方位角)文本框中输入方位角,单击"OK"按钮。

图 3-42　边长与方位角对话框

步骤 3:在弹出的 Point(点构造器)对话框中输入多边形中心坐标,单击"OK"按钮。

③以"Circumscribed Radius(外接圆半径)"方式创建多边形

步骤 1:在如图 3-39 所示的多边形创建方式对话框中单击"Circumscribed Radius(外接圆半径)"按钮。

步骤 2:弹出如图 3-43 所示的外接圆半径与方位角对话框,在 Circle Radius(外接圆半径)文本框中输入外接圆半径,在 Orientation Angle(方位角)文本框中输入方位角,单击"OK"按钮。

步骤 3:在弹出的 Point(点构造器)对话框中输入多边形中心坐标,单击"OK"按钮。

创建的多边形如图 3-44 所示。

图 3-43　外接圆半径与方位角对话框 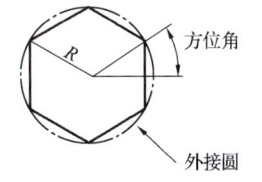　　图 3-44　以外接圆半径方式创建的多边形

(3)Ellipse(椭圆)

选择下拉菜单:[Insert(插入)]→[Curve(曲线)]→[Ellipse(椭圆)],弹出 Point(点构造器)对话框。

步骤1：在 Point(点构造器)对话框中输入椭圆中心坐标，单击"OK"按钮。
步骤2：弹出如图3-45所示的 Ellipse(椭圆)对话框，输入椭圆参数。

```
Ellipse
Semimajor      28.0000    ← 输入椭圆的长半轴
Semiminor      12.0000    ← 输入椭圆的短半轴
Start Angle    0.0000     ← 输入椭圆的起始角
End Angle      270.0000   ← 输入椭圆的终止角
Rotation Angle 0.0000     ← 输入椭圆的旋转角
       OK   Back   Cancel
```

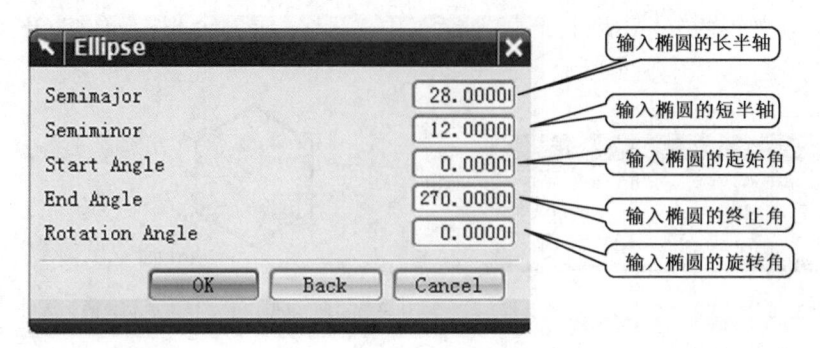

图3-45　Ellipse(椭圆)对话框

步骤3：单击"OK"按钮，创建的椭圆如图3-46所示。

椭圆的起始角(终止角)：从椭圆右边的长半轴出发，绕"+ZC轴"沿着逆时针方向确定的椭圆线起始位置(终止位置)，如图3-47所示。

椭圆的旋转角：椭圆长轴与"+XC轴"的夹角(逆时针方向为正)，如图3-48所示。

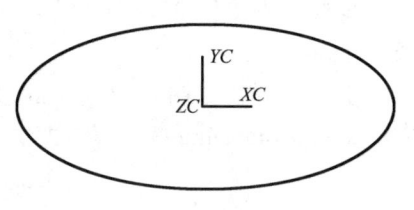

图3-46　创建的椭圆

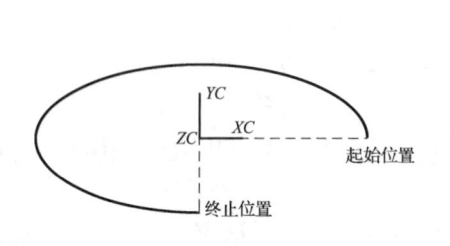

图3-47　椭圆的起始角(终止角)

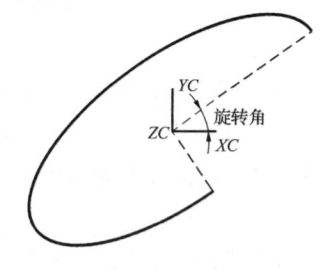

图3-48　椭圆的旋转角

(4)Chamfer(倒斜角)

曲线倒斜角用于在平面上的曲线之间生成倒角连线。

选择下拉菜单：[Insert(插入)]→[Curve(曲线)]→[Chamfer(倒斜角)]，弹出如图3-49所示的 Chamfer(倒斜角)对话框。

①Simple Chamfer(简单倒斜角)

以这种方式生成的倒斜角两个边的偏置值相同，倒斜角角度值为45°。

步骤1：在如图3-49所示的对话框中单击"Simple Chamfer(简单倒斜角)"按钮，弹出如图3-50所示的简单倒斜角对话框。

步骤2：如图3-50所示，在 Offset(偏置)文本框中输入倒斜角偏置参数，单击"OK"按钮。

图 3-49　Chamfer(倒斜角)对话框 　　　　　图 3-50　简单倒斜角对话框

步骤 3：选择球同时在两条直线上方，单击鼠标左键完成倒斜角。

②User-Defined Chamfer(用户定义倒斜角)

用这种方式可以定义不同的倒斜角偏置值和角度值，在如图 3-49 所示的 Chamfer(倒斜角)对话框中单击"User-Defined Chamfer(用户定义倒斜角)"按钮，弹出如图 3-51 所示的用户定义倒斜角对话框。

Automatic Trim(自动修剪)：系统自动根据倒斜角来修剪两条连接曲线。

图 3-51　"用户定义倒斜角"对话框

Manual Trim(手工修剪)：需要用户来完成修剪倒斜角的两条连接曲线。

No Trim(不修剪)：不修剪倒斜角的两条连接曲线。

● 根据偏置和角度定义倒斜角

步骤 1：单击"User-Defined Chamfer(用户定义倒斜角)"按钮，如图 3-49 所示。

步骤 2：单击"Automatic Trim(自动修剪)"按钮，如图 3-51 所示，弹出如图 3-52 所示的偏置和角度定义倒斜角对话框。

步骤 3：如图 3-52 所示，在 Offset(偏置)文本框中输入偏置值，在 Angle(角度)文本框中输入角度值，单击"OK"按钮。

步骤 4：依次选择曲线 1 和曲线 2，单击近似斜角处，结果如图 3-53 所示。

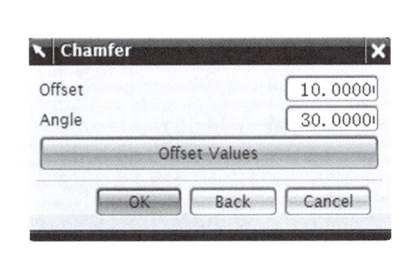

图 3-52　偏置和角度定义倒斜角对话框 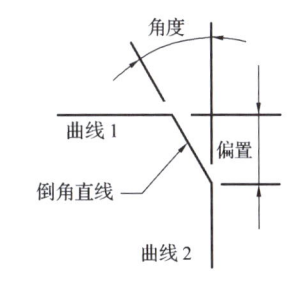　　　　　图 3-53　偏置和角度定义倒斜角

● 根据两偏置值定义倒斜角

步骤 1：单击"User-Defined Chamfer(用户定义倒斜角)"按钮，如图 3-49 所示。

步骤 2：单击"Automatic Trim(自动修剪)"按钮，如图 3-51 所示。

步骤 3：单击"Offset Values(偏置值)"按钮，如图 3-52 所示，弹出如图 3-54 所示的两偏置值定义倒斜角对话框。

步骤 4：如图 3-54 所示，分别在 Offset 1(偏置 1)文本框和 Offset 2(偏置 2)文本框中输入偏置值，单击"OK"按钮。

步骤 5：依次选择曲线 1 和曲线 2，单击近似斜角处，结果如图 3-55 所示。

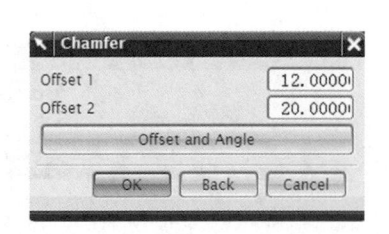

图 3-54 两偏置值定义倒斜角对话框

图 3-55 两偏置值定义倒斜角

(5) Offset(偏置)

偏置曲线用于对已存在的曲线以一定偏置方式得到新的曲线。

单击工具栏图标:Curve(曲线)工具栏中的 Offset Curve(偏置曲线)图标，或选择下拉菜单:[Insert(插入)]→[Curve from curves(来自曲线集的曲线)]→[Offset(偏置)]，弹出如图 3-56 所示的 Offset Curve(偏置曲线)对话框。

Type(类型)有 Distance(距离)、Draft(拔模)、Law Control(规律控制)和 3D Axial(3D 轴向)四种偏置方式。

①Distance(距离)

步骤 1:选择要偏置的曲线。

步骤 2:在 Distance(距离)文本框中输入偏置距离。

步骤 3:在 Trim(修剪)选项中选择修剪方式。

步骤 4:单击"OK"按钮。

Trim(修剪)选项中有三种修剪方式:

Extend Tangents(延伸相切)，如图 3-57 所示。

None(无)，如图 3-58 所示。

Fillet(圆角)，如图 3-59 所示。

图 3-56 Offset Curve(偏置曲线)对话框

图 3-57 Extend Tangents(延伸相切)

图 3-58 None(无)

图 3-59 Fillet(圆角)

②Draft(拔模)

偏置到与曲线所在平面相距拔模高度的平面，如图 3-60 所示。

步骤 1:选择要偏置的曲线。

步骤 2:在 Offset(偏置)组的 Height(高度)文本框中输入拔模高度，在 Angle(角度)文本框中输入拔模角度。

步骤 3:在 Trim(修剪)选项中选择修剪方式。

步骤 4:单击"OK"按钮。

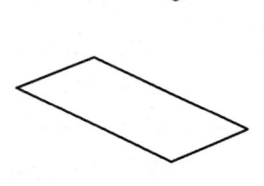

图 3-60 Draft(拔模)偏置

③Law Control(规律控制)

通过规律曲线控制偏置距离来偏置曲线。

④3D Axial(3D 轴向)

按照三维空间内指定的矢量方向和偏置距离来偏置曲线。

练习与提示

3-1　绘制如图 3-61 所示的二维曲线。

提示：(1)以极坐标方式绘制直线。

(2)绘制平行于坐标轴的直线。

3-2　绘制如图 3-62 所示的二维曲线。

提示：基本曲线中绘制平行线。

3-3　绘制如图 3-63 所示的二维曲线。

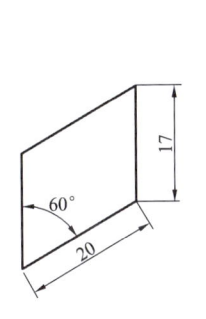

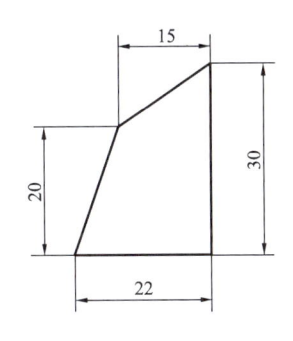

图 3-61　题 3-1 图　　　图 3-62　题 3-2 图　　　图 3-63　题 3-3 图

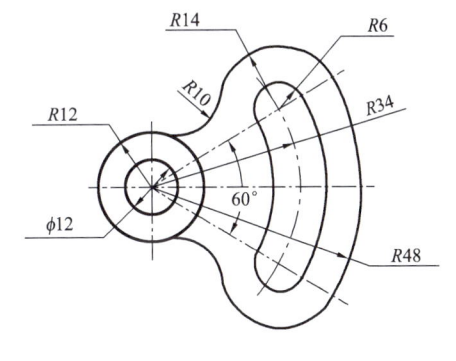

学习情境 4

轴座、V 带轮、弹簧——扫描特征

学习目标

1. 利用已完成的二维曲线图和草图,演示拉伸特征的造型方法,说明三维造型的一般思路,要求读者在一定指导下独立完成轴座的造型及后面的相应练习。

2. 利用已完成的二维曲线图和草图,演示旋转特征的造型方法,要求读者比较拉伸与旋转特征的各自特点,并在一定指导下独立完成 V 带轮的造型及后面的相应练习。

3. 演示弹簧和异形台面的造型过程,要求读者指出沿引导线扫描特征的要素和注意事项,并根据弹簧参数进行不同尺寸弹簧的造型练习及后面的相应练习。

4. 逐步全面完成学习情境 4 的练习,了解三维造型的一般思路,同时思考如何实现弹簧等标准件的参数化建模。

学习任务

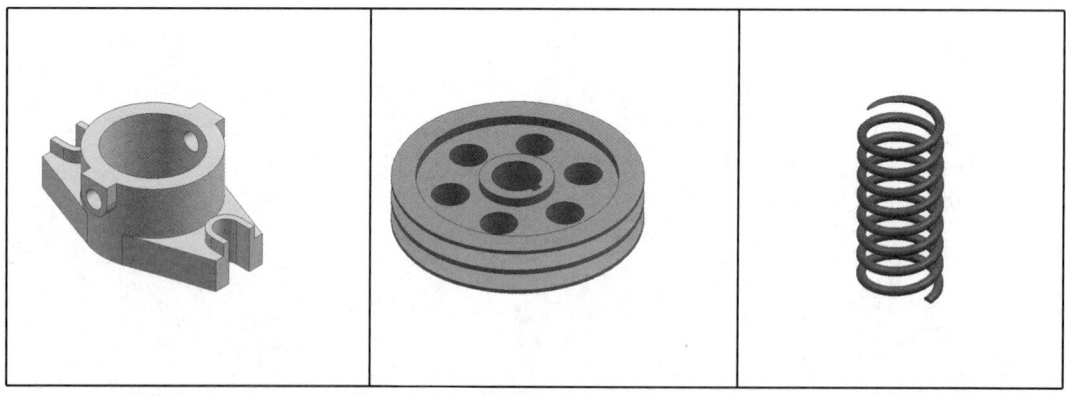

| 任务 1 | 任务 2 | 任务 3 |

扫描特征建模是将二维曲线沿另一方向或曲线运动而建立模型的方法。扫描特征包括拉伸(Extrude)、旋转(Revolve)和沿引导线扫描(Sweep Along Guide)等。如果曲线是封闭的则生成实体,如果曲线是不封闭的则生成片体。

任务1　轴座的造型——拉伸

1. 任务要求

制作轴座的三维造型,结构与尺寸如图 4-1 所示。

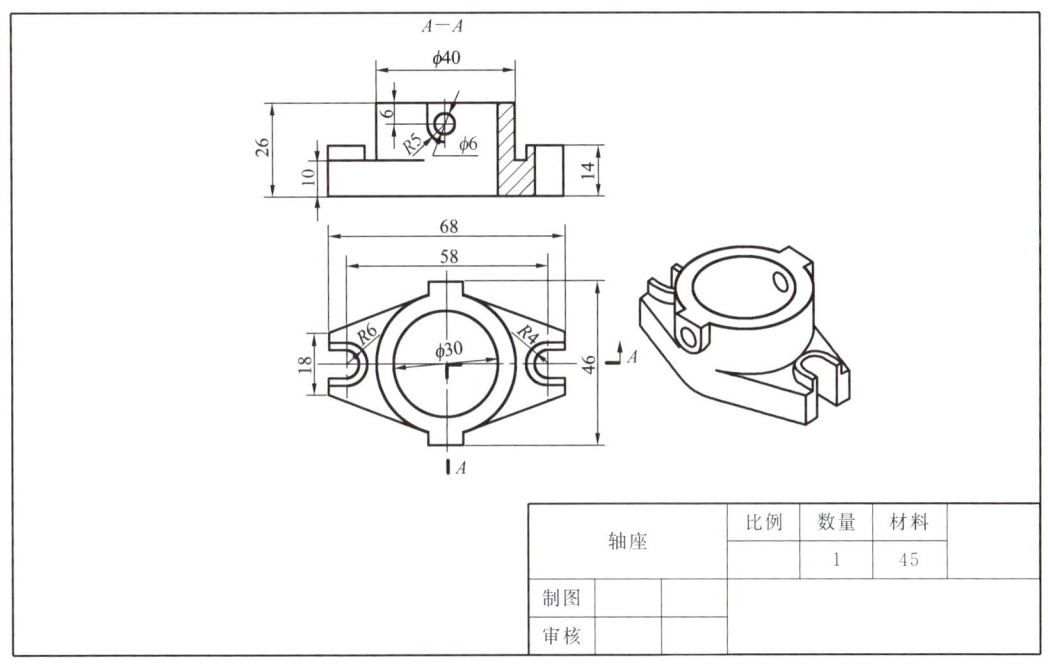

图 4-1　轴座零件图

2. 任务分析

轴座主要由两部分组成:底座和圆台。底座部分可采用参数化草图和拉伸建模;圆台部分既可用圆台命令也可用参数化草图和拉伸建模。其余特征均可采用参数化草图和拉伸建模。各部分造型的先后顺序决定了三维造型的繁与简,宜先下后上、先外后内。

3. 任务实施

操作步骤见表 4-1。

表 4-1　　　　　　　　　　操作步骤(1)

序号	操作内容	操作结果图示
1	选择 XC－YC 平面为草图平面,用轮廓线、圆弧线绘制草图曲线(近似)	

续表

序号	操作内容	操作结果图示
2	用尺寸约束、几何约束获得精准的草图曲线	
3	用转换/参考对象转换草图曲线;定位草图	
4	镜像曲线	
5	拉伸 选择[Insert]→[Design Feature]→[Extrude];选择草图曲线; Start 为 Value; Distance 为 0; End 为 Value; Distance 为 10; Boolean 为 None; 单击"OK"按钮	
6	选择 XC－YC 平面为草图平面,绘制草图 $\phi40$ 圆并定位;拉伸(设置:距离 0 到 26,求和)	

续表

序号	操作内容	操作结果图示
7	拉伸(设置:距离0到4,双侧偏置2,求和)	
8	选择 ZC－XC 平面为草图平面,绘制草图并定位	
9	拉伸(设置:对称,距离23,求和)	
10	拉伸(设置:选 φ40 草图圆、单侧偏置－5,求差)	
11	选择 ZC－XC 平面为草图平面,绘制草图 φ6 圆并定位; 拉伸(设置:对称,距离23,求差)	
12	隐藏草图曲线	

4. 知识解析

Extrude(拉伸)

拉伸是将截面对象沿指定的方向作线性扫描而生成实体。

单击工具栏图标：Feature(特征)工具栏中的 Extrude(拉伸)图标 ⬚，或选择下拉菜单：[Insert(插入)]→[Design Feature(设计特征)]→[Extrude(拉伸)]，弹出如图 4-2 所示的 Extrude(拉伸)对话框。

①Section(截面)

Select Curve(选择曲线)：用于选择曲线或边缘几何对象。

Sketch Section(草图截面)：用于绘制截面草图。

②Direction(方向)：用于指定拉伸方向。

③Limits(限制)：用于设置拉伸的起始位置和终止位置。

Value(值)：指拉伸起始位置或结束位置与截面曲线的距离。

Symmetric Value(对称值)：指拉伸起始位置或结束位置与截面曲线的距离相同。

Until Next(直至下一个)：指拉伸起始位置或结束位置在沿拉伸方向上所遇到的几何体。

Until Selected(直至选定对象)：拉伸起始位置或结束位置在选定的曲面、基准平面或实体上。

Until Extended(直到被延伸)：当要拉伸的截面大于拉伸体到达的对象边界，可拉伸到对象平面。

Through All(贯穿全部对象)：使拉伸体通过拉伸方向上的所有可选的几何对象。

图 4-2 Extrude(拉伸)对话框

④Boolean(布尔运算)：设置拉伸体与其他几何体之间的关系，包括 None(无)、Unite(求和)、Subtract(求差)、Intersect(求交)。

⑤Draft(拔模)：用于设置拉伸体的拔模角度。

From Start Limit(从起始限值)：拔模从拉伸起始位置开始，延伸至拉伸结束位置，如图 4-3 所示。

From Section(从截面)：拔模从截面位置开始，延伸至拉伸结束位置，如图 4-4 所示。

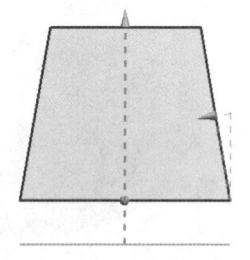

图 4-3 From Start Limit(从起始限值) 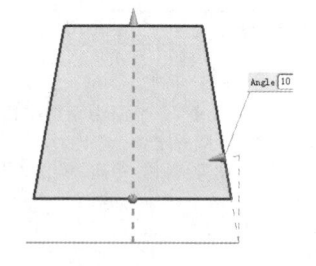　　图 4-4 From Section(从截面)

⑥Offset(偏置)：用于设置拉伸对象在垂直于拉伸方向上的延伸，如图 4-5 所示。

当截面曲线是封闭曲线时，Single-Sided(单侧偏置)生成实心体，Two-Sided(双侧偏置)和 Symmetric(对称偏置)生成空心体。当截面曲线是开放曲线时，Single-Sided(单侧偏置)不可用，Two-Sided(双侧偏置)和 Symmetric(对称偏置)生成实心体。

⑦Settings(设置)：用于设置创建实体还是片体(当截面曲线是封闭时)。

Body Type(体类型)：Solid(实体)、Sheet(片体)。

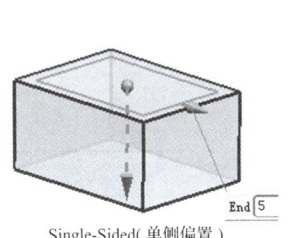

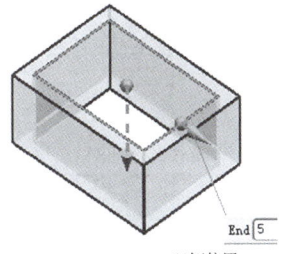

Single-Sided(单侧偏置)　　Two-Sided(双侧偏置)　　Symmetric(对称偏置)

图 4-5　偏置

步骤1:选择曲线、几何对象边缘或绘制截面草图。
步骤2:指定拉伸方向。
步骤3:设置拉伸的起始位置和终止位置。
步骤4:设置布尔运算。
步骤5:设置拉伸体的拔模角度。
步骤6:设置拉伸对象在垂直于拉伸方向上的延伸。
步骤7:设置创建实体还是片体。
步骤8:单击"OK"按钮。

任务2　V带轮的造型——旋转

1.任务要求
制作 V 带轮的三维造型,结构与尺寸如图 4-6 所示。

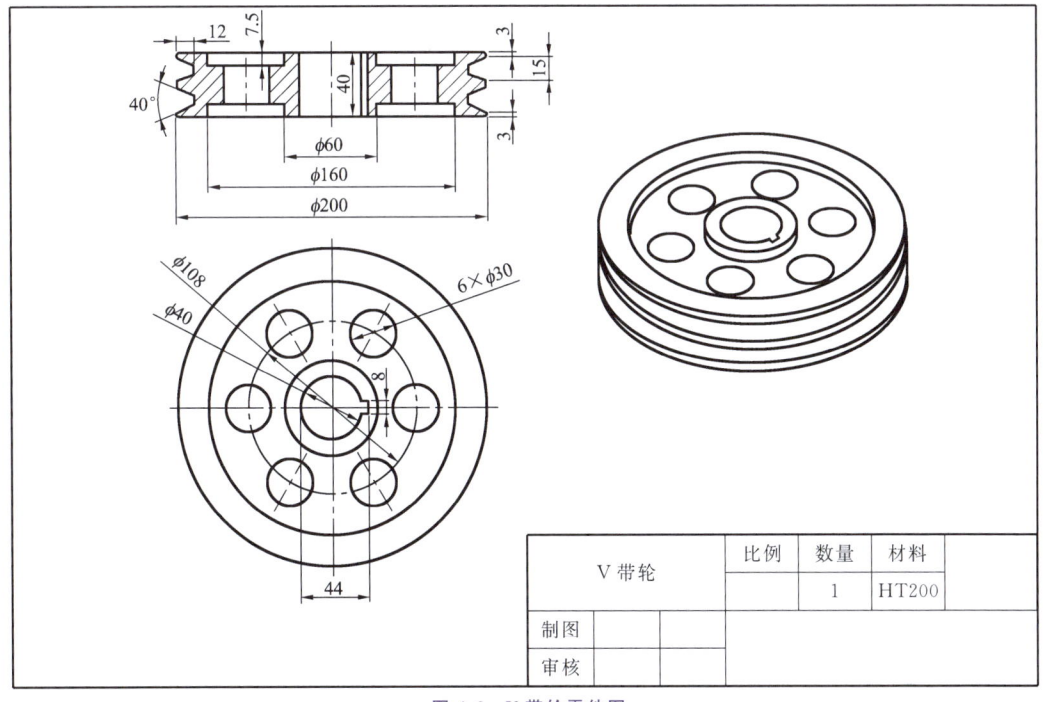

图 4-6　V 带轮零件图

2. 任务分析

V 带轮是中心对称结构,可以采用草图截面旋转生成。

3. 任务实施

操作步骤见表 4-2。

表 4-2　　　　　　　　　　　操作步骤(2)

序号	操作内容	操作结果图示
1	选择 $ZC-XC$ 平面为草图平面,用轮廓线绘制草图曲线(近似)	
2	用尺寸约束、几何约束获得精准的草图曲线	
3	用转换/参考对象转换草图曲线;定位草图	
4	镜像曲线	

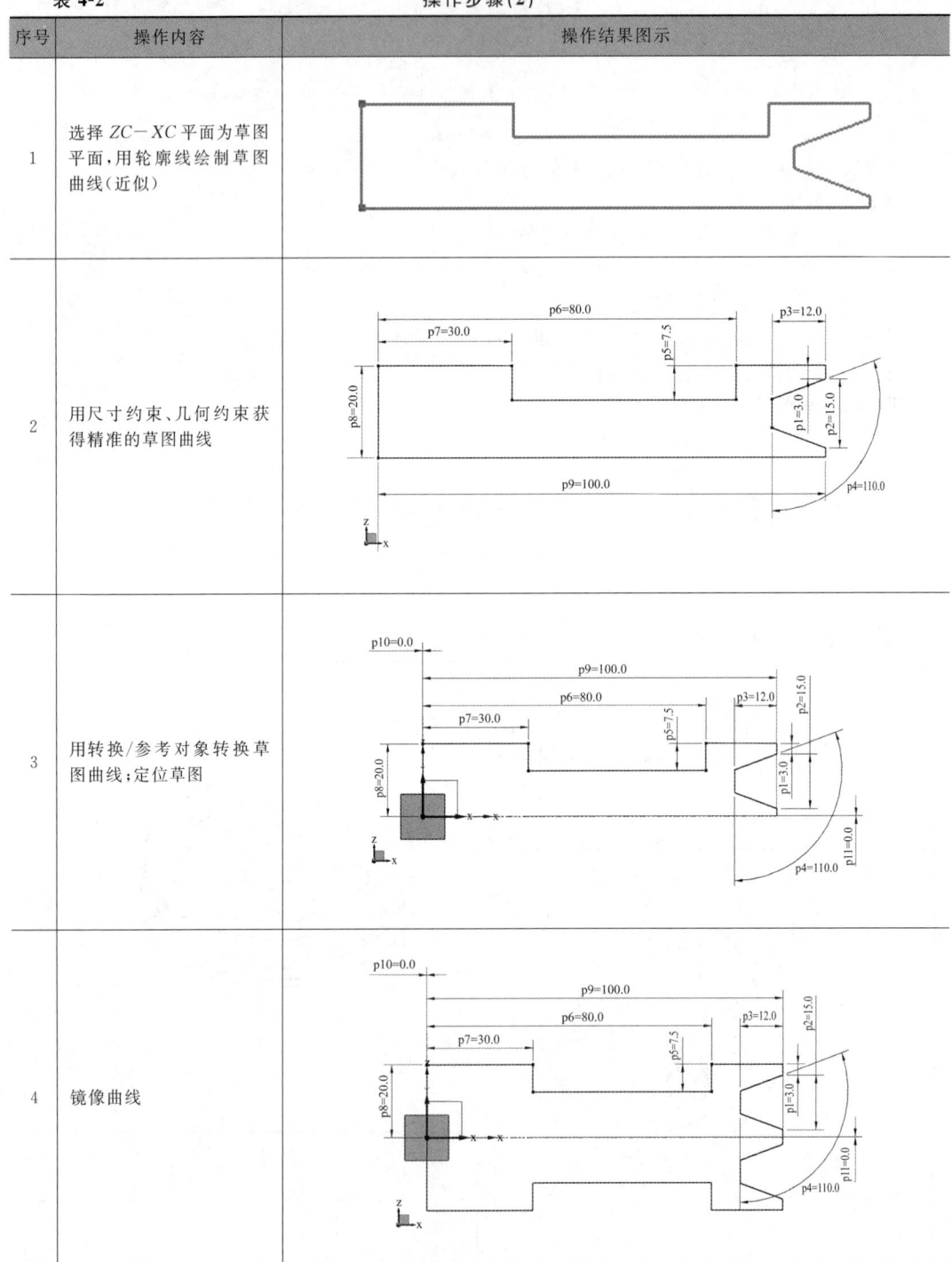

续表

序号	操作内容	操作结果图示
5	旋转 选择[Insert]→[Design Feature]→[Revolve]; 选择草图曲线; Specify Vector 选择 ZC 轴; Specify Point 输入（0,0,0）; Start 为 Value,Angle 为 0; End 为 Value,Angle 为 360; Boolean 为 None; 单击"OK"按钮	
6	选择 XC—YC 平面为草图平面,用轮廓线、圆弧线绘制草图曲线（近似）;用尺寸约束、几何约束获得精准的草图曲线	p12=8.0 Rp14=20.0 p13=44.0
7	定位草图	p15=0.0 p12=8.0 p39=0.0 Rp14=20.0 p13=44.0
8	拉伸（设置：对称,距离 20,求差）	

续表

序号	操作内容	操作结果图示
9	选择 XC−YC 平面为草图平面,绘制草图 φ30 圆并定位;拉伸(设置:对称,距离 13,求差)	
10	环形阵列 选择 [Insert]→[Associative Copy]→[Pattern Feature]; 选取 φ30 圆孔特征; Layout 选择 Circular; Specify Vector 选择 ZC 轴; Specify Point 输入(0,0,0); Count 输入 6; Pitch Angle 输入 60; 单击"OK"按钮	

4. 知识解析

Revolve(旋转)

旋转是由截面图形绕着指定的参考轴旋转而产生实体。

单击工具栏图标:Feature(特征)工具栏中的 Revolve(旋转)图标 ,或选择下拉菜单:[Insert(插入)]→[Design Feature(设计特征)]→[Revolve(旋转)],弹出如图 4-7 所示的 Revolve(旋转)对话框。

①Section(截面)

Select Curve(选择曲线):用于选择曲线或边缘几何对象。

Sketch Section(草图截面):用于绘制截面草图。

②Axis(轴)

Specify Vector(指定矢量):用于指定旋转方向(右手)。

Specify Point(指定点):用于指定截面旋转基点。

③Limits(限制):用于设置旋转的起始位置和终止位置。

Value(值):指旋转的起始位置或终止位置的角度值。

Until Selected(直至选定对象):旋转起始位置或终止位置在选定的实体表面或基准平面上。

④Boolean(布尔运算):设置旋转体与其他几何体之间的关系,包括 None(无)、Unite(求和)、Subtract(求差)、Intersect(求交)。

⑤Offset(偏置):用于设置旋转对象在垂直于旋转方向上的延伸,如图 4-8 所示。

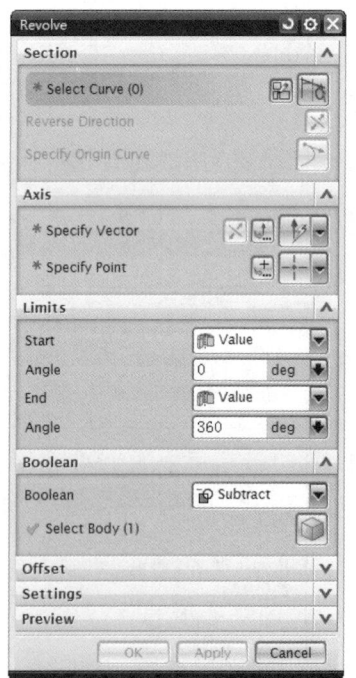

图 4-7 Revolve(旋转)对话框

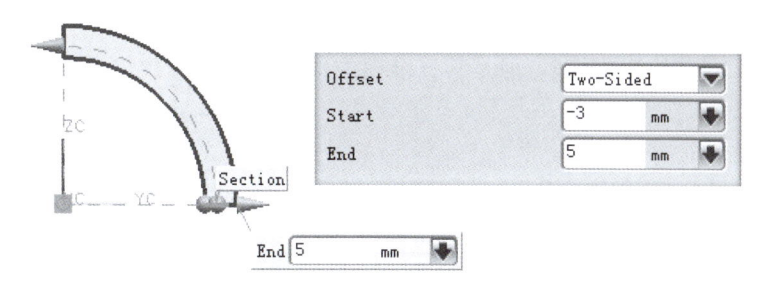

学习情境 4　轴座、V 带轮、弹簧——扫描特征　73

图 4-8　Offset(偏置)

⑥Settings(设置):用于设置创建实体还是片体。
Body Type(体类型):Solid(实体)、Sheet(片体)。
步骤 1:选择曲线、几何对象边缘或绘制截面草图。
步骤 2:指定旋转方向和截面旋转基点。
步骤 3:设置旋转的起始位置和终止位置。
步骤 4:设置布尔运算。
步骤 5:设置旋转对象在垂直于旋转方向上的延伸。
步骤 6:设置创建实体还是片体。
步骤 7:单击"OK"按钮。

任务 3　弹簧的造型——沿引导线扫描

1. 任务要求

制作弹簧的三维造型,结构与尺寸如图 4-9 所示。

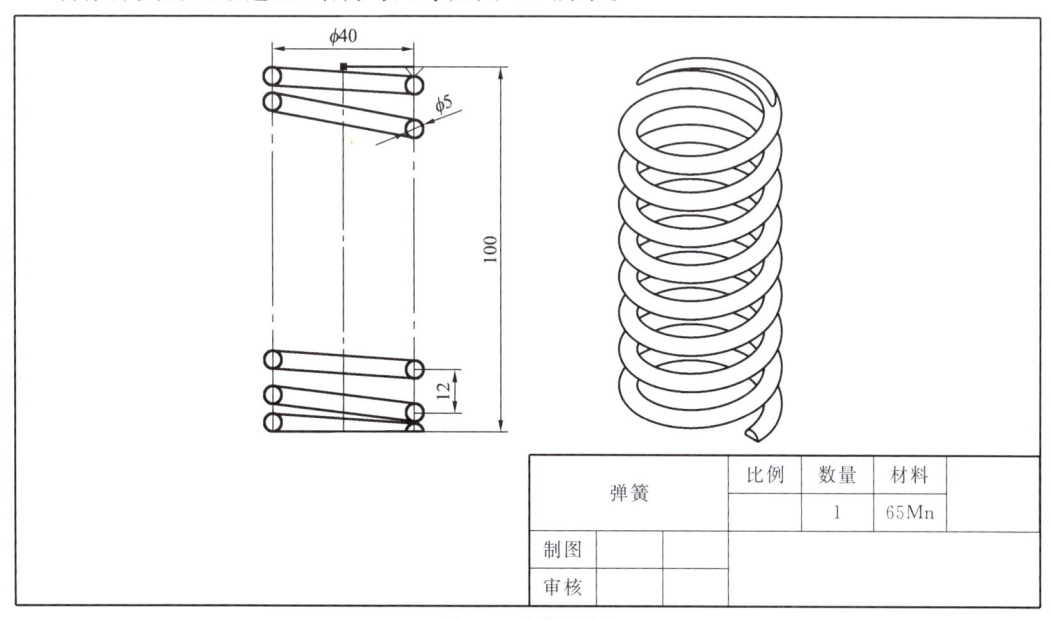

弹簧	比例	数量	材料
		1	65Mn
制图			
审核			

图 4-9　弹簧零件图

2. 任务分析

弹簧的形状与结构变化较多,但是其三维模型的创建是基于由一截面沿螺旋线扫描而生成的。

3. 任务实施

操作步骤见表4-3。

表4-3　　　　　　　　　　　操作步骤(3)

序号	操作内容	操作结果图示
1	创建螺旋线 选择[Insert]→[Curve]→[Helix]; Number of Turns 输入 9; Pitch 输入 12; Radius Method 选 Enter Radius; Enter Radius 输入 20; Turn Direction 选 Right Hand; 单击"OK"按钮	
2	创建弹簧钢丝截面 选择[Insert]→[Curve]→[Arc/Circle]; 选择 Arc/Circle from Center; 捕捉螺旋线起点; Radius 输入 2.5; Plane Options 选择 Select Plane; 选择 ZC—XC Plane; 选择 Full Circle; 单击"OK"按钮	
3	沿引导线扫描 选择[Insert]→[Sweep]→[Sweep along Guide]; Section 选择截面; Guide 选择螺旋线; 单击"OK"按钮	
4	修剪 选择[Insert]→[Trim]→[Trim Body]; 选择弹簧实体; Tool Option 选择 New Plane; Specify Plane 选择 XC—YC Plane; 选择 Reverse Direction; 单击"Apply"按钮; 选择弹簧实体; Specify Plane 选择 XC—YC Plane; Distance 输入 100; 单击"OK"按钮	

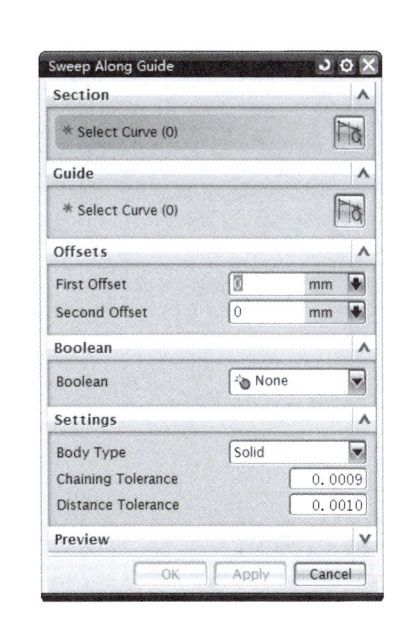

4. 知识解析

Sweep Along Guide(沿引导线扫描)

沿引导线扫描是截面线沿着引导线运动生成实体。

单击工具栏图标：Feature(特征)工具栏中的 Sweep Along Guide(沿引导线扫描)图标 ，或选择下拉菜单：[Insert(插入)]→[Sweep(扫描)]→[Sweep Along Guide(沿引导线扫描)]，弹出如图 4-10 所示的 Sweep Along Guide(沿引导线扫描)对话框。

①Section(截面)

Select Curve(选择曲线)：用于选择截面曲线。

图 4-10　Sweep Along Guide(沿引导线扫描)对话框

②Guide(引导)

Select Curve(选择曲线)：用于选择引导线。

③Offsets(偏置)：用于设置扫描的偏置参数。

④Boolean(布尔运算)：设置扫描体与其他几何体之间的关系，包括 None(无)、Unite(求和)、Subtract(求差)、Intersect(求交)。

⑤Settings(设置)

Body Type(体类型)：Solid(实体)、Sheet(片体)。

步骤1：选择截面曲线。

步骤2：选择引导线。

步骤3：设置扫描的偏置参数。

步骤4：设置布尔运算。

步骤5：设置创建实体还是片体。

步骤6：单击"OK"按钮。

注意事项：

(1)一条开放的截面线沿一条封闭的引导线扫描将创建一个实体。

(2)一条封闭的截面线沿引导线扫描将创建一个实体。

(3)一条开放的截面线沿一条开放的引导线扫描将创建一个片体。

(4)对于封闭的引导线允许含有尖角，但截面线应位于远离尖角的地方，而且需要位于引导线的端点位置。

(5)截面线应与引导线端点的切线方向垂直，如图 4-11 所示。

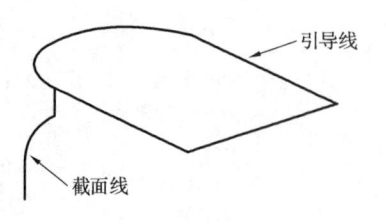

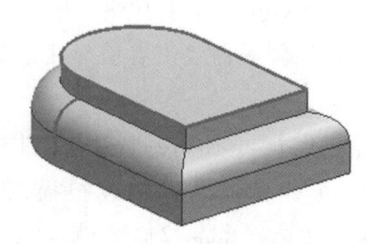

图 4-11　沿引导线扫描

练习与提示

4-1　根据图 4-12 所示的零件图完成零件的三维造型。

提示：(1) 创建长方体。

　　　(2) 在长方体表面绘制草图。

　　　(3) 拉伸(求差)。

4-2　根据图 4-13 所示的零件图完成零件的三维造型。

提示：布尔运算求和与求差。

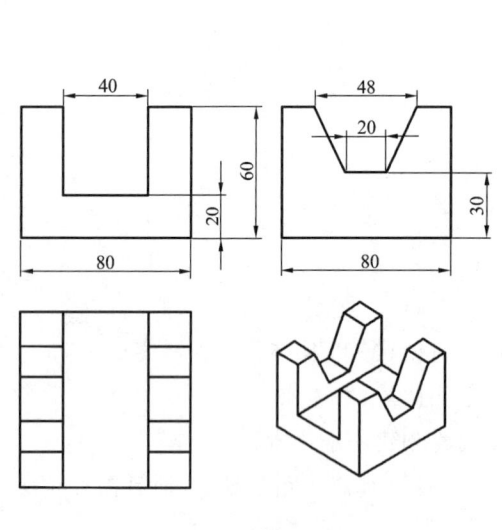

图 4-12　题 4-1 图

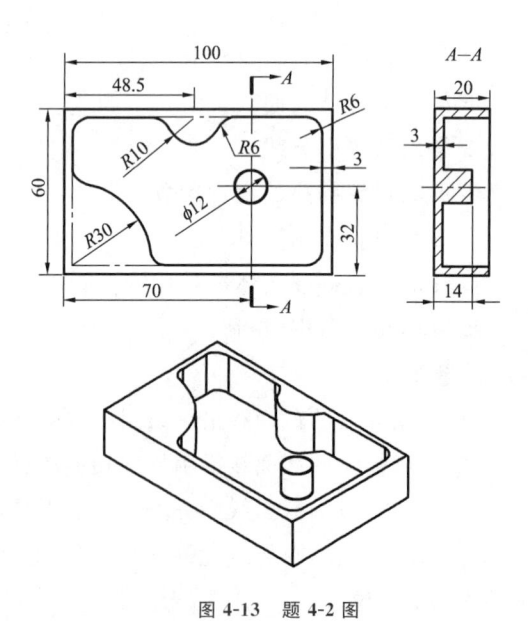

图 4-13　题 4-2 图

4-3 根据图 4-14 所示的零件图完成零件的三维造型。

提示：布尔运算求和与求差。

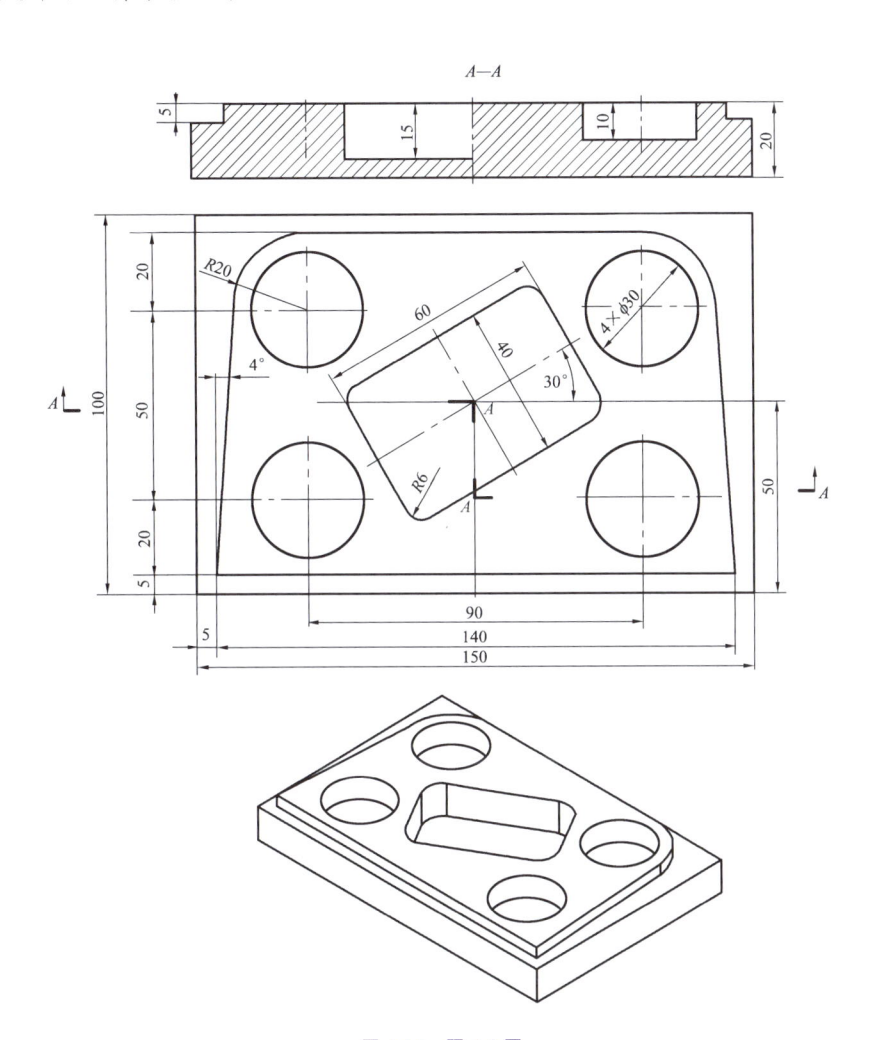

图 4-14 题 4-3 图

4-4 根据图 4-15 所示的零件图完成零件的三维造型。

提示：缺口拉伸方向与底面平行。

4-5 根据图 4-16 所示的零件图完成零件的三维造型。

提示：(1)绘制草图。

(2)拉伸(设置拔模角6°)。

(3)选上表面为草图平面，选择 Offset Curve 命令，再选择实体边缘。

(4)向下拉伸(设置拔模角6°)。

图 4-15 题 4-4 图

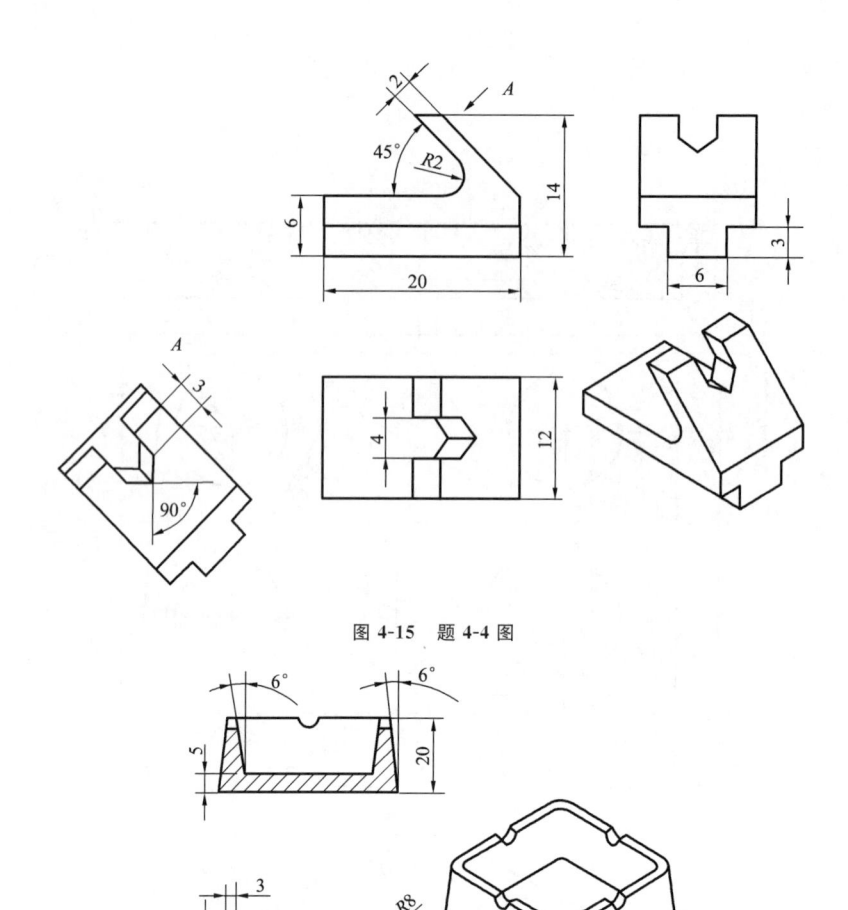

图 4-16 题 4-5 图

4-6 根据图 4-17 所示的零件图完成零件的三维造型。
提示:(1)绘制侧面外形轮廓。
(2)拉伸(设置偏置)。
4-7 根据图 4-18 所示的零件图完成零件的三维造型。
提示:造型思路先内后外。

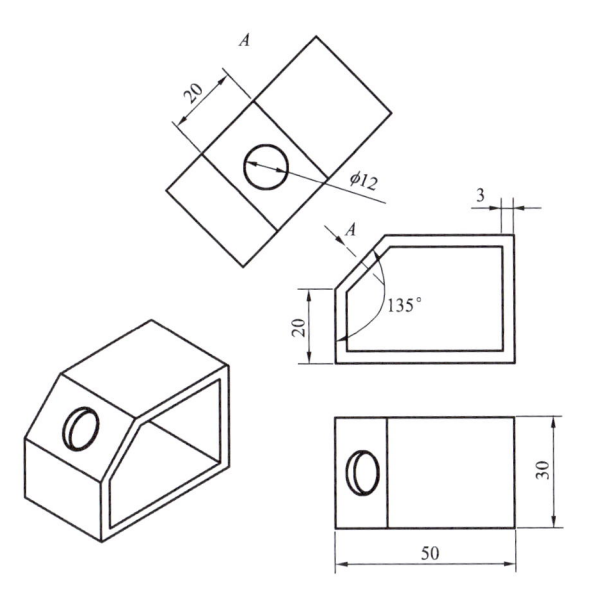

图 4-17 题 4-6 图

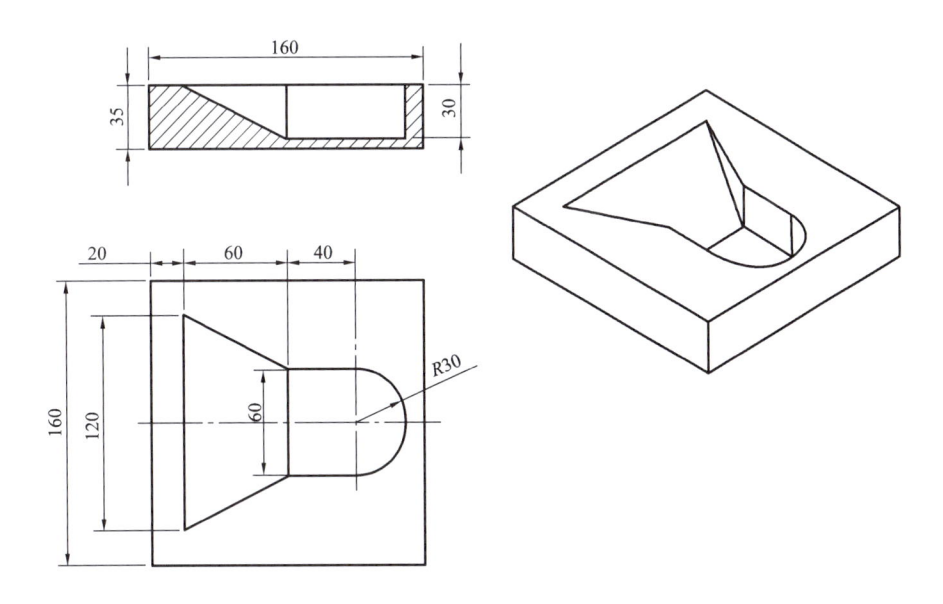

图 4-18 题 4-7 图

4-8 根据图 4-19 所示的零件图完成零件的三维造型。
4-9 根据图 4-20 所示的零件图完成零件的三维造型。
提示：(1) 篮筐体壁厚均匀，以外形轮廓偏置。
(2) 篮筐体截面旋转(设置偏置)。
(3) 篮筐把手截面旋转(设置终止角)。

图 4-19 题 4-8 图

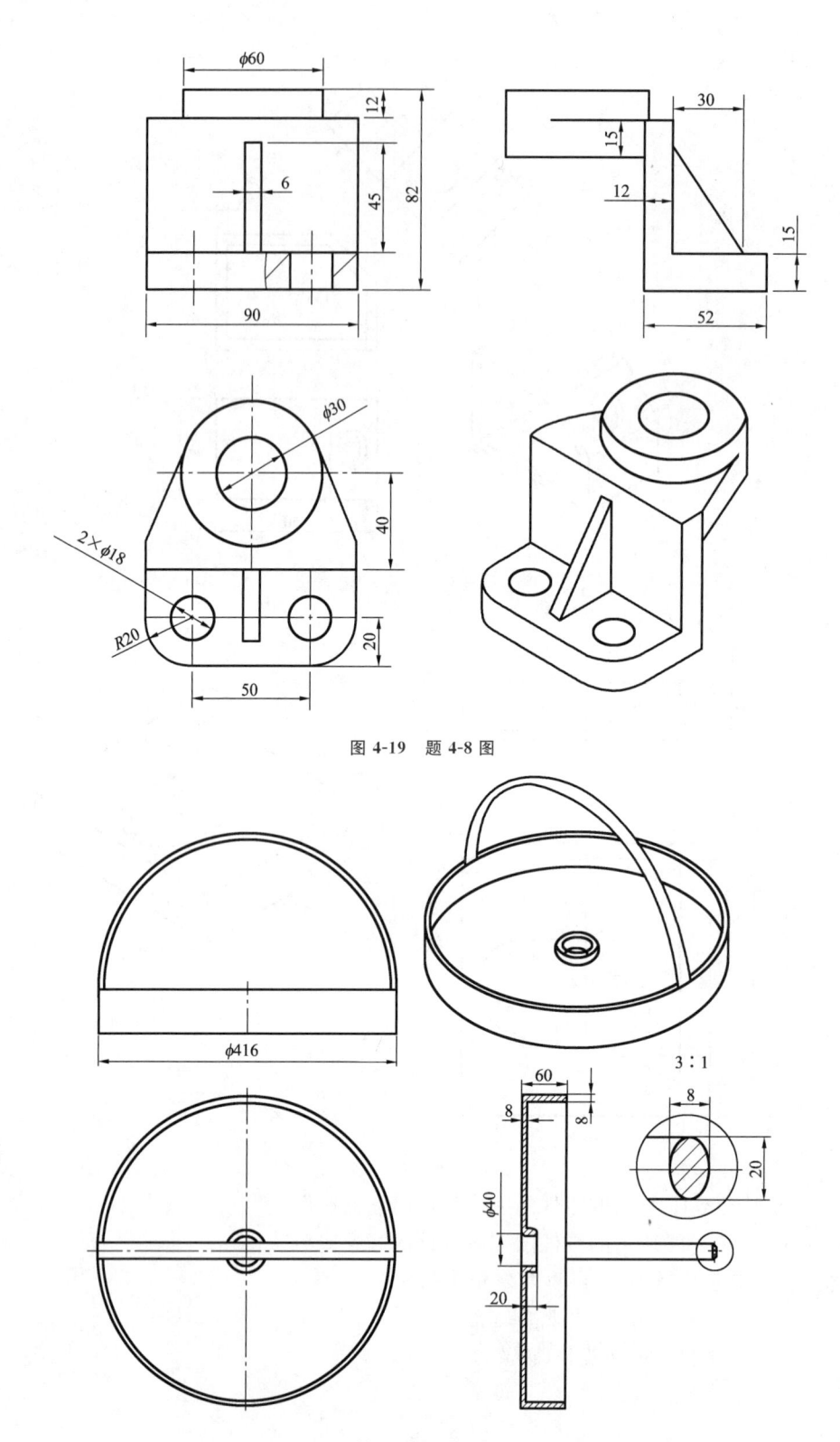

图 4-20 题 4-9 图

4-10 根据图 4-21 所示的零件图完成零件的三维造型。

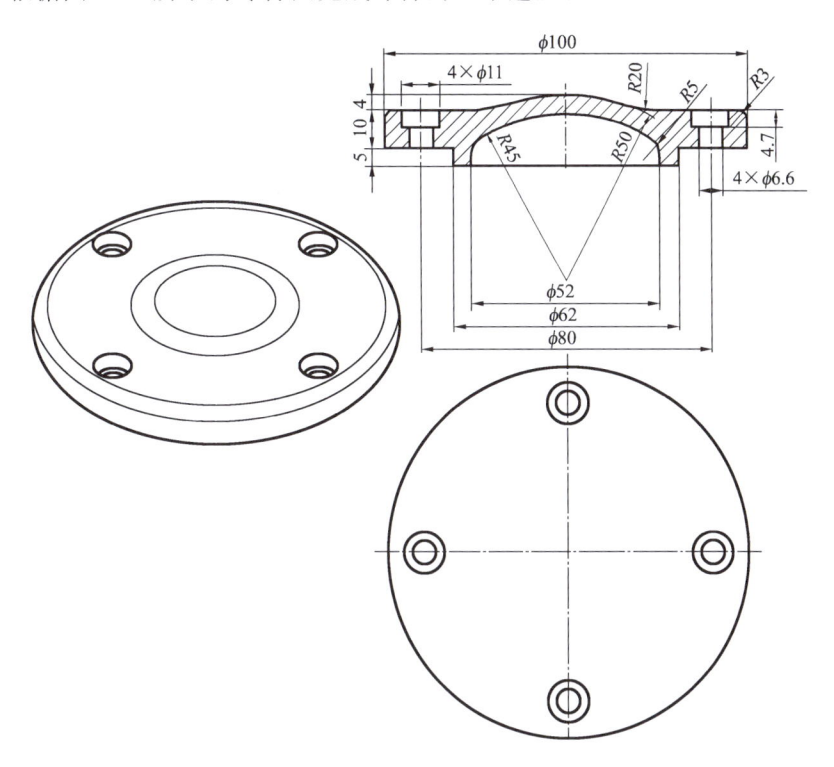

图 4-21 题 4-10 图

4-11 根据图 4-22 所示的零件图完成零件的三维造型。

提示：(1)画圆 $\phi16$。

(2)旋转(设置矢量方向、旋转基点、旋转终止角、偏置值及方向、布尔运算)。

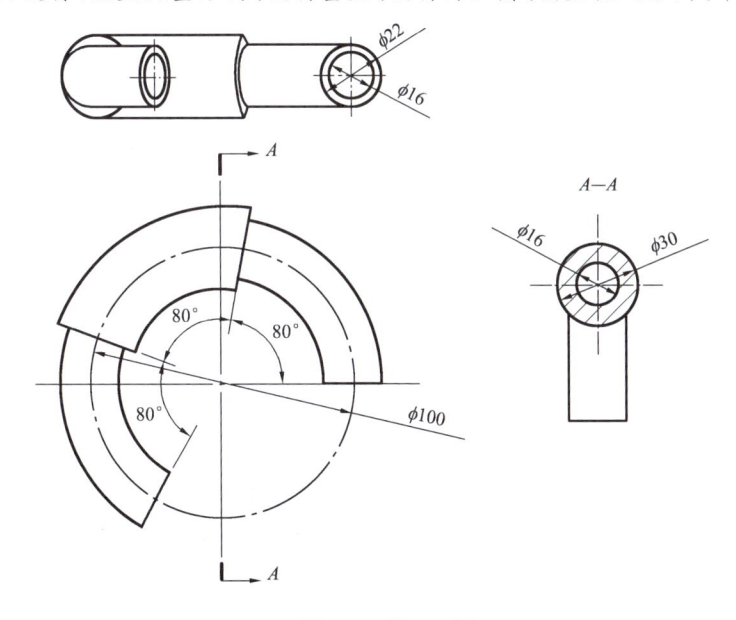

图 4-22 题 4-11 图

4-12 根据图 4-23 所示的零件图完成零件的三维造型。

提示:(1)画上部外形轮廓。

(2)旋转(设置偏置)。

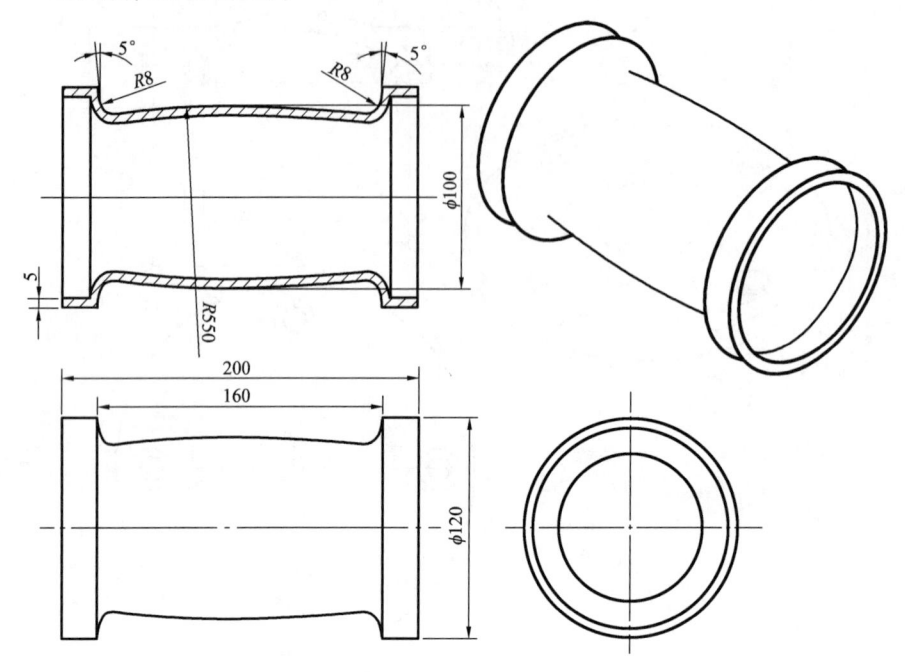

图 4-23 题 4-12 图

4-13 根据图 4-24 所示的零件图完成零件的三维造型。

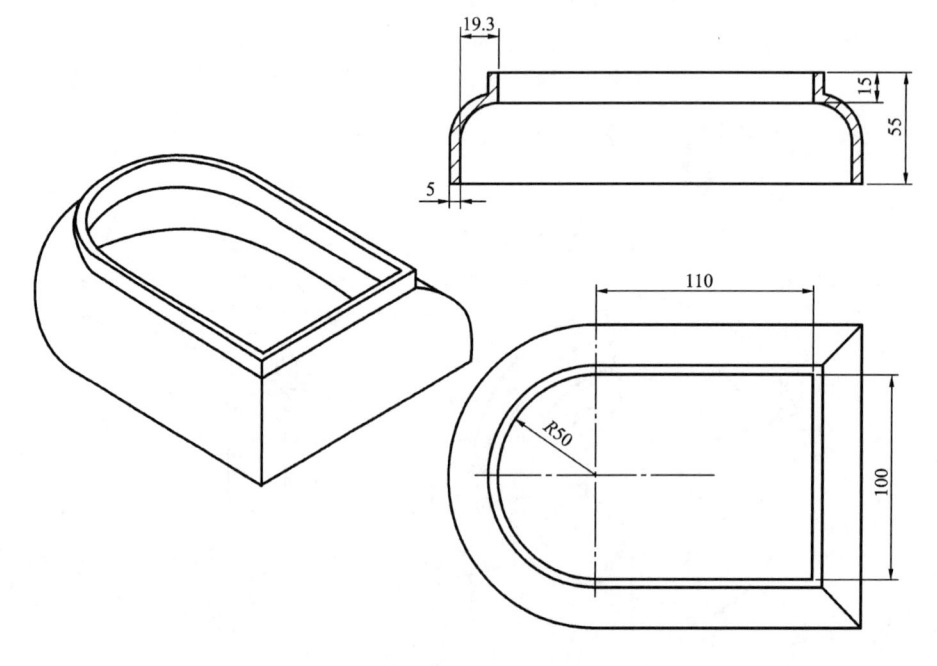

图 4-24 题 4-13 图

提示：(1)画引导线。

(2)移动坐标，画截面线。

(3)沿引导线扫描(设置偏置)。

4-14 根据图 4-25 所示的零件图完成零件的三维造型(自定义杯子把手)。

提示：(1)画 $R25$ 圆弧和一段直线旋转(偏置)。

(2)拉伸、倒圆角生成杯底。

(3)移动坐标，画把手的引导线。

(4)画把手的截面线，扫描。

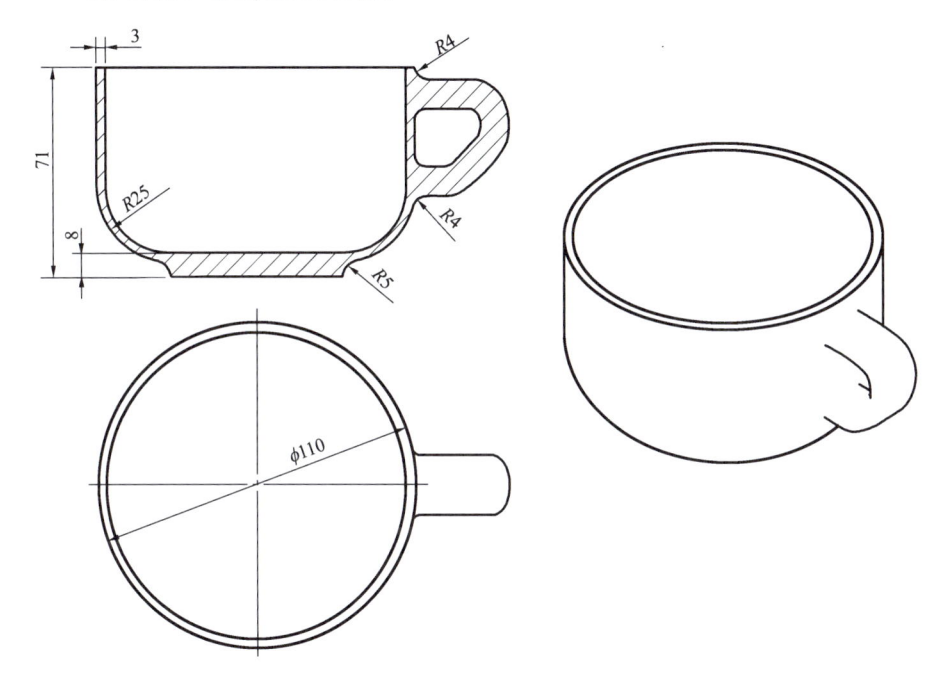

图 4-25 题 4-14 图

学习情境 5

法兰盘、钳身、阶梯轴、花键套——成型特征和基准特征

学习目标

1. 通过法兰盘的三维造型演示,展示成型特征中孔和圆台的各种造型方法,同时梳理三维建模的一般方法,说明 UG NX 8.0 软件建模的特点,并要求读者自行完成法兰盘的造型及后面的指定练习。

2. 通过钳身的三维造型演示,展示成型特征中腔体和凸台的造型思路,要求读者自行演练腔体和凸台的其他造型方法,并完成钳身的三维建模及后面的指定练习。

3. 通过阶梯轴的三维造型演示,展示成型特征中键槽和旋槽的造型思路,要求读者自行演练键槽和旋槽的其他造型方法,并完成阶梯轴的三维建模及后面的指定练习。

4. 通过基准平面和基准轴的创建方法演示,展示其在造型中的作用,要求读者运用基准功能,完成花键套的造型以及后面的指定练习。

5. 全面完成后面的练习,比较成型特征在造型方法、定位方式以及参数设置等方面的异同,了解 UG NX 8.0 软件的集成化特点,体会精炼准确的三维造型对后道工序的重要性。

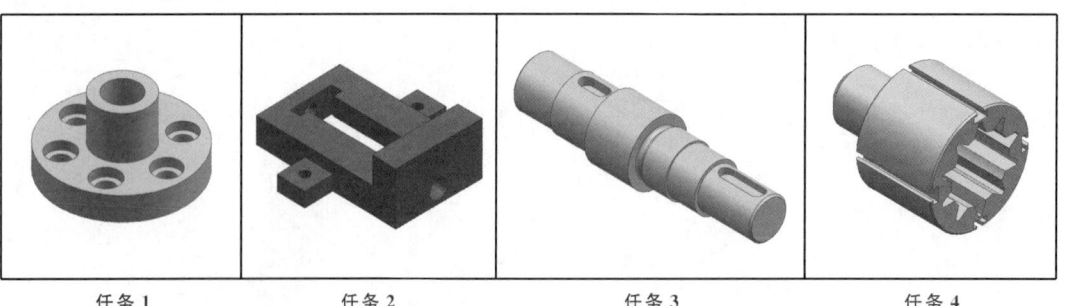

学习任务

| 任务 1 | 任务 2 | 任务 3 | 任务 4 |

成型特征是在毛坯的基础上进行进一步的加减材料的操作,所以成型特征必须附着于已有模型,不能独立存在,成型特征包括:孔(Hole)、圆台(Boss)、腔体(Pocket)、凸台(Pad)、键槽(Slot)、旋槽(Groove)等。这些命令的图标在 Feature(特征)工具栏里。

任务 1　法兰盘的造型——孔、圆台、[隐藏对象]

1. 任务要求

制作法兰盘的三维造型,结构与尺寸如图 5-1 所示。

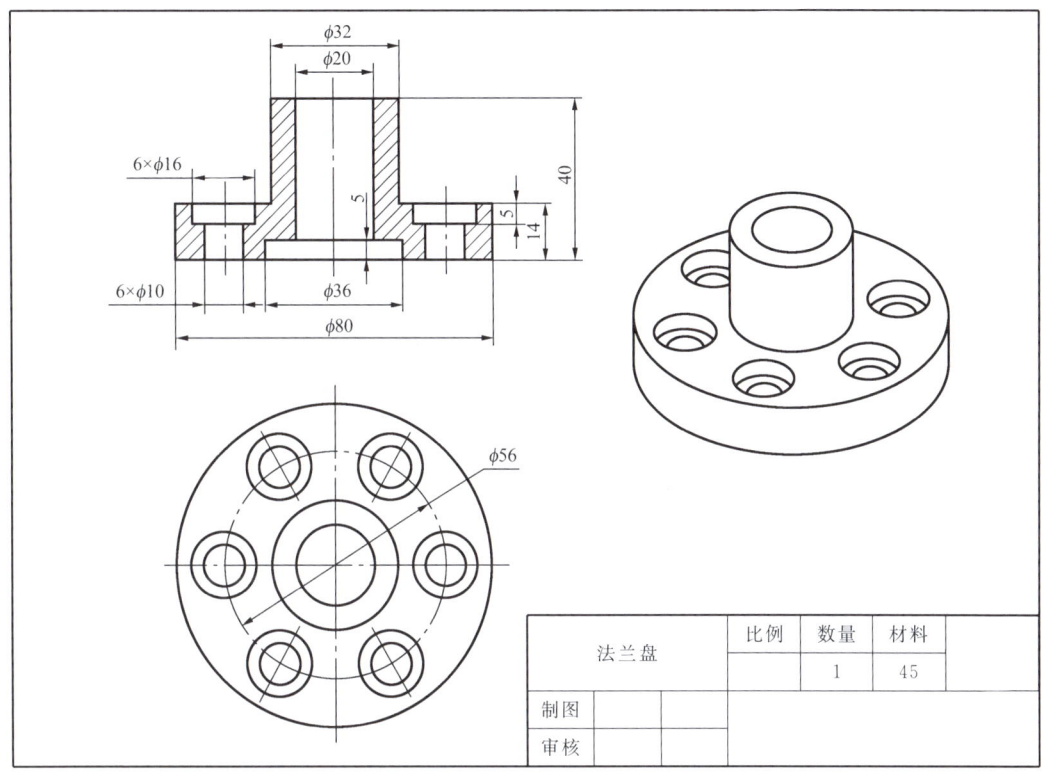

图 5-1　法兰盘零件图

2. 任务分析

法兰盘零件的结构特点是中心对称,由盘体、中心轴孔及安装孔等组成,可采用旋转建模或特征组合的方式建模。

3. 任务实施

操作步骤见表 5-1。

表 5-1　　　　　　　　　　　　　　操作步骤(1)

序号	操作内容	操作结果图示
1	创建圆柱体 选择[Insert]→[Design Feature]→[Cylinder]; Specify Vector 选择 ZC 轴; Specify Point 输入(0,0,0); Diameter 输入 80; Height 输入 14; 单击"OK"按钮	

续表

序号	操作内容	操作结果图示
2	创建圆台 选择[Insert]→[Design Feature]→[Boss]; Diameter 输入 32; Height 输入 26; 选择圆柱体上表面; 单击"OK"按钮; 选择 Point onto Point; 选择圆柱体上表面中心; 单击"OK"按钮	
3	创建中心沉头孔 选择[Insert]→[Design Feature]→[Hole]; Type 选择 General Hole; Specify Point 捕捉底面圆心; Form 选择 Counterbored; C-Bore Diameter 输入 36; C-Bore Depth 输入 5; Diameter 输入 20; Depth 输入 40; 单击"OK"按钮	
4	创建 $\phi 16$ 沉头孔(1) 选择[Insert]→[Design Feature]→[Hole]; Type 选择 General Hole; Specify Point 选择 Sketch Section; 选择圆柱上表面; 单击"OK"按钮; 单击圆柱上表面产生一点; 单击"Close"按钮; 双击编辑尺寸:水平 28,竖直 0	p171=28.0 p172=0.0
5	创建 $\phi 16$ 沉头孔(2) 单击"Finish Sketch"按钮; Form 选择 Counterbored; C-Bore Diameter 输入 16; C-Bore Depth 输入 5; Diameter 输入 10; Depth 输入 14; 单击"OK"按钮	

续表

序号	操作内容	操作结果图示
6	沉头孔环形阵列 选择[Insert]→[Associative Copy]→[Pattern Feature]; 选取 φ16 沉头孔特征; Layout 选择 Circular; Specify Vector 选择 ZC 轴; Specify Point 输入(0,0,0); Count 输入 6; Pitch Angle 输入 60; 单击"OK"按钮	

4. 知识解析

(1) Hole(孔)

用于在零件上创建常规孔、钻孔、螺钉间隙孔、螺纹孔或孔系列特征。

单击工具栏图标:Feature(特征)工具栏中的 Hole(孔)图标，或选择下拉菜单:[Insert(插入)]→[Design Feature(设计特征)]→[Hole(孔)]，弹出如图 5-2 所示的创建 General Hole(常规孔)的 Hole(孔)对话框。

Type(类型):

①General Hole(常规孔)

用于创建指定尺寸的 Simple(简单孔)、Counterbored(沉头孔)、Countersunk(埋头孔)或 Tapered(锥孔)特征。创建 General Hole(常规孔)的 Hole(孔)对话框如图 5-2 所示。

步骤 1:Position(位置)，指定孔的位置。

Specify Point(指定点):

Point——可直接选取存在的点;

Sketch Section——选取草图截面在草图生成器中创建的点。

步骤 2:Direction(方向)，指定孔的方向。

包括 Normal to Face(垂直于面)和 Along Vector(沿矢量方向)。

步骤 3:Form and Dimensions(形状和尺寸)。

Form(形状):包括 Simple(简单孔)、Counterbored(沉头孔)、Countersunk(埋头孔)和 Tapered(锥孔)四种。

Dimensions(尺寸组):输入孔的参数。

创建 Simple(简单孔)、Counterbored(沉头孔)、Countersunk(埋头孔)和 Tapered(锥孔)时的 Dimensions(尺寸组)分别如图 5-3、图 5-4、图 5-5 和图 5-6 所示。

图 5-2 Hole(孔)对话框——General Hole(常规孔)

图 5-3 Dimensions(尺寸组)——Simple(简单孔)

图 5-4 Dimensions(尺寸组)——Counterbored(沉头孔)

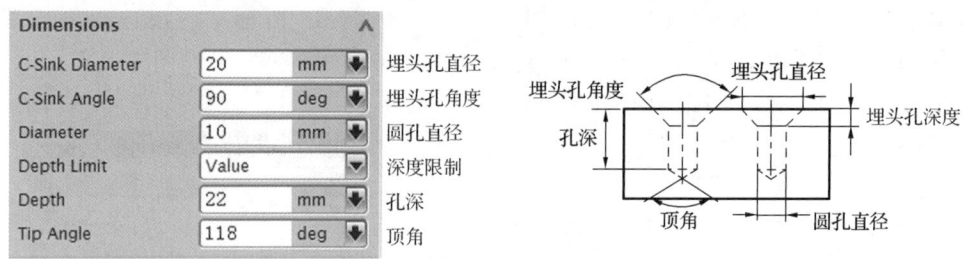

图 5-5 Dimensions(尺寸组)——Countersunk(埋头孔)

图 5-6 Dimensions(尺寸组)——Tapered(锥孔)

步骤 4：Boolean(布尔运算)。

步骤 5：单击"OK"按钮。

②Screw Clearance Hole(螺钉间隙孔)

用于创建简单过孔(Simple)、沉头过孔(Counterbored)或埋头过孔(Countersunk)。如图 5-7 所示为创建 Screw Clearance Hole(螺钉间隙孔)的 Hole(孔)对话框。

步骤 1：Position(位置)，指定孔的位置。

Specify Point(指定点)：

Point——可直接选取存在的点；

Sketch Section——选取草图截面在草图生成器中创建的点。

步骤 2：Direction(方向)，指定孔的方向。

学习情境 5　法兰盘、钳身、阶梯轴、花键套——成型特征和基准特征

包括 Normal to Face(垂直于面)和 Along Vector (沿矢量方向)。

步骤 3:Form and Dimensions(形状和尺寸)。

● Form(形状)：包括 Simple(简单过孔)、Counterbored(沉头过孔)、Countersunk(埋头过孔)。

● Screw Type(螺钉类型)：

General Screw Clearance(常规螺纹间隙)

● Screw Size(螺钉大小)：M1.6～M100。

● Fit(配合)：

Close(H12)——精密；

Normal(H13)——标准；

Loose(H13)——宽松；

Custom——定制。

● Dimensions(尺寸组)：输入参数。

步骤 4:Start Chamfer、End Chamfer(起始倒斜角、终止倒斜角)。

注意：只有在 Fit(配合)选择 Custom(定制)时，才可以在起始倒斜角或终止倒斜角中修改参数。

步骤 5:Boolean(布尔运算)。

步骤 6:Settings(设置)。

Standard(标准)——定义选项和参数的标准。

步骤 7:单击"OK"按钮。创建 Screw Clearance Hole(螺钉间隙孔)——Counterbored(沉头过孔)，如图 5-8 所示。

③Threaded Hole(螺纹孔)

用于创建螺纹孔。如图 5-9 所示为创建 Threaded Hole(螺纹孔)的 Hole(孔)对话框。

步骤 1:Position(位置)，指定孔的位置。

Specify Point(指定点)：

Point——可直接选取存在的点；

Sketch Section——选取草图截面在草图生成器中创建的点。

步骤 2:Direction(方向)，指定孔的方向。

包括 Normal to Face(垂直于面)和 Along Vector(沿矢量方向)。

步骤 3:Form and Dimensions(形状和尺寸)。

● Thread Dimensions(螺纹尺寸组)

Size(螺纹大小)——M1.6×0.35 到 M200×3；

Radial Engage(径向进刀)——选择径向进刀百分比；

Tap Drill Diameter(钻孔直径)；

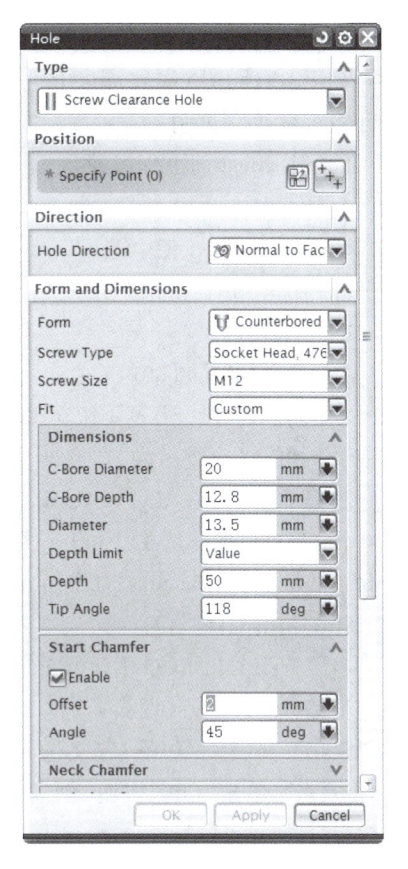

图 5-7　Hole(孔)对话框——Screw Clearance Hole(螺钉间隙孔)

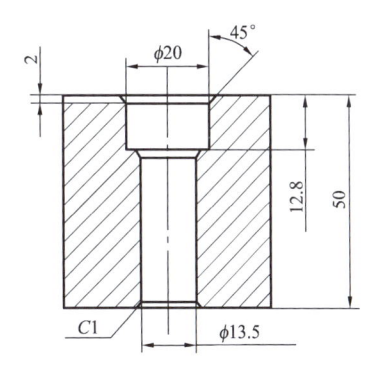

图 5-8　Screw Clearance Hole (螺钉间隙孔)——Counterbored(沉头过孔)

Depth Type(深度类型);

Thread Depth(螺纹深度)——在螺纹长度设置为定制时可输入螺纹深度值;

Handedness(用手习惯)——Right Handed(右手)、Left Handed(左手)。

● Dimensions(尺寸组)

Depth Limit(深度限制);

Depth(孔深度);

Tip Angle(孔顶锥角)。

步骤 4:Relief、Start Chamfer、End Chamfer(退刀槽、起始倒斜角、终止倒斜角)。

注意:只有在 Radial Engage(径向进刀)设置为 Custom(定制)并且选中 Enable(启用)复选框时才可以修改 Relief(退刀槽)、Start Chamfer(起始倒斜角)和 End Chamfer(终止倒斜角)。

步骤 5:Boolean(布尔运算)。

步骤 6:Settings(设置)。

Standard(标准)——定义选项和参数的标准。

步骤 7:单击"OK"按钮,创建 Threaded Hole(螺纹孔)如图 5-10 所示。

④ Hole Series(孔系列)

用于创建起始、中间和结束孔一致的多形状、多目标体的对齐孔。如图 5-11 所示为创建 Hole Series(孔系列)的 Hole(孔)对话框。

步骤 1:Position(位置),指定孔的位置。

Specify Point(指定点):

Point——可直接选取存在的点;

Sketch Section——选取草图截面在草图生成器中创建的点。

步骤 2:Direction(方向),指定孔的方向。

包括:Normal to Face(垂直于面)和 Along Vector(沿矢量方向)。

步骤 3:Specification(规格),指定 Start(起始)、Middle(中间)和 End(结束)孔尺寸的值。

● Form(形状):包括 Simple(简单孔)、Counterbored(沉头孔)、Countersunk(埋头孔)。

● Screw Type(螺钉类型)

● Screw Size(螺钉大小):M1.6~M100。

● Fit(配合):

Close(H12)——精密;

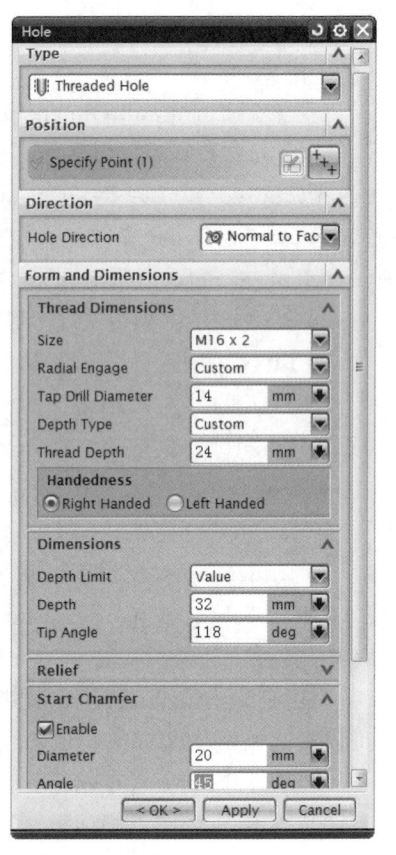

图 5-9 Hole(孔)对话框——Threaded Hole(螺纹孔)

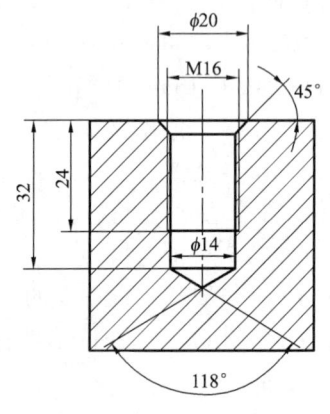

图 5-10 Threaded Hole(螺纹孔)

学习情境 5　法兰盘、钳身、阶梯轴、花键套——成型特征和基准特征

Normal(H13)——标准；

Loose(H13)——宽松；

Custom——定制。

注意：只有在 Fit(配合)选择 Custom(定制)时，才可以修改起始倒斜角或终止倒斜角的参数。

步骤 4：Start Chamfer、End Chamfer(起始倒斜角、终止倒斜角)。

步骤 5：Boolean(布尔运算)。

步骤 6：Settings(设置)。

Standard(标准)——定义选项和参数的标准。

步骤 7：单击"OK"按钮，创建 Hole Series(孔系列)——Simple(简单孔)，如图 5-12 所示。

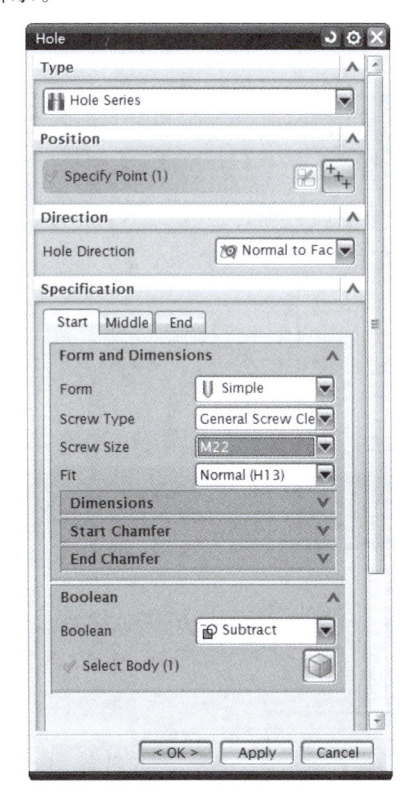

图 5-11　Hole(孔)对话框—Hole Series (孔系列)

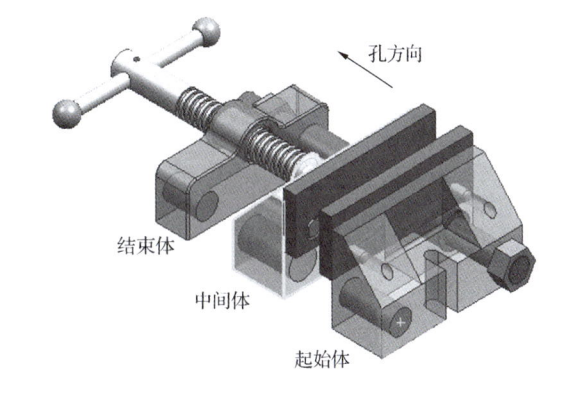

图 5-12　Hole Series(孔系列)——Simple(简单孔)

(2)Boss(圆台)

单击工具栏图标：Feature(特征)工具栏中的 Boss(圆台)图标，或选择下拉菜单：[Insert(插入)]→[Design Feature(设计特征)]→[Boss(圆台)]，弹出如图 5-13 所示的 Boss(圆台)对话框。

步骤1：选择放置圆台的平面。

步骤2：输入圆台参数，包括Diameter(直径)、Height(高度)和Taper Angle(拔模角)，如图5-13与图5-14所示。

图5-13　Boss(圆台)对话框

图5-14　圆台参数

步骤3：在实体上定位圆台。

步骤4：单击"OK"按钮。

(3)定位方式

①Horizontal(水平定位)　——定位尺寸与水平参考平行，如图5-15所示。

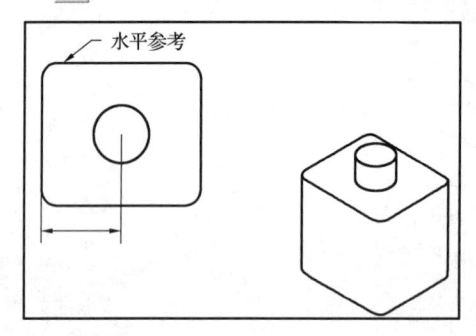

图5-15　Horizontal(水平定位)

②Vertical(竖直定位)　——定位尺寸与竖直参考平行，或是与水平参考垂直，如图5-16所示。

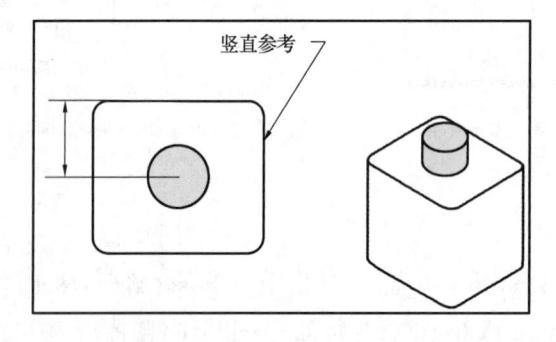

图5-16　Vertical(竖直定位)

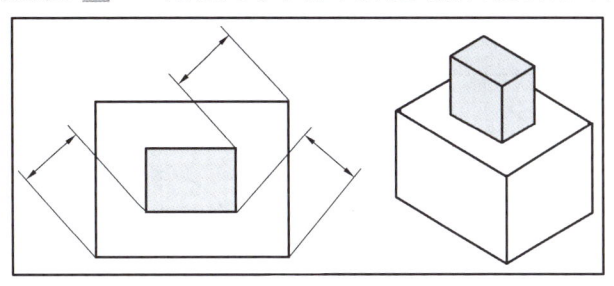

③Parallel(平行定位)——定位尺寸平行于所选两点的连线,如图 5-17 所示。

图 5-17　Parallel(平行定位)

④Perpendicular(垂直定位)——用特征上点与目标边的垂直距离作为定位尺寸,如图 5-18 所示。

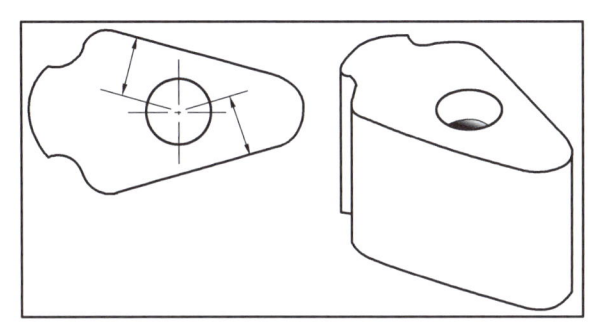

图 5-18　Perpendicular(垂直定位)

⑤Parallel at a Distance(平行距离定位)——使特征上某条边与实体上的目标边平行,并间隔一定距离,如图 5-19 所示。

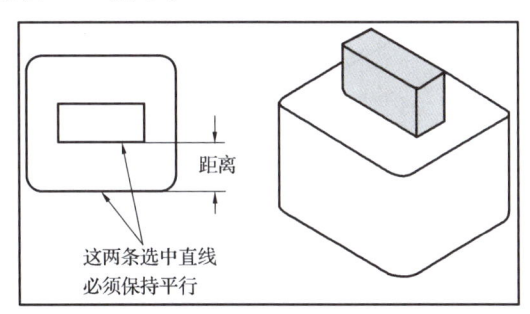

图 5-19　Parallel at a Distance(平行距离定位)

⑥Angular(角度定位)——使特征上某条边与实体上的目标边成一定角度,如图 5-20 所示。

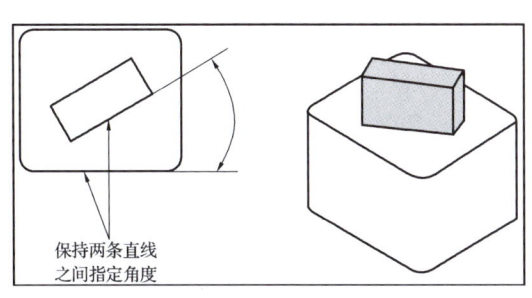

图 5-20　Angular(角度定位)

⑦Point onto Point(点到点定位) ——使特征上某点与目标实体的点重合,如图 5-21 所示。

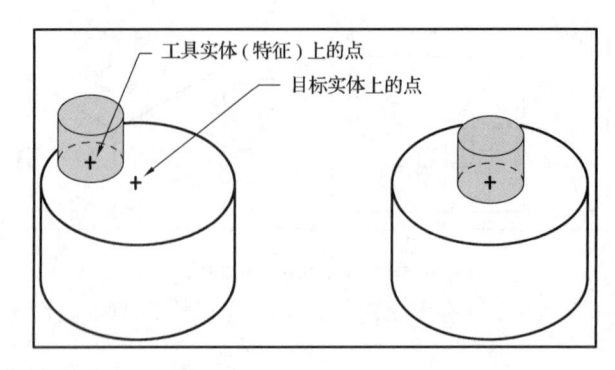

图 5-21 Point onto Point(点到点定位)

⑧Point onto Line(点到线定位) ——使特征上某点与目标边重合,如图 5-22 所示。

⑨Line onto Line(直线到直线定位) ——使特征的边与目标边重合,如图 5-23 所示。

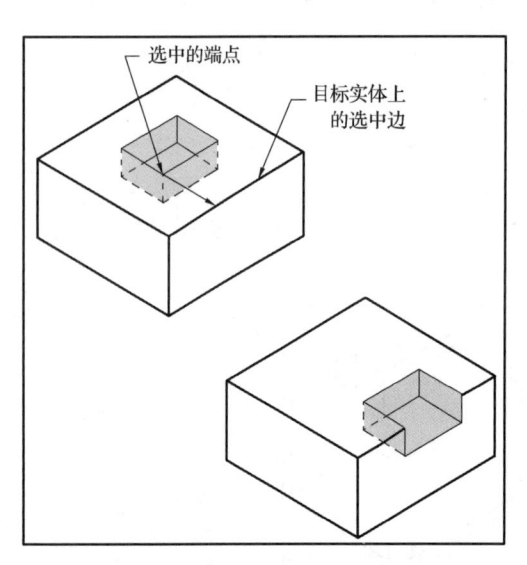

图 5-22 Point onto Line(点到线定位)

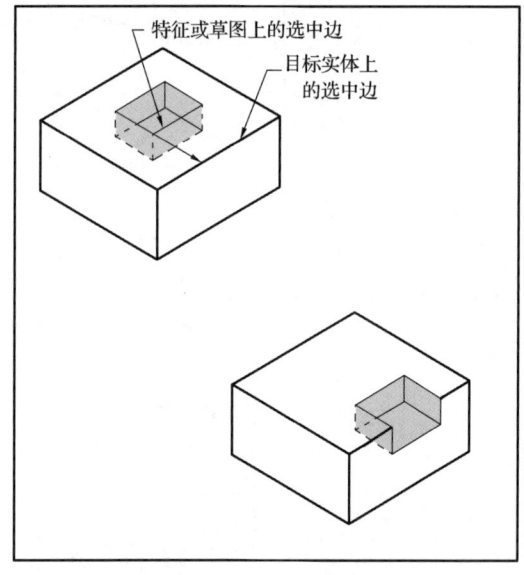

图 5-23 Line onto Line(直线到直线定位)

(4)隐藏对象

选择下拉菜单:[Edit(编辑)]→[Show and Hide(显示和隐藏)],在弹出的子菜单中提供了显示和隐藏的功能命令,如图 5-24 所示。

①Show and Hide(显示和隐藏)

选择[Show and Hide(显示和隐藏)],弹出如图 5-25 所示的 Show and Hide(显示和隐藏)对话框。在该对话框中通过选择显示和隐藏的相应选项,决定视图中要显示或隐藏的对象。

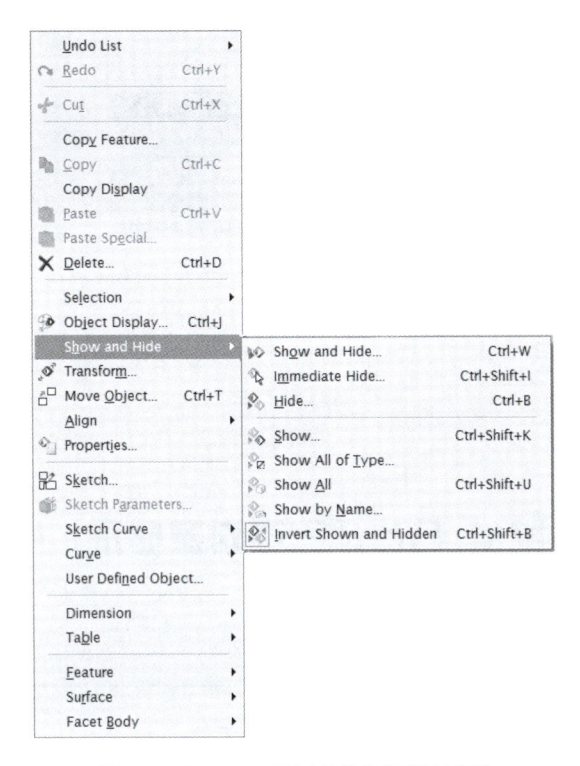

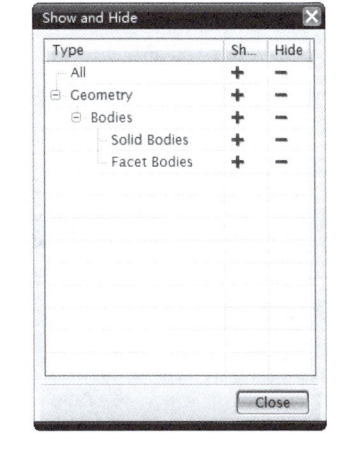

学习情境 5　法兰盘、钳身、阶梯轴、花键套——成型特征和基准特征　　95

图 5-24　Show and Hide(显示和隐藏)子菜单　　　图 5-25　Show and Hide(显示和隐藏)对话框

②Immediate Hide(立即隐藏)

选择[Immediate Hide(立即隐藏)],弹出如图 5-26 所示的 Immediate Hide(立即隐藏)对话框,在视图中选择要隐藏的对象。

③Hide(隐藏)

图 5-26　Immediate Hide(立即隐藏)对话框

选择[Hide(隐藏)],弹出 Class Selection(类选择)对话框,通过类型或直接选取,选择视图中要隐藏的对象。

④Show(显示)

选择[Show(显示)],弹出 Class Selection(类选择)对话框,在视图中显示所有已经隐藏的对象,选择要重新显示的对象即可。

⑤Show All of Type(显示所有此类型的)

选择[Show All of Type(显示所有此类型的)],弹出如图 5-27 所示的 Selection Methods(选择方法)对话框,通过"Type(类型)"、"Layer(图层)"、"Other(其他)"、"Reset(重置)"按钮和"Color(颜色)"选项来确定要显示的对象。

⑥Show All(全部显示)

选择[Show All(全部显示)],将重新显示所有在可选层上的隐藏对象。

⑦Show by Name(按名称显示)

选择[Show by Name(按名称显示)],弹出如图 5-28 所示的 Show Mode(显示方式)对话框,在 Name(名称)文本框中输入要显示的对象名称,单击"OK"按钮,将重新显示该名称的对象。

图 5-27 Selection Methods(选择方法)对话框

图 5-28 Show Mode(显示方式)对话框

⑧Invert Shown and Hidden(颠倒显示和隐藏)

选择[Invert Shown and Hidden(颠倒显示和隐藏)],视图中显示的对象全部隐藏,而隐藏的对象则全部显示。

任务 2 钳身的造型——腔体、凸台、[改变对象显示]

1. 任务要求

制作钳身的三维造型,结构与尺寸如图 5-29 所示。

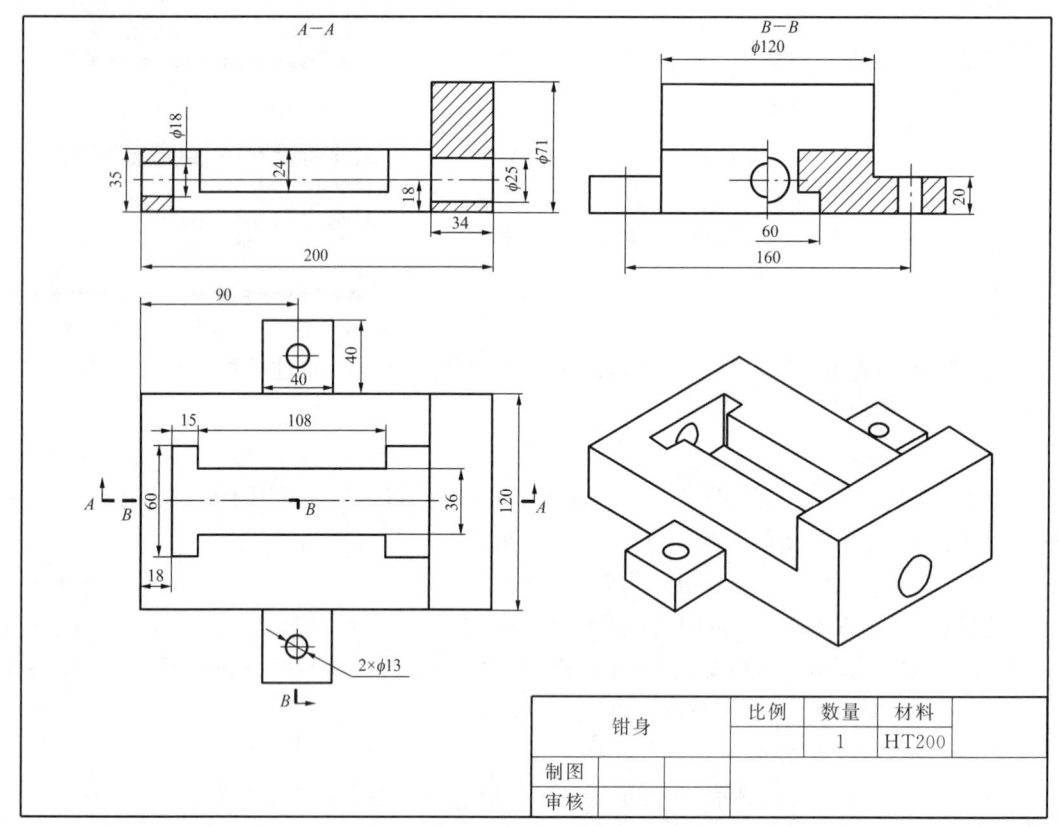

图 5-29 钳身零件图

2. 任务分析

钳身零件主要由底板和凸台两部分组成,底板上有工形直壁通槽及底面凹槽,这部分造型既可以用草图和拉伸的方法获得,也可以用腔体与凸台命令获得,其余凸台特征适用凸台命令造型，最后用孔的命令完成孔的造型。

3. 任务实施

操作步骤见表 5-2。

表 5-2　　　　　　　　　　　　　操作步骤(2)

序号	操作内容	操作结果图示
1	创建长方体 选择[Insert]→[Design Feature]→[Block]； Specify Point 输入(0,0,0)； Length(XC)输入 200； Width(YC)输入 120； Height(ZC)输入 35； 单击"OK"按钮	
2	创建腔体 选择[Insert]→[Design Feature]→[Pocket]； 单击"Rectangular"按钮； 选择底板上表面； 选择腔体长度方向； Length 输入 148； Width 输入 60； Depth 输入 35； 选择 Parallel at a Distance 定位	
3	创建凸台 选择[Insert]→[Design Feature]→[Pad]； 单击"Rectangular"按钮； 选择腔体表面； 选择凸台长度方向； Length 输入 108； Width 输入 24； Height 输入 12； 选择 Parallel at a Distance 定位	
4	创建凸台(另一面) 选择[Insert]→[Design Feature]→[Pad]； 单击"Rectangular"按钮； 选择腔体表面； 选择凸台长度方向； Length 输入 108； Width 输入 24； Height 输入 12； 选择 Parallel at a Distance 定位	
5	创建凸台(钳口) 选择[Insert]→[Design Feature]→[Pad]； 单击"Rectangular"按钮； 选择底板上表面； 选择凸台长度方向； Length 输入 120； Width 输入 34； Height 输入 36； 选择 Parallel at a Distance 定位	

续表

序号	操作内容	操作结果图示
6	创建凸台(固定凸台) 选择[Insert]→[Design Feature]→[Pad]; 单击"Rectangular"按钮; 选择底板上表面; 选择凸台长度方向; Length 输入 40; Width 输入 20; Height 输入 40; 选择 Parallel at a Distance 定位。 同理创建另一凸台	
7	创建孔(1) 选择[Insert]→[Design Feature]→[Hole]; 选择 General Hole; Specify Point 选择 Sketch Section; 选择钳身前端面; 单击"OK"按钮; 单击钳身前端面产生一点; 单击"Close"按钮	
8	创建孔(2) 双击编辑尺寸,水平 60,竖直 18; 单击"Finish Sketch"按钮; 捕捉基准点; Form 选择 Simple; Diameter 输入 25; Depth 输入 34; 单击"OK"按钮。 同理创建 φ18、φ13 孔	

4. 知识解析

(1) Pocket(腔体)

单击工具栏图标:Feature(特征)工具栏中的 Pocket(腔体)图标,或选择下拉菜单:[Insert(插入)]→[Design Feature(设计特征)]→[Pocket(腔体)],弹出如图 5-30 所示的 Pocket(腔体)对话框。

步骤 1:选择腔体的类型。
步骤 2:选择放置腔体的平面。
步骤 3:选择水平参考。
步骤 4:输入腔体参数。
步骤 5:定位腔体。

腔体类型:

① Cylindrical(圆柱形)

Pocket Diameter(腔体直径):用于设置圆柱形腔体的直径。

Depth(深度):用于设置圆柱形腔体的深度。深度值必须大于底面半径 R。

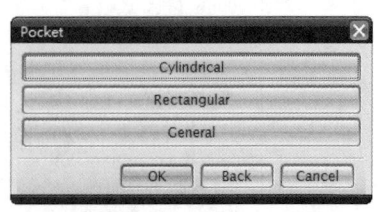

图 5-30 Pocket(腔体)对话框

Floor Radius(底面半径):用于设置圆柱形腔体底面的圆角半径。
Taper Angle(拔模角):用于设置腔壁的倾斜角度。
圆柱形腔体参数参见图 5-31 和图 5-32。

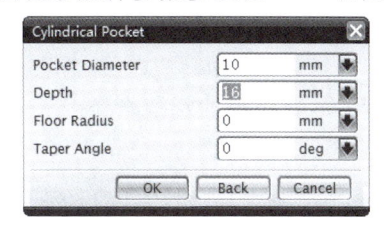

图 5-31　圆柱形腔体参数

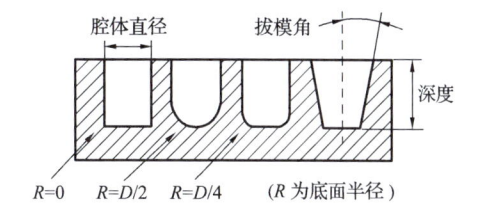

图 5-32　圆柱形腔体

②Rectangular(矩形)
Length(长度):用于设置矩形腔体的长度。
Width(宽度):用于设置矩形腔体的宽度。
Depth(深度):用于设置矩形腔体的深度。
Corner Radius(拐角半径):用于设置矩形腔体深度方向直边处的拐角半径。
Floor Radius(底面半径):用于设置腔体底面的圆角半径。
Taper Angle(拔模角):用于设置腔壁的倾斜角度。
矩形腔体参数参见图 5-33 和图 5-34。

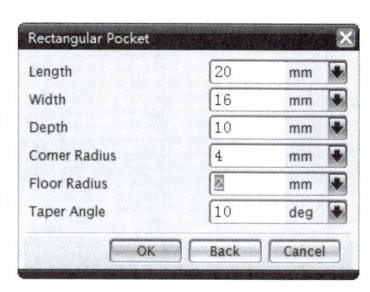

图 5-33　矩形腔体参数

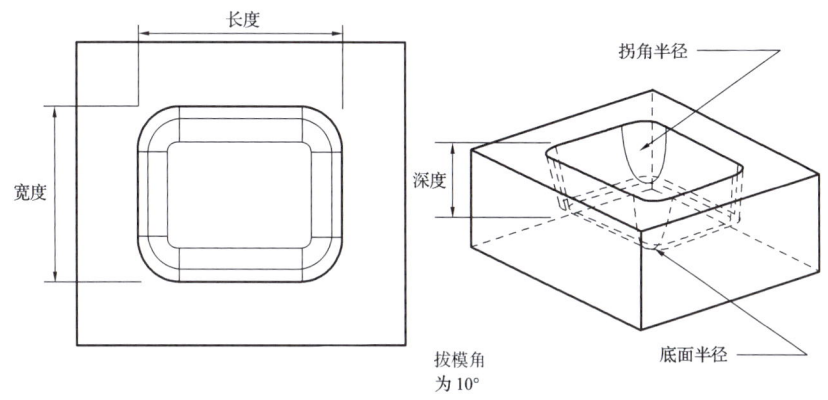

图 5-34　矩形腔体

(2)Pad(凸台)

单击工具栏图标:Feature(特征)工具栏中的 Pad(凸台)图标，或选择下拉菜单:[Insert(插入)]→[Design Feature(设计特征)]→[Pad(凸台)]，弹出如图 5-35 所示的 Pad(凸台)对话框。

图 5-35　Pad(凸台)对话框

步骤1:选择凸台的类型。
步骤2:选择放置凸台的平面。
步骤3:选择水平参考。
步骤4:输入凸台参数。

步骤5:定位凸台。

Rectangular Pad(矩形凸台)参数:

Length(长度):用于设置矩形凸台的长度。

Width(宽度):用于设置矩形凸台的宽度。

Height(高度):用于设置矩形凸台的高度。

Corner Radius(拐角半径):用于设置矩形凸台高度方向直边处的拐角半径。

Taper Angle(拔模角):用于设置凸台侧壁的倾斜角度。

矩形凸台参数参见图 5-36 和图 5-37。

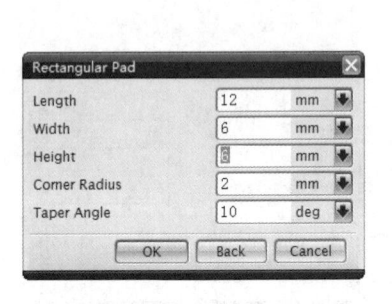

图 5-36　矩形凸台参数　　　　图 5-37　矩形凸台

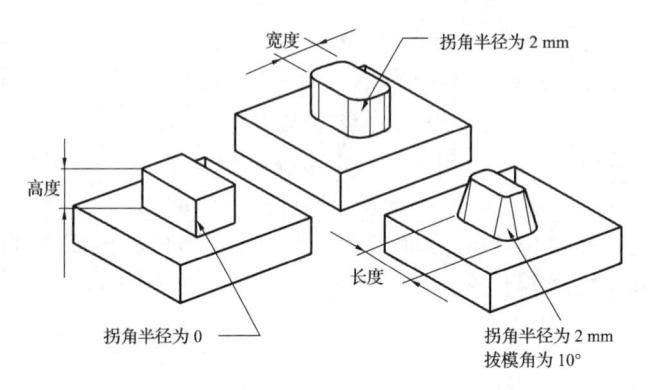

(3)改变对象显示

选择下拉菜单:[Edit(编辑)]→[Object Display(对象显示)],弹出 Class Selection(类选择)对话框。选择要编辑的实体,单击"OK"按钮,弹出 Edit Object Display(编辑对象显示)对话框,如图 5-38 所示。在该对话框中可编辑所选取对象的 Layer(图层)、Color(颜色)、Line Font(线型)、Width(线宽)、Translucency(透明度)等,单击"OK"按钮完成编辑。

图 5-38　Edit Object Display(编辑对象显示)对话框

任务 3 阶梯轴的造型——键槽、旋槽、[坐标系操作]

1. 任务要求

制作阶梯轴的三维造型，结构与尺寸如图 5-39 所示。

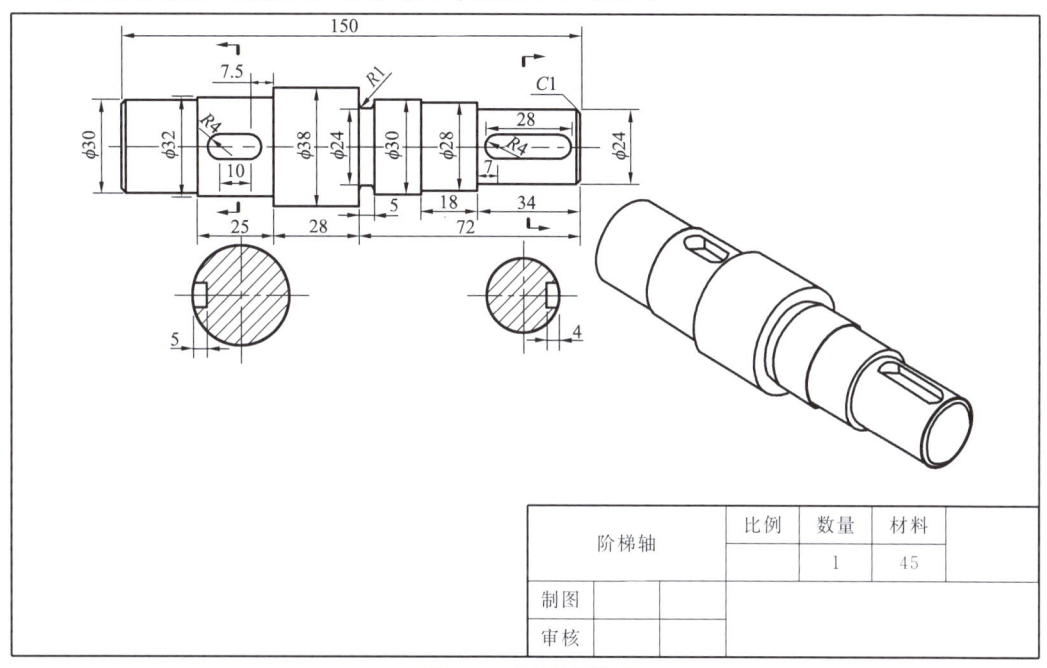

图 5-39 阶梯轴零件图

2. 任务分析

轴类零件基本上是以圆柱或者空心圆柱为主体，此外还包括键槽、退刀槽、圆角（防止应力集中）等。根据以上特征，可以采用草图截面旋转或圆台特征叠加的方式创建轴类零件的主体造型，再采用旋槽命令、基准平面命令、键槽命令与倒斜角命令完成上述阶梯轴的三维造型。

3. 任务实施

操作步骤见表 5-3。

表 5-3 操作步骤(3)

序号	操作内容	操作结果图示
1	创建草图截面曲线 选择[Insert]→[Sketch in Task Environment]； 选择坐标平面 XC－YC； 单击"OK"按钮； 画草图； 约束； 定位； 单击"Finish Sketch"按钮	p10=25 p9=28 p7=18 p6=34 p5=15 p4=16 p3=19 p2=15 p1=14 p0=12 p8=72 p11=150

续表

序号	操作内容	操作结果图示
2	创建旋转体——轴主体 选择[Insert]→[Design Feature]→[Revolve]; 选择草图截面曲线; Specify Vector 选择 XC 轴; Specify Point 输入(0,0,0); End Angle 输入 360; 单击"OK"按钮	
3	创建 U 形旋槽 选择[Insert]→[Design Feature]→[Groove]; 选择 U Groove; 选择 φ30 圆柱面; Groove Diameter 输入 24; Width 输入 5; Corner Radius 输入 2; 单击"OK"按钮; 定位(选择 φ38 圆柱边线,选工具体圆柱边线,输入 0,单击"OK"按钮)	
4	移动工作坐标系原点,创建基准平面 选择[Format]→[WCS]→[Origin]; 捕捉新原点位置; 选择[Insert]→[Datum/Point]→[Datum Plane]; Type 选择 XC-YC plane; 单击"OK"按钮	
5	创建矩形键槽 选择[Insert]→[Design Feature]→[Slot]; 选择 Rectangular,单击"OK"按钮; 选择基准平面为放置面,单击"OK"按钮; 选择 XC 轴; Length 输入 18,Width 输入 8; Depth 输入 5,单击"OK"按钮; 选择 Horizontal,选择 φ38 圆柱边线,选择 Arc center,选择键圆弧,选择 Arc center,输入 7.5 单击"OK"按钮,再单击"OK"按钮。 同理创建长度为 28 的矩形键槽	
6	倒斜角 选择[Insert]→[Detail Feature]→[Chamfer]; Cross Section 选择 Symmetric; Distance 输入 1; 选择要倒斜角的边线; 单击"OK"按钮	

4. 知识解析

(1) Slot(键槽)

键槽只能建立在实体平面上,如果需要在非平面上建立键槽,必须预先建立基准平面。

单击工具栏图标:Feature(特征)工具栏中的 Slot(键槽)图标,或选择下拉菜单:[Insert(插入)]→[Design Feature(设计特征)]→[Slot(键槽)],弹出如图 5-40 所示的[Slot(键槽)]对话框。

图 5-40　Slot(键槽)对话框

步骤1:选择键槽的类型。
步骤2:选择放置键槽的平面(或基准平面)。
步骤3:选择水平参考。
步骤4:如果是通槽,还要选择两个通槽面。
步骤5:输入键槽参数。
步骤6:定位键槽。

键槽的类型如下:

① Rectangular(矩形键槽)

矩形键槽参数:Length(长度)、Width(宽度)、Depth(深度),如图 5-41 所示。

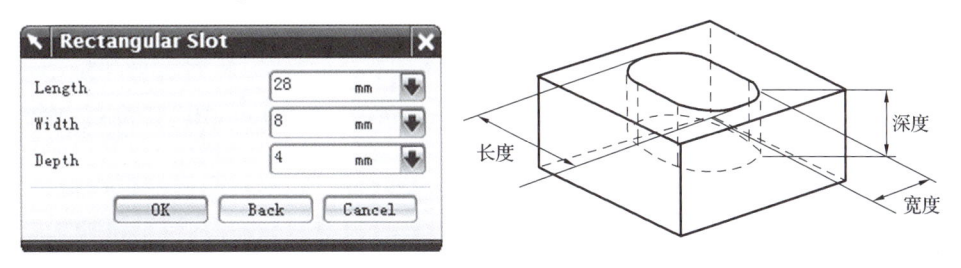

图 5-41　Rectangular Slot(矩形键槽)

② Ball-End(球形键槽)

球形键槽参数:Ball Diameter(球直径)、Depth(深度)、Length(长度),如图 5-42 所示。

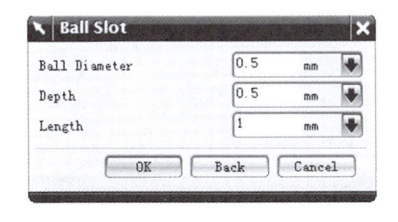

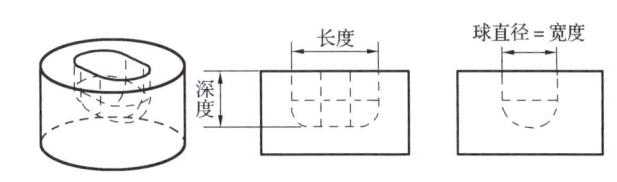

图 5-42　Ball Slot(球形键槽)

③ U-Slot(U 形键槽)

U 形键槽参数:Width(宽度)、Depth(深度)、Corner Radius(拐角半径)、Length(长度),如图 5-43 所示。

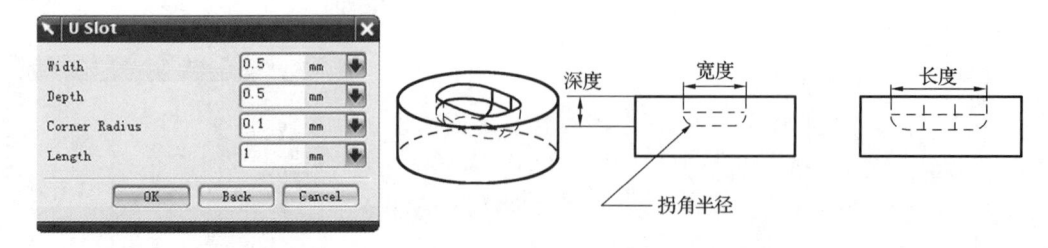

图 5-43　U Slot(U 形键槽)

④T-Slot(T 形键槽)

T 形键槽参数：Top Width(顶端宽度)、Top Depth(顶端深度)、Bottom Width(底部宽度)、Bottom Depth(底部深度)、Length(长度)，如图 5-44 所示。

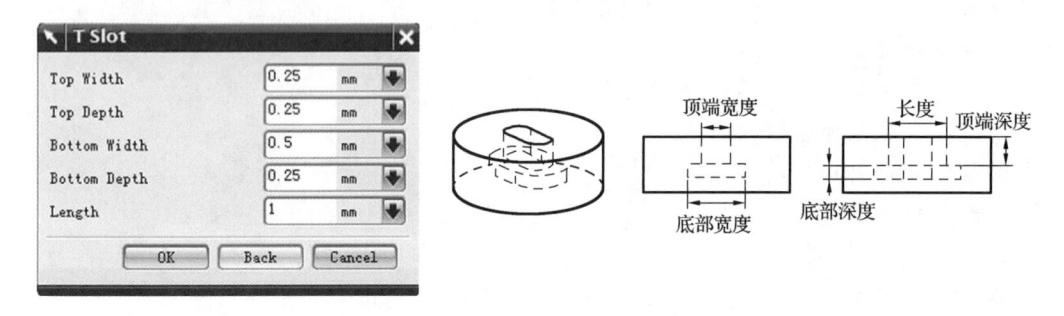

图 5-44　T Slot(T 形键槽)

⑤Dove-Tail(燕尾槽)

燕尾槽参数：Width(宽度)、Depth(深度)、Angle(角度)、Length(长度)，如图 5-45 所示。

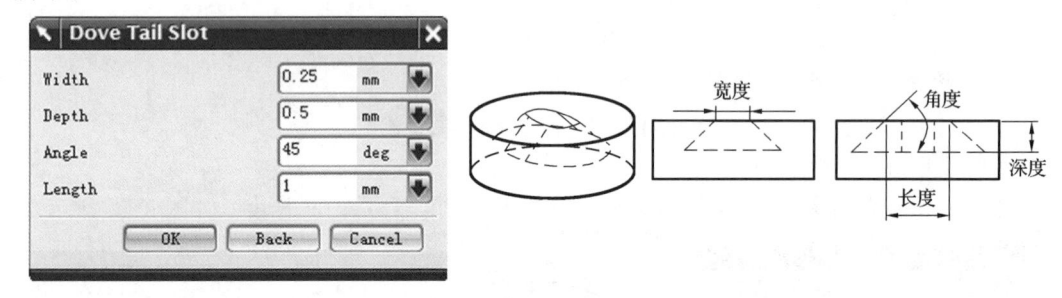

图 5-45　Dove Tail Slot(燕尾槽)

⑥Thru Slot(通槽)

用于创建通的键槽。勾选如图 5-40 所示 Slot(键槽)对话框的 Thru Slot(通槽)复选框，则创建通槽，如图 5-46 所示。

(2)Groove(旋槽)

用于在圆柱体或圆锥体上建槽。

单击工具栏图标：Feature(特征)工具栏中的 Groove(旋槽)图标　，或选择下拉菜单：[Insert(插入)]→[Design Feature(设计特征)]→[Groove(旋槽)]，弹出如图 5-47 所示

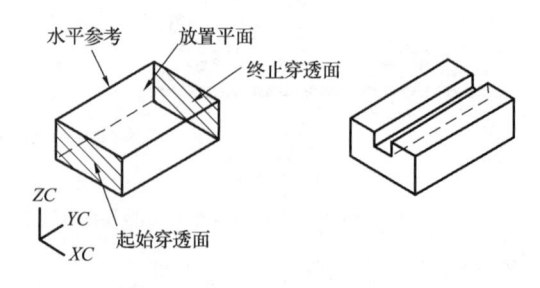

图 5-46　Thru Slot(通槽)

学习情境 5　法兰盘、钳身、阶梯轴、花键套——成型特征和基准特征

的 Groove(旋槽)对话框。

步骤 1:选择建立旋槽的类型。

步骤 2:选择放置旋槽的圆柱面或圆锥面。

步骤 3:输入参数。

步骤 4:定位旋槽,生成如图 5-48 所示的旋槽。

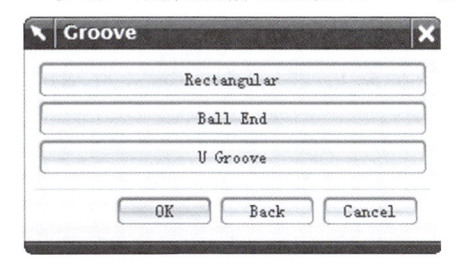

图 5-47　Groove(旋槽)对话框

图 5-48　旋槽

旋槽的类型如下:

①Rectangular(矩形旋槽)

矩形旋槽参数:Groove Diameter(旋槽直径)、Width(宽度),如图 5-49 所示。

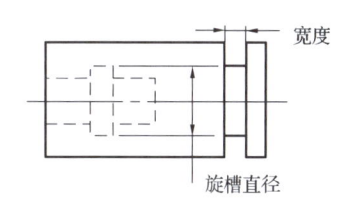

图 5-49　Rectangular Groove(矩形旋槽)

②Ball End(球形旋槽)

球形旋槽参数:Groove Diameter(旋槽直径)、Ball Diameter(球直径),如图 5-50 所示。

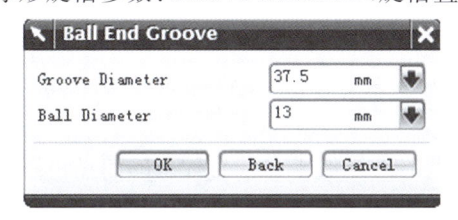

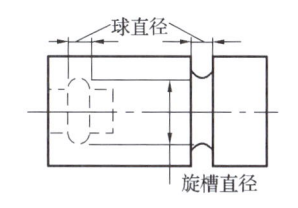

图 5-50　Ball End Groove(球形旋槽)

③U Groove(U 形旋槽)

U 形旋槽参数:Groove Diameter(旋槽直径)、Width(宽度)、Corner Radius(拐角半径),如图 5-51 所示。

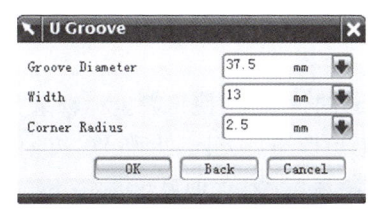

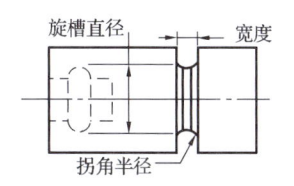

图 5-51　U Groove(U 形旋槽)

(3)坐标系操作

在 UG NX 系统中常用的坐标系有：绝对坐标系（ACS）和工作坐标系（WCS），都为右手笛卡尔坐标系。绝对坐标系（Absolute Coordinate System）是系统默认的坐标系，原点位置永远不变，在新建文件时就产生了。而工作坐标系（Work Coordinate System）是可以由用户定义的坐标系，在建模过程中，可以改变坐标系原点位置和旋转坐标轴的方向，坐标系本身可以保存、显示和隐藏。

选择下拉菜单：[Format（格式）]→[WCS（工作坐标系）]，弹出如图 5-52 所示的子菜单。

①Dynamics（动态）

动态坐标系如图 5-53 所示。

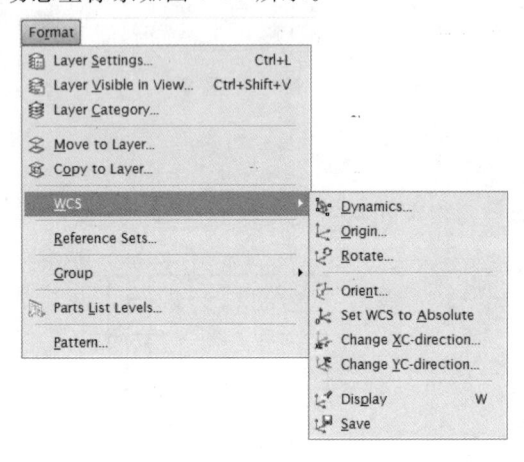

图 5-52　坐标系操作子菜单　　　　图 5-53　动态坐标系

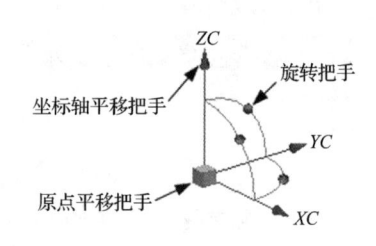

● 坐标系原点拖动——选择原点平移把手，拖至合适位置，单击鼠标中键完成。
● 距离拖动——选择坐标轴平移把手，在距离文本框中输入移动距离，按 Enter（回车）键完成。
● 角度拖动——选择旋转把手，在角度文本框中输入旋转角度，按 Enter（回车）键完成。

②Origin（原点）

在 Point（点构造器）中，通过点捕捉或输入点的坐标值来移动坐标系的原点位置。

③Rotate（旋转）

通过当前的 WCS（工作坐标系）绕某一坐标轴旋转一定的角度，生成一个新的 WCS（工作坐标系）。其中"+ZC axis:XC→YC"表示绕+ZC 轴旋转，XC 轴向 YC 轴方向旋转，旋转角度在 Angle（角度）文本框中输入。系统提供了六种确定旋转坐标方位的方法，如图5-54 所示。

④Orient（定向）

用于定义一个新的坐标系，选择该命令，弹出 CSYS（坐标系）对话框，如图 5-55 所示。

⑤Set WCS to Absolute（WCS 设置为绝对）

将工作坐标系（WCS）移动到绝对坐标系（ACS）的位置上，使二者坐标轴重合。

⑥Change XC-direction、Change YC-direction（更改 XC 方向、更改 YC 方向）

通过改变坐标系中 XC 轴或 YC 轴的位置，重新定位 WCS 的方位。

⑦Display（显示）

用于显示或隐藏当前的 WCS（工作坐标系）。选择该命令，如果当前坐标系处于显示状

学习情境 5　法兰盘、钳身、阶梯轴、花键套——成型特征和基准特征　107

态,则转为隐藏状态;如果已处于隐藏状态,则转为显示状态。

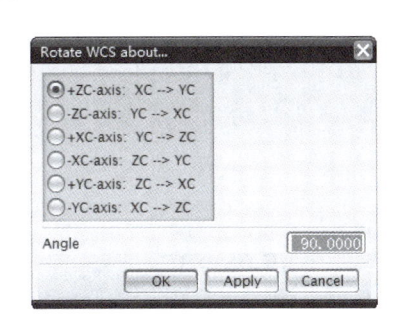

图 5-54　Rotate WCS about…(旋转)对话框

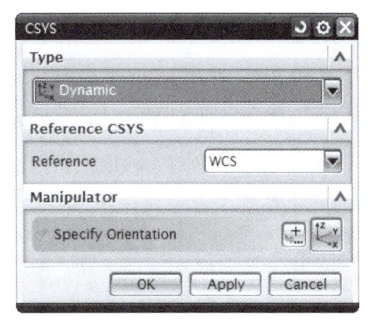

图 5-55　CSYS(坐标系)对话框

⑧Save(保存)

将当前 WCS(工作坐标系)保存。选择该命令,系统保存当前的工作坐标系,保存后的坐标系由原来的 XC 轴、YC 轴、ZC 轴,变为对应的 X 轴、Y 轴、Z 轴。

任务 4　花键套的造型——基准特征(基准平面、基准轴)

1. 任务要求

制作花键套的三维造型,结构与尺寸如图 5-56 所示。

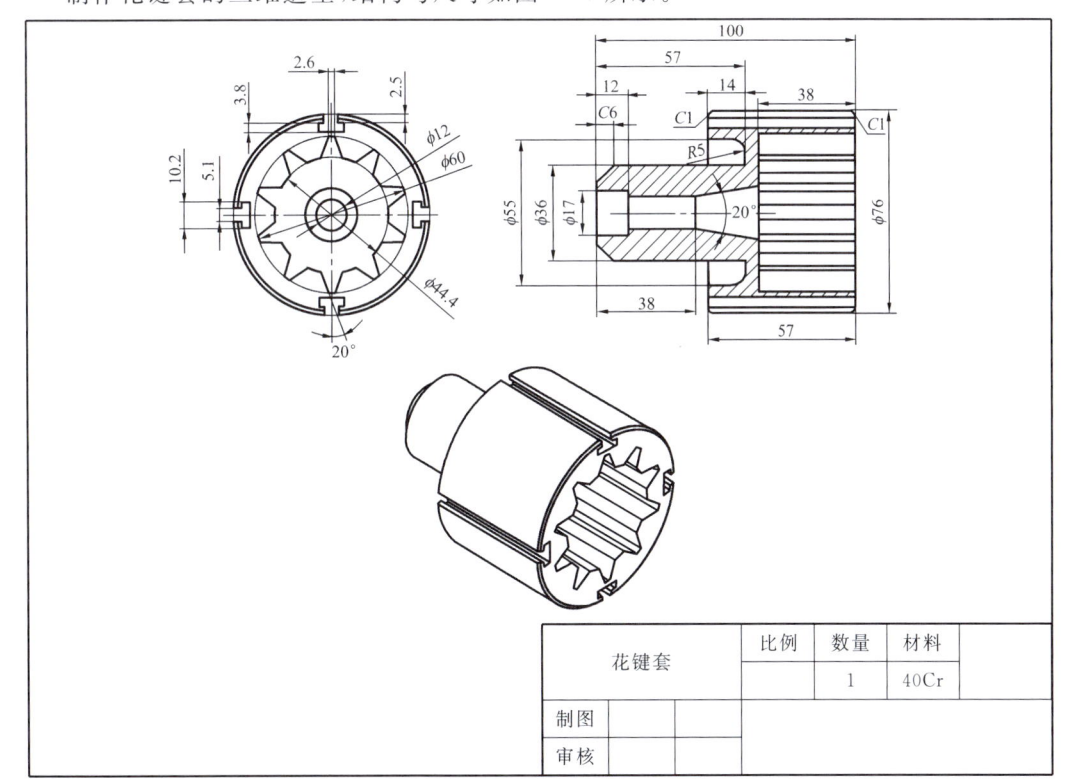

花键套	比例	数量	材料
		1	40Cr
制图			
审核			

图 5-56　花键套零件图

2. 任务分析

本任务的综合性较强，旨在进行如下训练：一是根据花键套零件图分析造型思路（有多种方法）；二是灵活运用已学圆柱体、圆台、腔体、草图和拉伸等命令进行三维造型；三是在已掌握的键槽命令的基础上学习在圆柱面上创建键槽（T形键槽——创建基准轴、基准平面）。

3. 任务实施

操作步骤见表5-4。

表 5-4　　　　　　　　　　　　　　操作步骤（4）

序号	操作内容及图示	序号	操作内容及图示
1	创建圆柱体	5	拉伸（孔）
2	创建腔体	6	创建孔
3	创建圆台	7	草图
4	倒斜角、创建孔	8	拉伸

学习情境 5　法兰盘、钳身、阶梯轴、花键套——成型特征和基准特征

续表

序号	操作内容及图示	序号	操作内容及图示
9	对特征形成图样（圆形）	11	创建 T 形键槽
10	创建基准轴、基准平面	12	阵列 T 形键槽（圆形阵列）、倒斜角

4. 知识解析

基准特征包括基准轴和基准平面，主要用于确定特征或草图的位置和方向。

(1) Datum Plane（基准平面）

基准平面是用于建立特征的参考平面。基准平面包括固定基准平面和相对基准平面，固定基准平面与实体模型不关联。相对基准平面是根据现有的几何体来建立的，与几何体相关联。

选择下拉菜单：[Insert（插入）]→[Datum/Point（基准/点）]→[Datum Plane（基准平面）]，弹出如图 5-57 所示的 Datum Plane（基准平面）对话框。

基准平面的创建方法：

① Inferred（自动推断定义基准平面）

根据所选对象创建基准平面。

② At Angle（呈一角度）

通过指定与一个平面或基准平面的角度创建基准平面，如图 5-58 所示。

图 5-57　Datum Plane（基准平面）对话框　　　　图 5-58　At Angle（呈一角度）

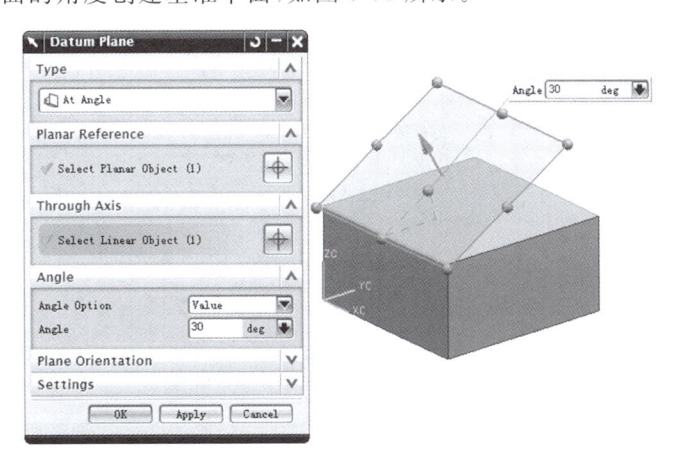

③At Distance(按某一距离)

通过偏置已存在的参考平面或基准平面创建基准平面,如图 5-59 所示。

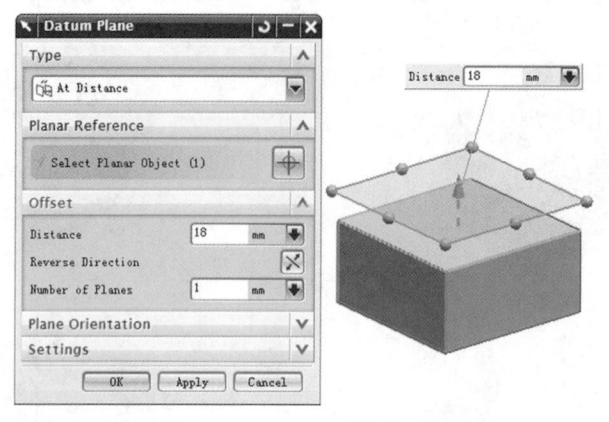

图 5-59　At Distance(按某一距离)

④Bisector(二等分)

在两个相互平行的平面或基准平面的中心创建基准平面,如图 5-60 所示。

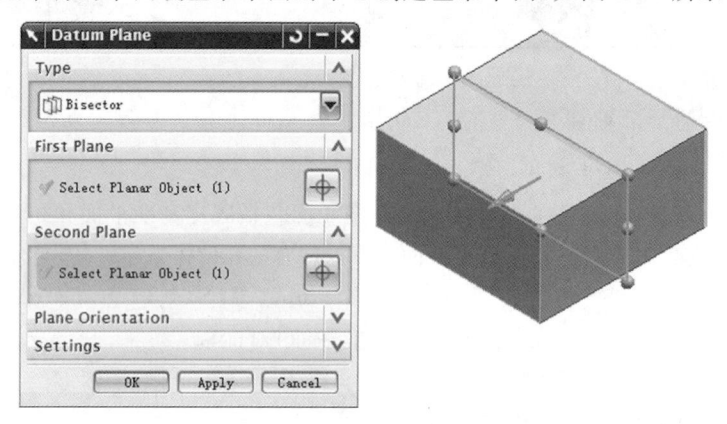

图 5-60　Bisector(二等分)

⑤Curves and Points(曲线和点)

通过选择曲线和点来创建基准平面,如图 5-61 所示。

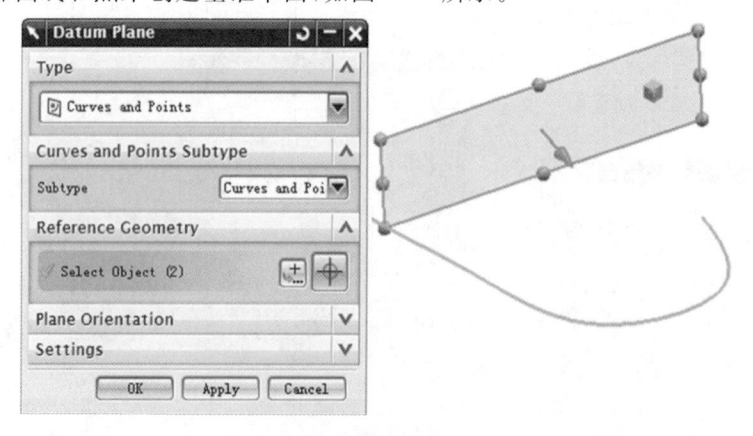

图 5-61　Curves and Points(曲线和点)

⑥Two Lines(两直线)

通过选择两条直线来创建基准平面,如图5-62所示。

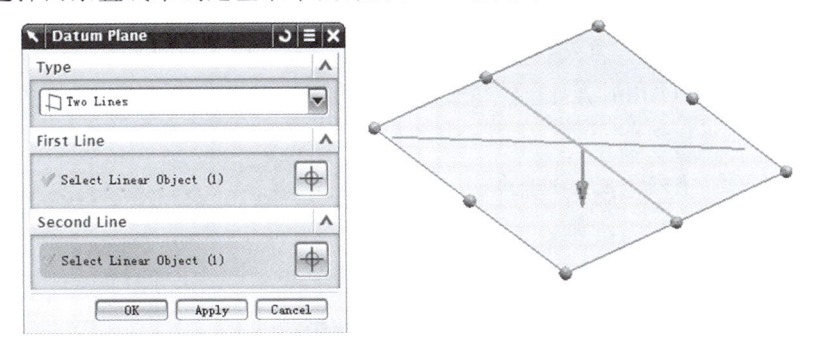

图5-62 Two Lines(两直线)

⑦Tangent(与面相切)

与一曲面相切,且通过该曲面上点或线或平面来创建基准平面,如图5-63所示。

⑧Point and Direction(点和方向)

通过选择一个参考点和一个参考矢量,来创建基准平面,如图5-64所示。

图5-63 Tangent(与面相切)

图5-64 Point and Direction(点和方向)

⑨XC－YC plane、XC－ZC plane、YC－ZC plane(固定基准平面)

通过坐标系平面创建基准平面,如图5-65所示。

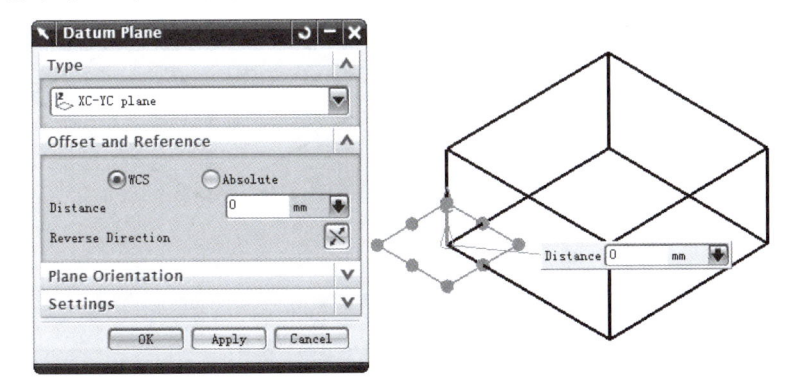

图5-65 XC－YC plane(*XC－YC* 基准平面)

(2) Datum Axis(基准轴)

基准轴主要用于建立特征的辅助轴线和参考方向。

选择下拉菜单：[Insert(插入)]→[Datum/Point(基准/点)]→[Datum Axis(基准轴)]，弹出如图 5-66 所示的 Datum Axis(基准轴)对话框。

创建基准轴的常用方法：

①Inferred(自动推断定义基准轴)

通过选择对象来创建基准轴。

②Intersection(交点)

通过选择两个平的面、基准平面或平面创建基准轴。

③XC-Axis、YC-Axis、ZC-Axis(固定基准轴)

通过坐标轴创建基准轴，如图 5-67 所示。

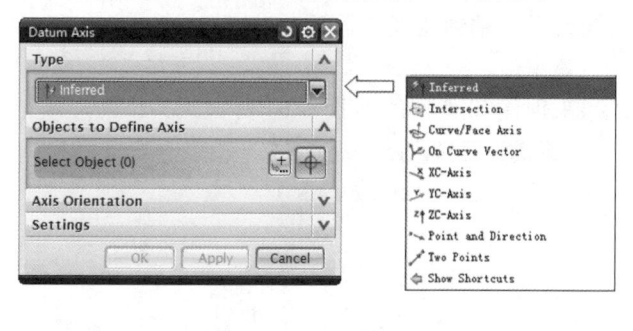

图 5-66 Datum Axis(基准轴)对话框

图 5-67 XC-Axis(XC 基准轴)

④Point and Direction(点和方向)

通过选择一个点和方向矢量创建基准轴，如图 5-68 所示。

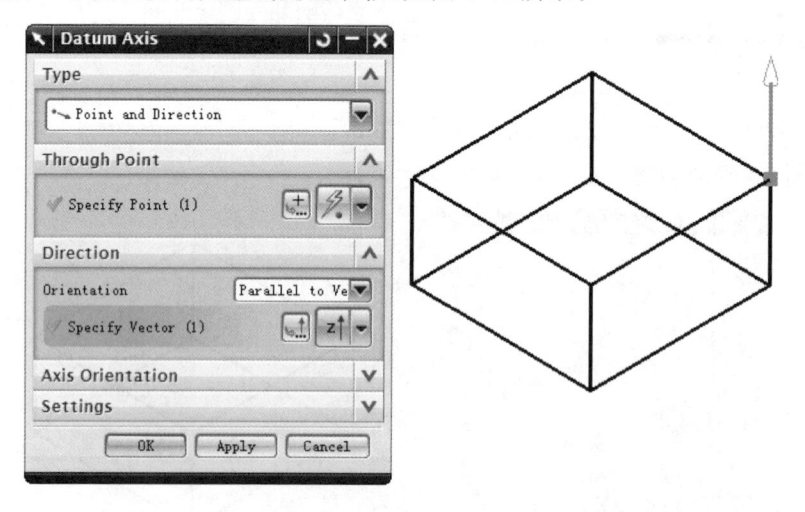

图 5-68 Point and Direction(点和方向)

⑤Two Points(两点)

通过选择两个点创建基准轴,如图 5-69 所示。

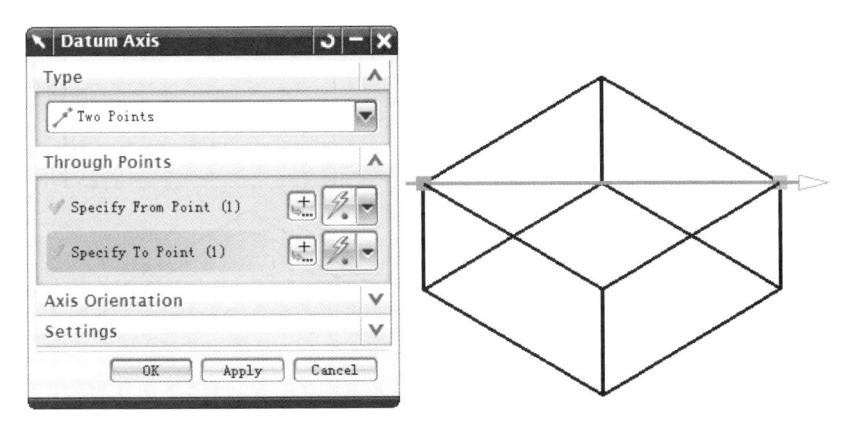

图 5-69　Two Points(两点)

练习与提示

5-1　根据图 5-70 所示的零件图完成零件的三维造型。

提示:(1)创建圆台。

　　　(2)创建孔。

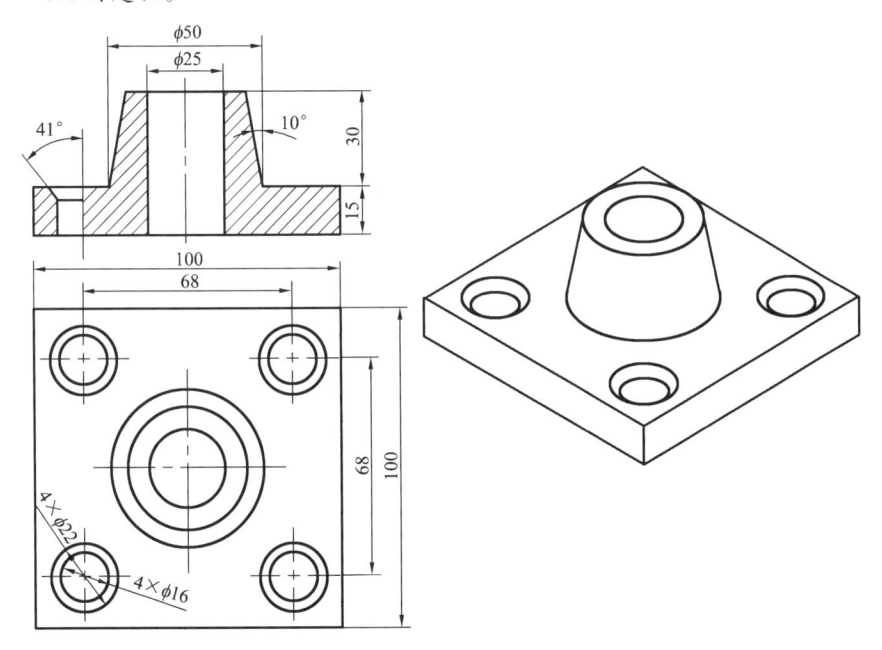

图 5-70　题 5-1 图

5-2 根据图 5-71 所示的零件图完成零件的三维造型。

提示：创建腔体。

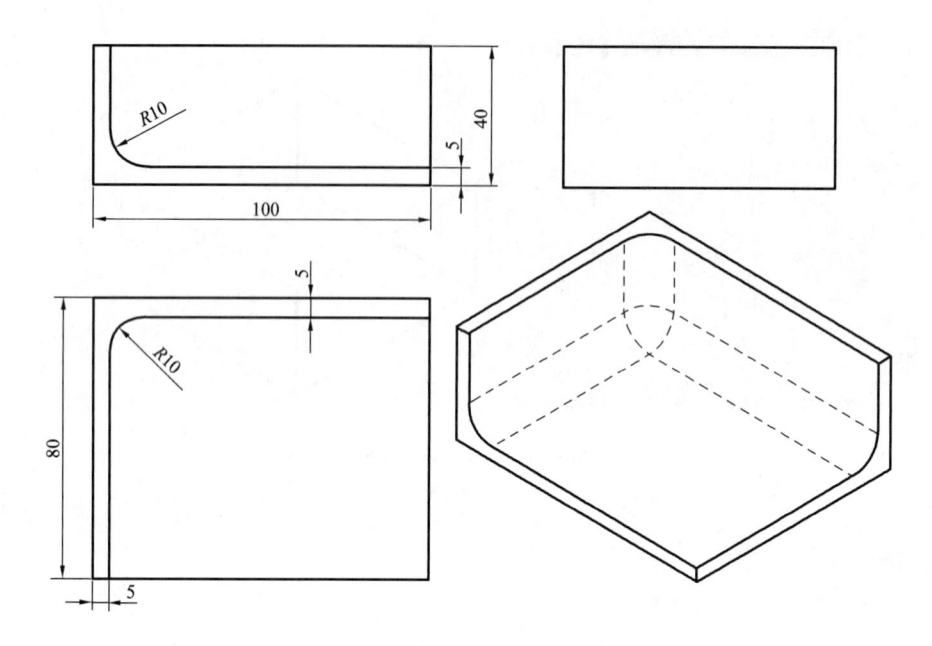

图 5-71 题 5-2 图

5-3 根据图 5-72 所示的零件图完成零件的三维造型。

提示：创建腔体。

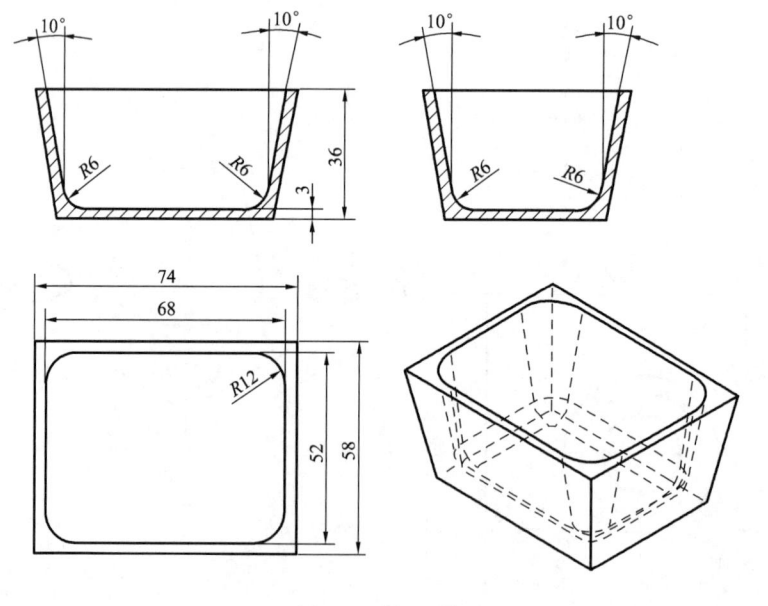

图 5-72 题 5-3 图

5-4 根据图 5-73 所示的零件图完成零件的三维造型。

提示：(1)创建腔体。

(2)创建凸台。

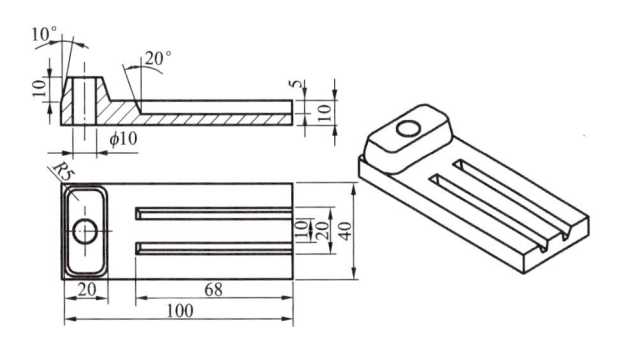

图 5-73 题 5-4 图

5-5 根据图 5-74 所示的零件图完成零件的三维造型。

提示：(1)创建键槽。

(2)创建圆台。

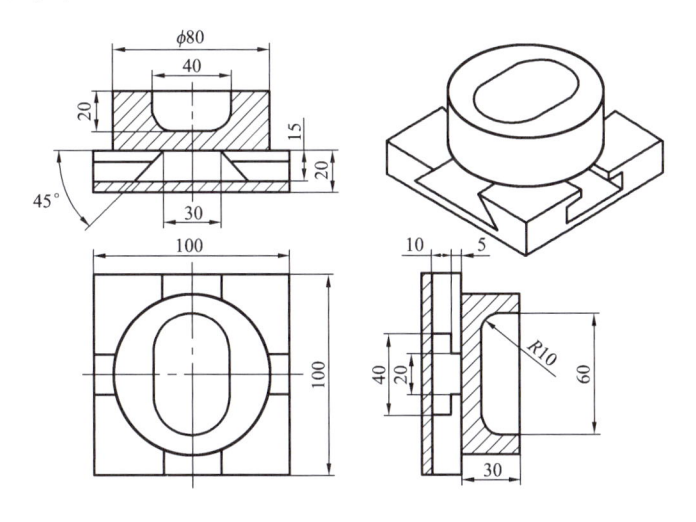

图 5-74 题 5-5 图

5-6 根据图 5-75 所示的零件图完成零件的三维造型。

提示：(1)创建旋槽。

(2)移动坐标系。

(3)创建基准平面。

(4)创建基准轴。

(5)创建键槽。

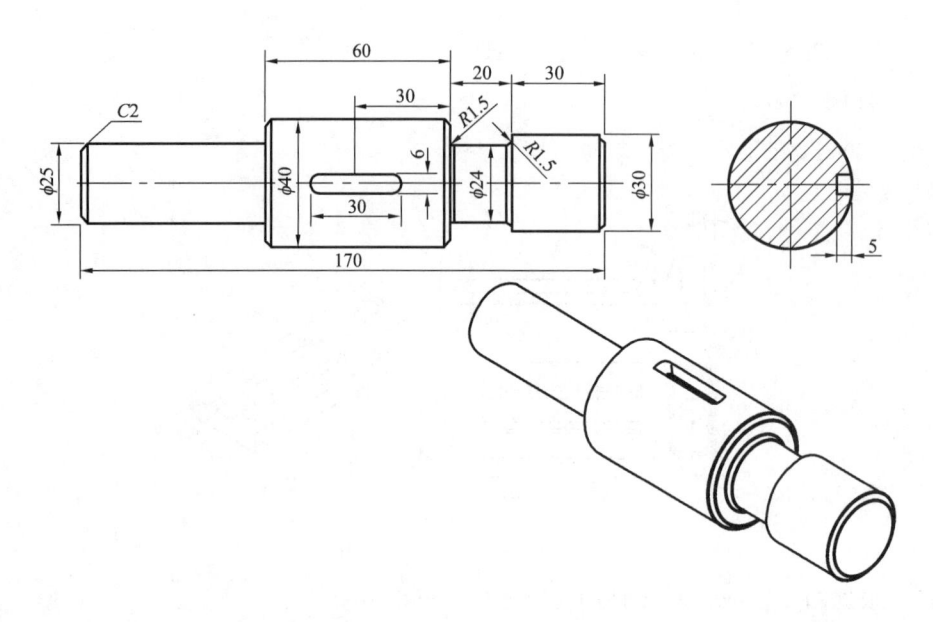

图 5-75　题 5-6 图

5-7　根据图 5-76 所示的零件图完成零件的三维造型。

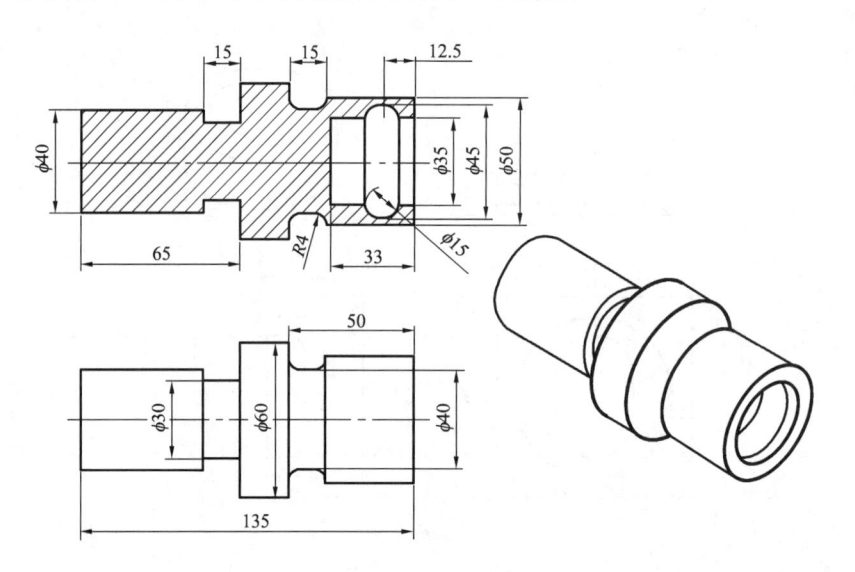

图 5-76　题 5-7 图

5-8　根据图 5-77 所示的零件图完成零件的三维造型。

提示：(1) 坐标的旋转。

(2) 拉伸方向控制。

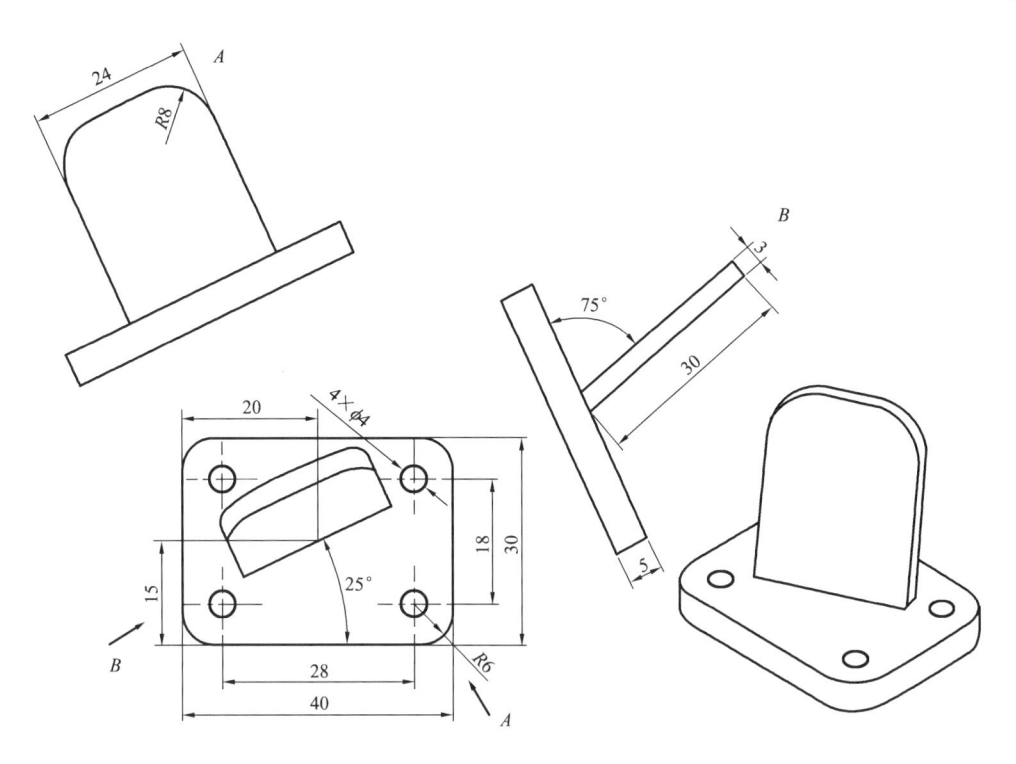

图 5-77 题 5-8 图

5-9 根据图 5-78 所示的零件图完成零件的三维造型。

提示：(1)坐标系的旋转、移动。

(2)拉伸方向控制。

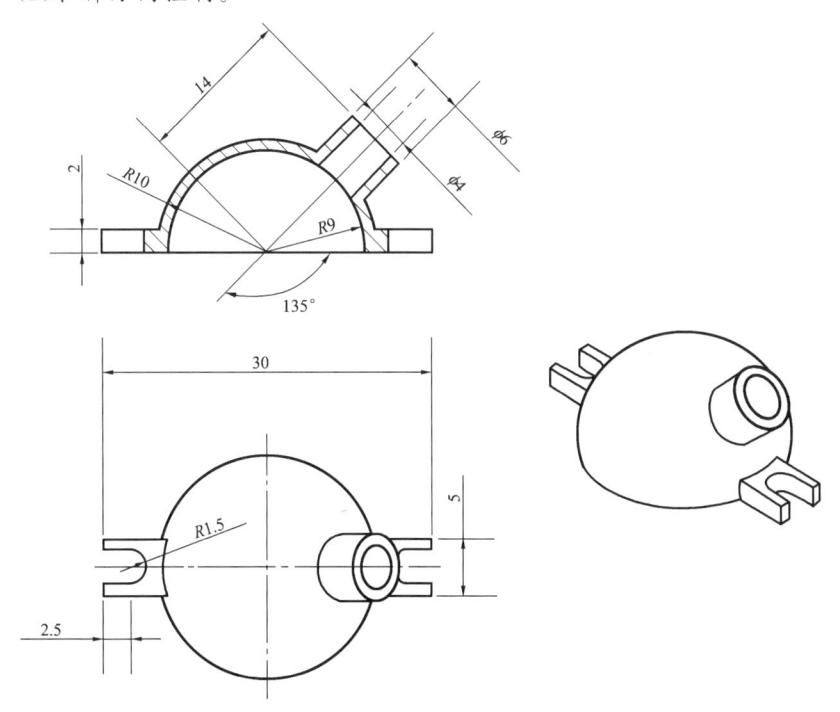

图 5-78 题 5-9 图

学习情境 6

手机盖、把手、一级圆柱齿轮减速器箱盖——特征操作

学习目标

1. 对应前期完成的实体模型，在基本实体的基础上，通过拔模、边倒圆、比例缩放等特征操作方式，展示 UG NX 8.0 的建模思路以及特征操作的功能和运用思路。要求读者灵活掌握模型的生成过程，独立地、精确地完成手机盖等模型的构建。

2. 选择前期完成的实体模型，进行倒斜角、抽壳、偏置表面等操作，展示 UG 建模的灵活性和多样性。要求学员独立地、完美地完成把手等产品的三维建模。

3. 利用前期完成的实体模型，演示螺纹、对特征形成图样、镜像特征、修剪实体、分割实体等特征操作方法，展示并比较在运用和功能上的异同，同时演示图层功能的操作。要求读者综合运用各种造型功能，快捷地、有控制地、专业地完成一级圆柱齿轮减速器箱盖等产品的三维建模，并将模型放置在不同图层中。

4. 全面完成后面的练习，加强对产品特征的分析，优化造型设计思路，进一步提高造型的速度和精确度。

学习任务

| 任务 1 | 任务 2 | 任务 3 |

特征操作是对已存在的实体或成型特征进行各种修改操作。特征操作包括：拔模(Draft)、边倒圆(Edge Blend)、比例缩放(Scale Body)、倒斜角(Chamfer)、抽壳(Shell)、偏置表面(Offset Face)、螺纹(Thread)、对特征形成图样(Pattem Feature)、镜像特征(Mirror Feature)、修剪实体(Trim Body)、分割实体(Split Body)等命令。这些命令的图标在 Feature(特征)工具栏里。

任务 1　手机盖的造型——拔模、边倒圆、缩放体、[图层操作]

1. 任务要求

制作手机盖的三维造型,结构与尺寸如图 6-1 所示。

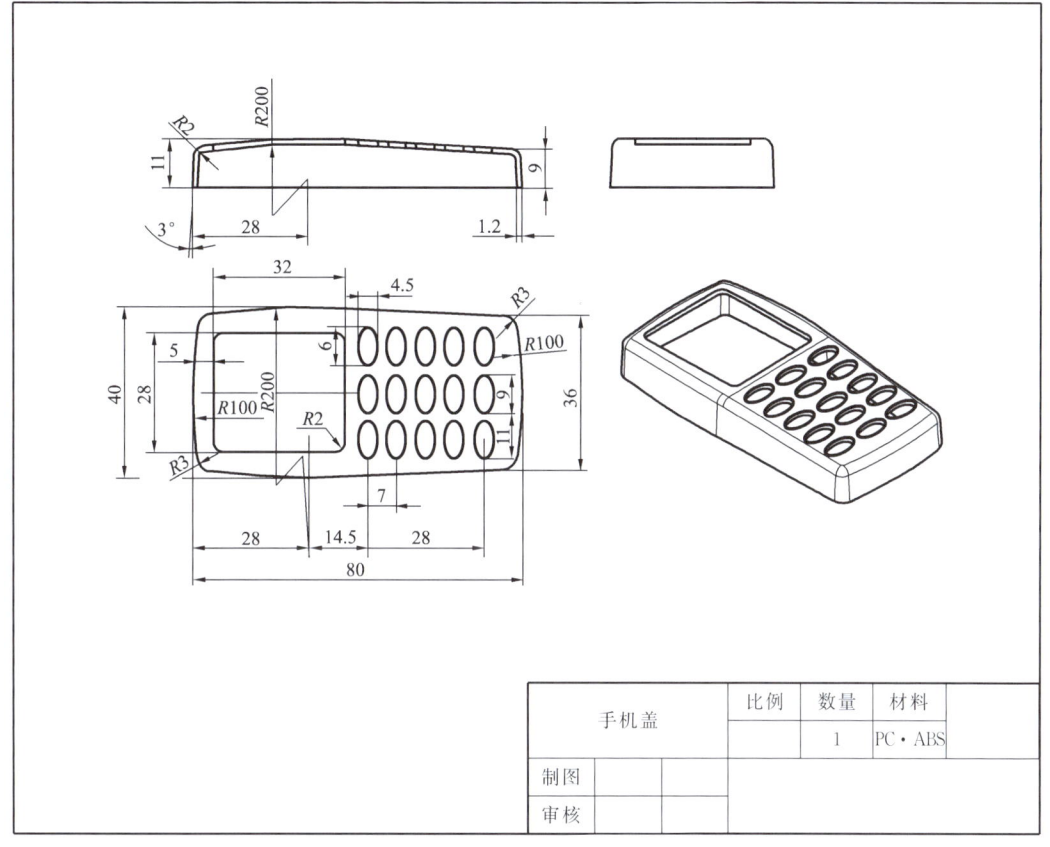

图 6-1　手机盖零件图

2. 任务分析

手机盖以及其他造型比较复杂的零件,一般造型的方法较多,需要使用的命令和步骤也比较多,因此创建三维造型时,应首先从整体上把握设计原则,规划好设计步骤,以避免出现错误和难以完成的状况。手机盖在俯视图方向有四面圆弧和拔模斜度,在主视图方向有顶面圆弧,在左视图方向则是直线。因此,可以考虑采用俯视图中的外轮廓线拉伸体与主视图的外轮廓线拉伸体"求交",获得手机盖的主体结构,然后拔模、倒圆角、抽壳等。

3. 任务实施

操作步骤见表 6-1。

表 6-1　　　　　　　　　　　　　　　　操作步骤(1)

序号	操作内容	操作结果图示
1	创建草图	
2	拉伸(设置:距离 0～12;布尔运算,无)	
3	创建草图	
4	拉伸(设置:对称 25;布尔运算,求交)	
5	拔模 选择[Insert]→[Detail Feature]→[Draft]; Type 选择 From Plane; Specify Vector 选择 ZC 轴; Stationary Plane 选择三维造型底面; Select Face 选择三维造型侧面; Angle 1 输入 3; 单击"OK"按钮	

续表

序号	操作内容	操作结果图示
6	边倒圆 选择[Insert]→[Detail Feature]→[Edge Blend]; 选择倒圆的边(R3); Radius 1 输入 3; 单击"Apply"按钮; 选倒圆的边(R2); Radius 1 输入 2; 单击"OK"按钮	
7	抽壳 选择[Insert]→[Detail Feature]→[Shell]; 选择三维造型底面; Thickness 输入 1.2; 单击"OK"按钮	
8	绘制草图,拉伸(布尔运算,求差)	
9	绘制椭圆,拉伸(布尔运算,求差) 选择[Insert]→[Curve]→[Ellipse]; 输入(14.5,-11,0); Semimajor 输入 4.5; Semiminor 输入 2.25; Start Angle 输入 0; End Angle 输入 360; Rotation Angle 输入 90; 单击"OK"按钮	
10	阵列特征 选择[Insert]→[Associative Copy]→[Pattern Feature]; 选择椭圆孔特征; 选择 Linear; Specify Vector 选择 XC 轴; Count 输入 5; Pitch Distance 输入 7; Specify Vector 选择 YC 轴; Count 输入 3; Pitch Distance 输入 11; 单击"OK"按钮	

4. 知识解析

（1）Draft（拔模）

单击工具栏图标：Feature（特征）工具栏中的 Draft（拔模）图标 ，或选择下拉菜单：[Insert（插入）]→[Detail Feature（细节特征）]→[Draft（拔模）]，弹出如图 6-2 所示的 Draft（拔模）对话框。

Type（类型）：

①From Plane（从平面）

步骤 1：在 Type（类型）中选择 From Plane（从平面）。

步骤 2：Draw Direction（拔模方向）

Specify Vector（指定矢量）：选择拔模方向。

步骤 3：Stationary Plane（固定平面）

Select Plane（选择平面）：选择拔模时截面不发生变化的平面。

步骤 4：Faces to Draft（要拔模的面）

Select Face（选择面）：选择拔模面。

步骤 5：Angle（角度）：输入拔模角度。

步骤 6：单击"OK"按钮，如图 6-3 所示。

②From Edges（从边）

步骤 1：在 Type（类型）中选择 From Edges（从边）。

步骤 2：Draw Direction（拔模方向）

Specify Vector（指定矢量）：选择拔模方向。

步骤 3：Stationary Edges（固定边）

Select Edge（选择边）：选择边，拔模时选择边所在截面不发生变化。

步骤 4：Angle（角度）：输入拔模角度。

步骤 5：单击"OK"按钮，如图 6-4 所示。

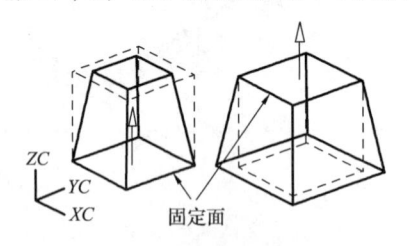

图 6-2 Draft（拔模）对话框

图 6-3 From Plane（从平面）拔模

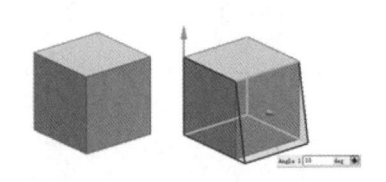

图 6-4 From Edges（从边）拔模

③Tangent to Faces（与面相切）

步骤 1：在 Type（类型）中选择 Tangent to Faces（与面相切）。

步骤 2：Draw Direction（拔模方向）

Specify Vector(指定矢量):选择拔模方向。
步骤3:Tangent Faces(相切面)
Select Face(选择面):选择拔模面。
步骤4:Angle(角度):输入拔模角度。
步骤5:单击"OK"按钮,如图6-5所示。
④To Parting Edge(至分型边)
步骤1:在Type(类型)中选择To Parting Edge(至分型边)。
步骤2:Draw Direction(拔模方向)
Specify Vector(指定矢量):选择拔模方向。
步骤3:Stationary Plane(固定平面)
Select Plane(选择平面):选择拔模时截面不发生变化的平面。
步骤4:Parting Edges(分型边)
Select Edge(选择边):选择分割线。
步骤5:Angle(角度):输入拔模角度。
步骤6:单击"OK"按钮,如图6-6所示。

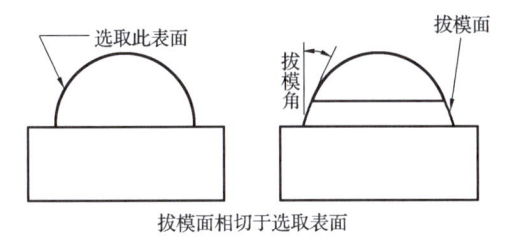

图 6-5 Tangent to Faces(与面相切)拔模 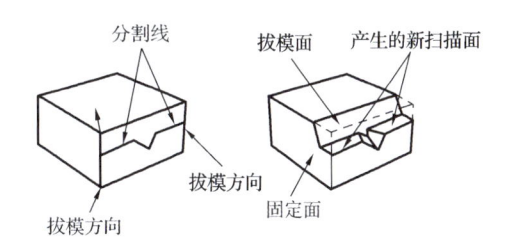   图 6-6 To Parting Edge(至分型边)拔模

(2)Edge Blend(边倒圆)

单击工具栏图标:Feature(特征)工具栏中的 Edge Blend(边倒圆)图标，或选择下拉菜单:[Insert(插入)]→[Detail Feature(细节特征)]→[Edge Blend(边倒圆)],弹出如图6-7所示的 Edge Blend(边倒圆)对话框。

①恒定半径倒圆

步骤1:Edge to Blend(要倒圆的边)

Select Edge(选择边):选择需要倒圆的边。

步骤2:Shape(形状),Circular(圆形)、Conic(二次曲线)。

Radius 1(半径1):输入倒圆半径。

步骤3:单击"OK"按钮,如图6-8所示。

②变半径倒圆

步骤1:Edge to Blend(要倒圆的边)

Select Edge(选择边):选择需要倒圆的边。

步骤2:Shape(形状),Circular(圆形)、Conic(二次曲线)

Radius 1(半径1):输入倒圆半径。

步骤3:Variable Radius Points(可变半径点)

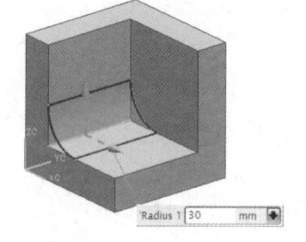

图 6-7 Edge Blend(边倒圆)对话框——恒定半径

图 6-8 恒定半径倒圆

Specify New Location(指定新的位置):激活状态,在已经选择的边上选择需要改变半径的点。

V Radius(V 半径):输入该点半径,如图 6-9 所示。

步骤 4:当指定了所有点的参数后,单击"OK"按钮,如图 6-10 所示。

(3) Scale Body(缩放体)

将实体或片体放大或缩小。

选择下拉菜单:[Insert(插入)]→[Offset/Scale(偏置/缩放)]→[Scale Body(缩放体)],弹出如图 6-11 所示的 Scale Body(缩放体)对话框。

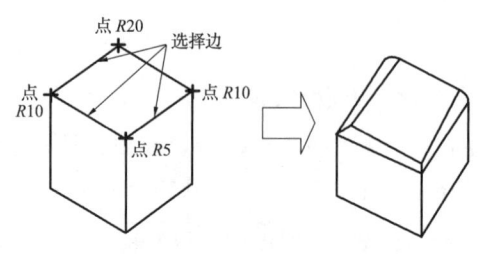

图 6-10 变半径倒圆

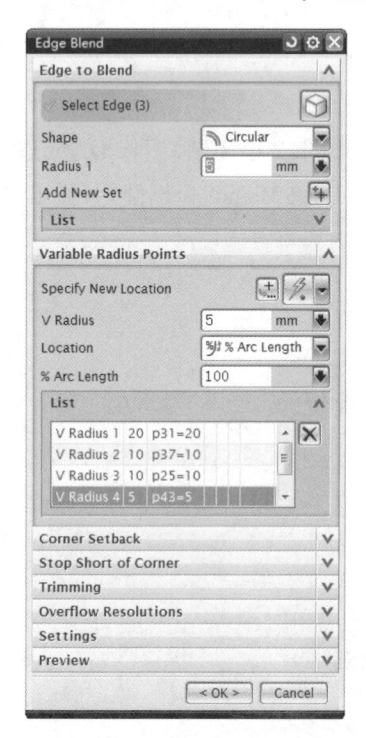

图 6-9 Edge Blend(边倒圆)对话框——变半径

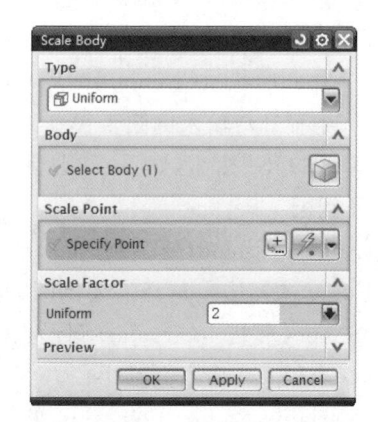

图 6-11 Scale Body(缩放体)对话框

步骤1:Type(类型):

Uniform(均匀):根据指定的缩放点沿 WCS 坐标的所有方向均匀缩放。

Axisymmetric(轴对称):使用两个比例系数缩放。

General(常规):可指定沿着 X、Y、Z 三个方向不同比例缩放。

步骤2:Body(体):

Select Body(选择体):选择要调整比例的对象。

步骤3:Scale Point(缩放点),根据选择的类型,指定缩放点、轴或 CSYS。

如果 Type(类型)选择 Uniform(均匀),指定缩放点。

如果 Type(类型)选择 Axisymmetric(轴对称),通过选择轴矢量和轴点来指定缩放轴。

如果 Type(类型)选择 General(常规),指定缩放 CSYS。

步骤4:Scale Factor(缩放因子),根据选择的类型设置比例因子参数。

步骤5:单击"OK"按钮。

(4)图层操作

每一模型文件中最多可以包含 256 个图层,分别用 1~256 来表示,每一图层上可建立模型的部分对象或全部对象,如图 6-12 所示。

①图层的设置

选择下拉菜单:[Format(格式)]→[Layer Settings(图层设置)],弹出如图 6-13 所示的 Layer Settings(图层设置)对话框。

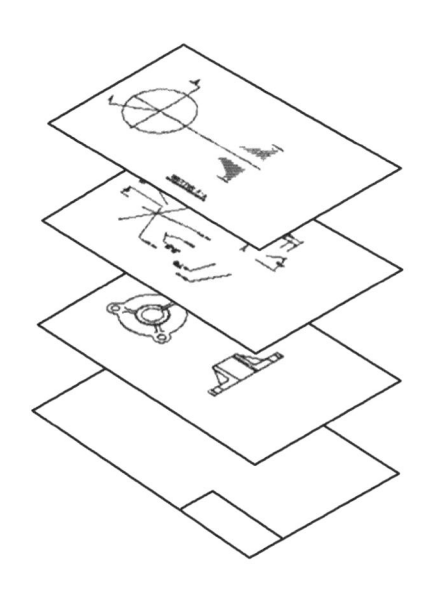

图 6-12 图层设置

图 6-13 Layer Settings(图层设置)对话框

● 图层的选择

Find Layer from Object(从对象寻找图层):在图形窗口中选择对象来确定该对象所在的图层。

Work Layer(工作图层):用于将指定的一个图层作为工作图层。

Select Layer By Range/Category(用范围或图层种类选择图层):用于输入范围或图层种类的名称进行筛选操作。

Category Display(种类显示):将显示从一系列单个图层转换为按种类名称分组的图层显示。

Category Filter(种类过滤器):输入要过滤的种类名称,在中间列表中就显示相应的种类。

Name/Visible Only/Object Count/Category Name(名称/只可见/对象数量/种类名称)列表:用于显示满足过滤条件的所有图层。

● 显示信息的控制

Show(显示):All Layers(所有图层)、Layers With Objects(含有对象的图层)、All Selectable Layers(所有可选图层)。

● 图层状态设置

Layer Control(图层控制):Make Selectable(可选)、Make Work Layer(工作层)、Make Visible Only(只可见)、Make Invisible(不可见)。

通常根据对象的类型来设置图层和图层的种类,可参考表6-2。

表6-2 根据对象类型设置图层和图层的种类

图层号	对象	种类名称
1~20	实体	Solid
21~40	草图	Sketches
41~60	曲线	Curves
61~80	参考对象	Datums
81~100	片体	Sheets
101~120	工程图对象	Draf
121~140	装配组件	Components

②将对象移到某层

选择下拉菜单:[Format(格式)]→[Move to Layer(移动到图层)],弹出Class Selection(类选择)对话框。

步骤1:选择需要移动的对象,单击"OK"按钮,弹出如图6-14所示的Layer Move(将对象移到某层)对话框。

步骤2:Destination Layer or Category(目标图层或种类),输入将对象移动到的目标图层的图层名称。

步骤3:单击"OK"按钮。

③将对象复制到某层

选择下拉菜单:[Format(格式)]→[Copy to Layer(复制到图层)],弹出Class Selection(类选择)对话框。

步骤1:选择需要复制的对象,单击"OK"按钮,

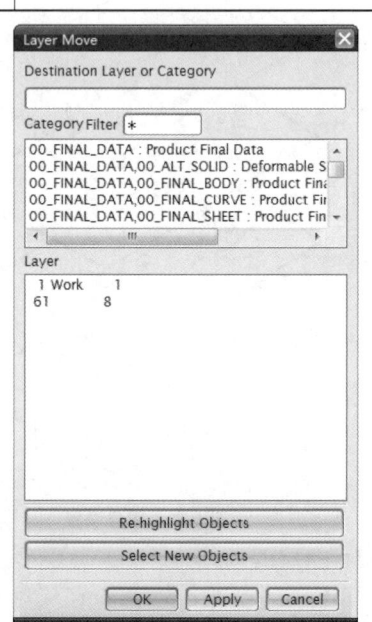

图6-14 Layer Move(将对象移到某层)对话框

弹出 Layer Copy(将对象复制到某层)对话框。

步骤 2:Destination Layer or Category(目标图层或种类)——输入将对象复制到的目标图层的图层名称。

步骤 3:单击"OK"按钮。

任务 2　把手的造型——倒斜角、抽壳、偏置表面

1. 任务要求

制作把手的三维造型,结构与尺寸如图 6-15 所示。

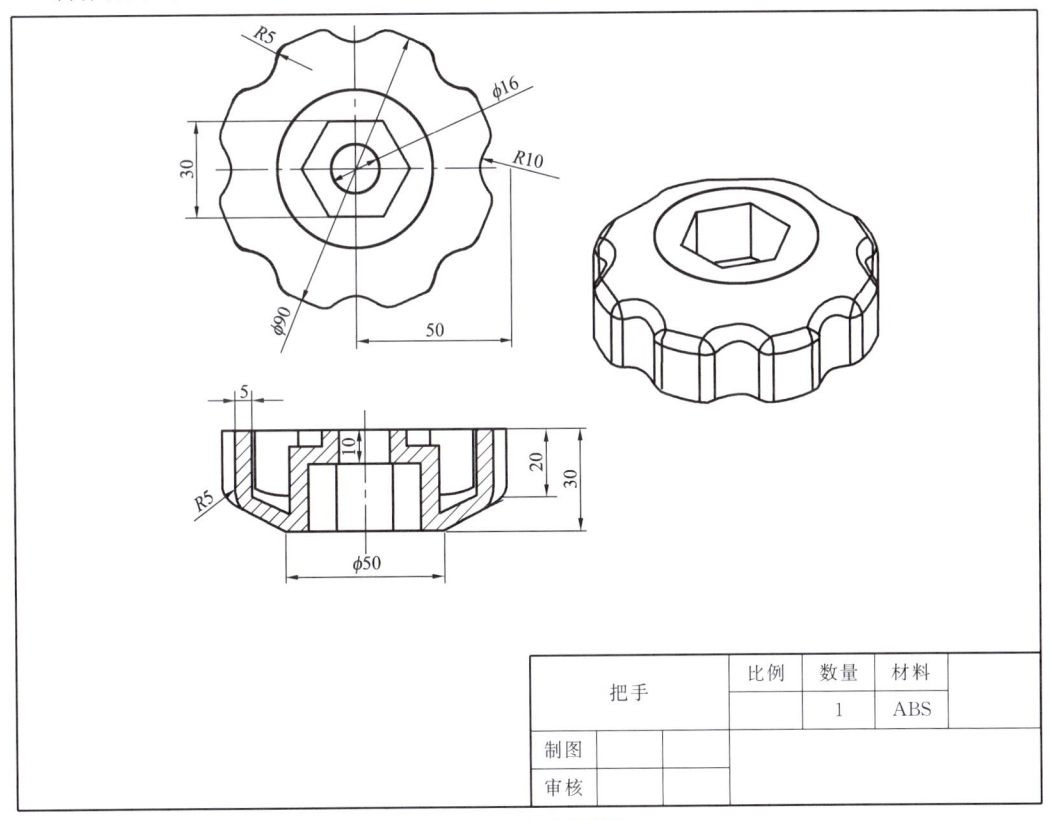

图 6-15　把手零件图

2. 任务分析

把手零件主要由以下特征组成:盘状主体、中心圆孔、六边形孔、外圆缺口、圆角、抽壳等。对于盘状主体可采用参数化草图和旋转的方法建模或圆柱体加倒斜角的方法建模;中心圆孔可采用孔特征方法获得;六边形孔采用六边形(二维曲线)拉伸获得;外圆缺口可采用草图拉伸相减和圆周阵列获得;圆角和抽壳则直接用边倒圆和抽壳命令获得。

3. 任务实施

操作步骤见表 6-3。

表 6-3　　　　　　　　　　　　　　操作步骤(2)

序号	操作内容	操作结果图示
1	创建圆柱体	
2	倒斜角 选择[Insert]→[Detail Feature]→[Chamfer]; 选择圆柱体上边线; Cross Section 中选择 Asymmetric; Distance 1 输入 10; Distance 2 输入 20; 单击"OK"按钮	
3	绘制六边形曲线,拉伸(布尔运算,求差)	
4	创建孔	
5	创建腔体(圆柱形)	

续表

序号	操作内容	操作结果图示
6	阵列特征	
7	边倒圆	
8	抽壳 选择[Insert]→[Offset/Scale]→[Shell]; 选择 Remove Faces,Then Shell; 选择三维造型底面; Thickness 输入 5; 单击"OK"按钮	

4. 知识解析

(1)Chamfer(倒斜角)

单击工具栏图标:Feature(特征)工具栏中的 Chamfer(倒斜角)图标，或选择下拉菜单:[Insert(插入)]→[Detail Feature(细节特征)]→[Chamfer(倒斜角)]，弹出如图 6-16 所示的 Chamfer(倒斜角)对话框。

步骤 1:Edge(边)

Select Edge(选择边):选择要倒斜角的边。

步骤 2:Offsets(偏置)

Cross Section(横截面):选择倒斜角的截面类型。

步骤 3:Distance(距离),输入倒斜角的偏置值。

步骤 4:单击"OK"按钮。

倒斜角的截面类型:

①Symmetric(对称偏置),如图 6-17 所示。

图 6-16　Chamfer(倒斜角)对话框 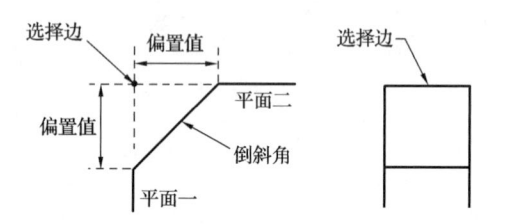　　　　图 6-17　Symmetric(对称偏置)倒斜角

②Asymmetric(不对称偏置),如图 6-18 所示。

③Offset and Angle(偏置和角度),如图 6-19 所示。

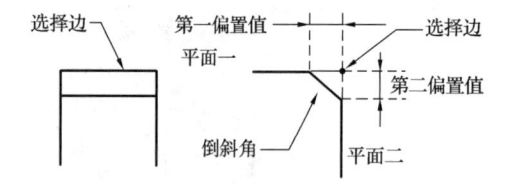

图 6-18　Asymmetric(不对称偏置)倒斜角 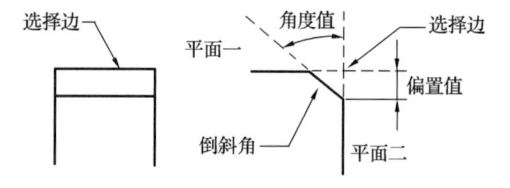　　　图 6-19　Offset and Angle(偏置和角度)倒斜角

(2)Shell(抽壳)

单击工具栏图标:Feature(特征)工具栏中的 Shell(抽壳)图标，或选择下拉菜单:[Insert(插入)]→[Offset/Scale(偏置/缩放)]→[Shell(抽壳)],弹出如图 6-20 所示的 Shell(抽壳)对话框。

Type(类型):

①Remove Faces,Then Shell(移除面,然后抽壳)

步骤 1:Face to Pierce(要穿透的面)

Select Face(选择面):选取实体上要穿透的面。

步骤 2:Thickness(厚度),输入抽壳的厚度值。

如果需要变厚度,则需选择 Alternate Thickness(备选厚度)中的 Select Face(选择面),再选择需要变厚度的实体表面,然后在 Thickness 1(厚度 1)文本框中输入变厚度值。

图 6-20　Shell(抽壳)对话框

步骤 3：单击"OK"按钮，如图 6-21 所示。

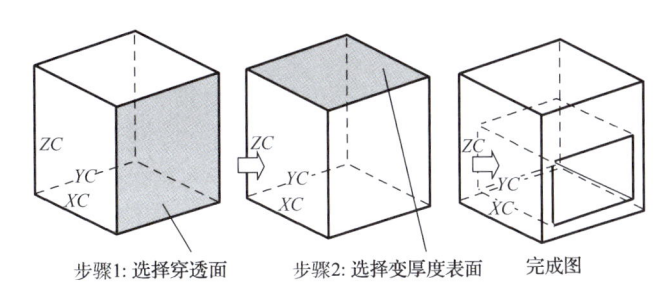

步骤1: 选择穿透面　　步骤2: 选择变厚度表面　　完成图

图 6-21　Remove Faces,Then Shell(移除面,然后抽壳)

②Shell All Faces(抽壳所有面)

步骤 1：Body to Shell(要抽壳的体)

Select Body(选择体)：选择要抽壳的实体。

步骤 2：Thickness(厚度)，输入抽壳的厚度值。

如果需要变厚度，则需选择 Alternate Thickness(备选厚度)中的 Select Face(选择面)，再选择需要变厚度的实体表面，然后在 Thickness 1(厚度 1)文本框中输入变厚度值。

步骤 3：单击"OK"按钮。

(3)Offset Face(偏置表面)

沿面法向偏置实体的一个或多个面，距离可为正值，也可为负值。

单击工具栏图标：Feature(特征)工具栏中的 Offset Face(偏置表面)图标，或选择下拉菜单：[Insert(插入)]→[Offset/Scale(偏置/缩放)]→[Offset Face(偏置表面)]，弹出如图 6-22 所示的 Offset Face(偏置表面)对话框。

步骤 1：Face to Offset(要偏置的面)

Select Face(选择面)：选择需要偏置的面。

图 6-22　Offset Face(偏置表面)对话框

步骤 2：Offset(偏置)，输入偏置值。

步骤 3：单击"OK"按钮。

任务 3　一级圆柱齿轮减速器箱盖的造型——螺纹、对特征形成图样、镜像特征、修剪实体、分割实体

1. 任务要求

制作一级圆柱齿轮减速器箱盖的三维造型，结构与尺寸如图 6-23 所示。

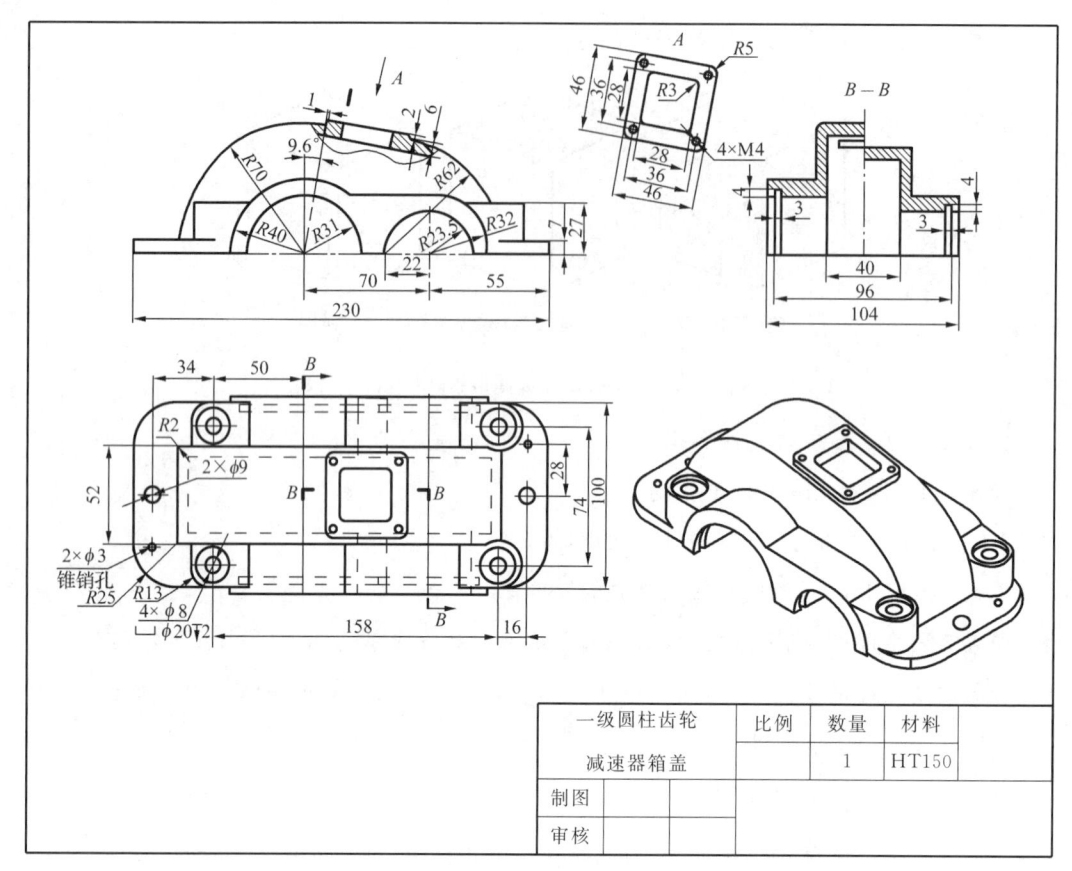

图 6-23 一级圆柱齿轮减速器箱盖零件图

2. 任务分析

该箱盖零件结构复杂，三维造型比较困难，宜首先构建箱盖的整体轮廓，然后添加局部特征。箱盖零件主体部分可以采用参数化草图（分别在 $ZC-XC$ 和 $XC-YC$ 平面）和拉伸的方法创建，其余如视孔盖安装部位的方台与矩形孔采用凸台命令和腔体命令创建，箱盖的沉头孔、简单孔、螺纹孔及半圆孔均采用孔的命令创建，半圆孔中的窄槽采用旋槽命令创建。

3. 任务实施

操作步骤见表 6-4。

表 6-4　　　　　　　　　　　操作步骤（3）

序号	操作内容	操作结果图示
1	创建长方体与边倒圆 ①长方体： 选择 Specify Point； XC 输入 -95； YC 输入 -50； ZC 输入 0； Length(XC) 输入 230； Width(YC) 输入 100； Height(ZC) 输入 7。 ②边倒圆： Radius 1 输入 25	

续表

序号	操作内容	操作结果图示
2	创建草图（ZC－XC 平面）	
3	拉伸（布尔运算，求和） 选择 Symmetric Value； Distance 输入 26； 选择 Unite	
4	创建草图（XC－YC 平面）	
5	拉伸（布尔运算，求和），替换面命令消除凸角 Start 选择 Value； Distance 输入 0； End 选择 Value； Distance 输入 27； 选择 Unite； 选择 [Insert] → [Synchronous Modeling] → [Replace Face]； 选择凸角面； 选择 R62 圆弧面； Distance 输入 0； 单击"OK"按钮	

序号	操作内容	操作结果图示
6	创建草图（ZC—XC 平面）	
7	拉伸（布尔运算，求和） 选择 Symmetric Value； Distance 输入 52； 选择 Unite	
8	边倒圆 R2 Radius 1 输入 2	
9	创建草图（ZC—XC 平面）	

续表

序号	操作内容	操作结果图示
10	拉伸(布尔运算,求差) 选择 Symmetric Value; Distance 输入 20; 选择 Subtract	
11	创建 R31、R23.5 的孔 ①创建 R31 的孔 选择［Insert］→［Design Feature］→［Hole］; 选择 General Hole; 在 Specify Point 捕捉 R31 圆心; Form 选择 Simple; Diameter 输入 62; Depth 输入 104; 单击"OK"按钮。 ②同理完成 R23.5 孔的创建	
12	创建旋槽 选择［Insert］→［Design Feature］→［Groove］; 选择 Rectangular; 选择 R31 圆弧面; Groove Diameter 输入 70; Width 输入 3; 单击"OK"按钮; 选择侧面,选择工具,轴向距输入 4,单击"OK"按钮; 同理创建 R23.5 圆弧面的旋槽(参数:Groove Diameter 输入 55;Width 输入 3)	
13	创建凸台(箱盖上表面) Length 输入 46; Width 输入 46; Height 输入 2; Corner Radius 输入 5; Parallel at a Distance 输入 1	

续表

序号	操作内容	操作结果图示
14	创建腔体 Length 输入 28; Width 输入 28; Depth 输入 8; Corner Radius 输入 3	
15	创建螺纹孔 M4(4个) 选择[Insert]→[Design Feature]→[Hole]; 选择 Threaded Hole; Specify Point 选择 Sketch Section; 选择凸台上表面,单击"OK"按钮; 单击产生点(4次); 单击"Close"按钮; 编辑尺寸,单击"Finish Sketch"按钮; 捕捉基准点; Size 选择 M4; Thread Depth 输入 8; 单击"OK"按钮	
16	创建沉头孔 C-Bore Diameter 输入 20; C-Bore Depth 输入 2; Hole Diameter 输入 9; Hole Depth 输入 27	
17	创建简单孔 φ9 Diameter 输入 9; Depth 输入 7	
18	阵列特征 选择[Insert]→[Associative Copy]→[Pattern Feature]; 选择 φ9 圆孔特征; 选择 Linear; Specify Vector 选择-XC 轴; Count 输入 2; Pitch Distance 输入 208; 消除勾选 Use Direction 2; 单击"OK"按钮	

4. 知识解析

（1）Thread（螺纹）

在圆柱面（圆柱体、孔）上建立螺纹，包括符号螺纹和细节螺纹。

单击工具栏图标：Feature（特征）工具栏中的 Thread（螺纹）图标■，或选择下拉菜单：[Insert（插入）]→[Design Feature（设计特征）]→[Thread（螺纹）]，弹出如图 6-24 所示的 Thread（螺纹）对话框——Symbolic（符号）。

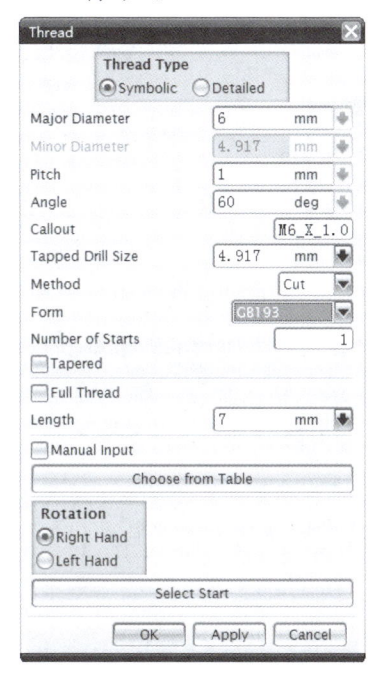

图 6-24　Thread（螺纹）对话框——Symbolic（符号）

① Thread Type（螺纹类型）：

Symbolic（符号螺纹）：在圆柱面上建立虚线圆，如图 6-25 所示。

Detailed（细节螺纹）：建立真实形状的螺纹，如图 6-26 所示。在图 6-24 所示的对话框中选择 Detailed（细节），Thread（螺纹）对话框变为如图 6-27 所示。

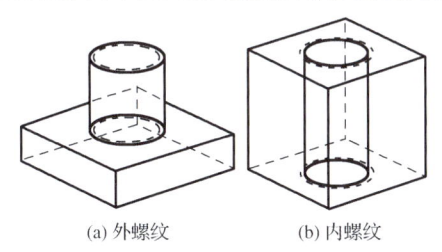

(a) 外螺纹　　(b) 内螺纹

图 6-25　Symbolic（符号螺纹）　　图 6-26　Detailed（细节螺纹）

② 选项说明

Major Diameter（大径）：用于设置螺纹大径，如图 6-28 所示。

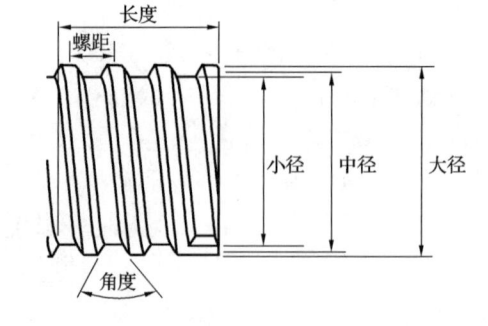

图 6-27　Thread(螺纹)对话框——Detailed(细节)　　　图 6-28　螺纹参数

Minor Diameter(小径):用于设置螺纹小径。

Pitch(螺距):用于设置螺距。

Angle(角度):用于设置螺纹牙型角,默认值为螺纹的标准角度60°。

Callout(螺纹编号):显示由螺纹列表所选取的螺纹参数名称。

Tapped Drill Size / Shaft Size(钻孔直径/轴直径):当螺纹为外螺纹时,此选项显示为 Shaft Size(轴直径);若螺纹为内螺纹时,则此选项会显示为 Tapped Drill Size(钻孔直径)。

Method(制造方式):设定制造螺纹的方法。其中包括滚压(Rolled)、切削(Cut)、磨削(Ground)及铣削(Milled)四种方法。

Form(螺纹种类):选择不同形状的标准螺纹。

Number of Starts(螺纹线数):设定螺纹头数,如单头、双头或多头螺纹。

Tapered(锥度):用于设定是否产生锥度螺纹。

Full Thread(全螺纹):在整个圆柱面或孔内表面上建立螺纹。

Length(长度):设置螺纹的长度。

Manual Input(手工输入):在创建符号螺纹的过程中打开这个选项,能输入和修改部分螺纹参数。

Choose from Table(选取螺纹列表):从表格(UG 内部表格)中选择螺纹参数。

Rotation(旋转方向):定义螺纹的旋转方向,有 Right Hand(右手)及 Left Hand(左手)两项设定。

Select Start(选取起始的位置):选择螺纹的起始面。

③操作步骤:

步骤 1:选择 Thread Type(螺纹类型)。

步骤 2:选择螺纹放置面(必须是圆柱面)。

步骤 3:设置螺纹参数。

步骤 4:单击"OK"按钮。

(2)Pattern Feature(对特征形成图样)

单击工具栏图标:Feature(特征)工具栏中的 Pattern Feature(对特征形成图样)图标 ，或选择下拉菜单:[Insert(插入)]→[Associative Copy(关联复制)]→[Pattern Feature(对特征形成图样)],弹出如图 6-29 所示的 Pattern Feature(对特征形成图样)对话框——Linear(线性)。

图 6-29　Pattern Feature(对特征形成图样)对话框——Linear(线性)

①Linear(线性)

步骤 1:Feature to Pattern(要形成图样的特征)

Select Feature(选择特征)

步骤 2:Reference Point(参考点)

Specify Point(指定点):指定特征上的参考点。

步骤 3:Pattern Definition(阵列定义)

Layout(布局):选择 Linear(线性)。

步骤 4:Direction 1(方向 1)

Specify Vector(指定矢量):选择阵列方向。

Spacing(间距):选择 Count and Pitch(数量和节距)。

Count(数量):输入数量。

Pitch Distance(节距):输入节距。

步骤 5:Direction 2(方向 2)

Specify Vector(指定矢量):选择阵列方向。

Spacing(间距):选择 Count and Pitch(数量和节距)。

Count(数量):输入数量。

Pitch Distance(节距):输入节距。

步骤 6:单击"OK"按钮,如图 6-30 所示。

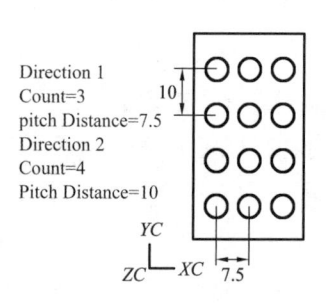

图 6-30 线性阵列

②Circular(圆形)

创建圆形阵列的 Pattern Feature(对特征形成图样)对话框如图 6-31 所示。

图 6-31 Pattern Feature(对特征形成图样)对话框——Circular(圆形)

步骤 1:Feature to Pattern(要形成图样的特征)

Select Feature(选择特征)

步骤 2:Reference Point(参考点)

Specify Point(指定点):指定特征上的参考点。

步骤 3：Pattern Definition(阵列定义)

Layout(布局)：选择 Circular(圆形)。

步骤 4：Rotation Axis(旋转轴)

Specify Vector(指定矢量)：选择旋转轴方向。

Specify Point(指定点)：指定旋转中心点。

步骤 5：Angular Direction(角度方向)

Spacing(间距)：选择 Count and Pitch(数量和节距)。

Count(数量)：输入数量。

Pitch Angle(跨角)：输入角度值。

步骤 6：单击"OK"按钮。

(3) Mirror Feature(镜像特征)

镜像特征是根据平面进行镜像复制的一种操作。

选择下拉菜单：[Insert(插入)]→[Associative Copy(关联复制)]→[Mirror Feature(镜像特征)]，弹出如图 6-32 所示的 Mirror Feature(镜像特征)对话框。

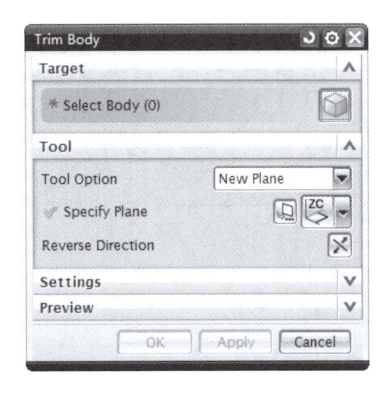

步骤 1：Feature(特征)

Select Feature(选择特征)：选择需要镜像的特征。

步骤 2：Mirror Plane(镜像平面)

Plane(平面)：包括 New Plane(新建平面)和 Existing(现有平面)。

Specify Plane(指定平面)：选择镜像平面。

步骤 3：单击"OK"按钮。

(4) Trim Body(修剪实体)

用实体的表面、基准面、片体或其他几何体切割一个或多个实体。

单击工具栏图标：Feature(特征)工具栏中的 Trim Body(修剪实体)图标 ▥，或选择下拉菜单：[Insert(插入)]→[Trim(修剪)]→[Trim Body(修剪实体)]，弹出如图 6-33 所示的 Trim Body(修剪实体)对话框。

图 6-32　Mirror Feature(镜像特征)对话框

图 6-33　Trim Body(修剪实体)对话框

步骤1：Target(目标)

Select Body(选择体)：选择一个或多个需要修剪的实体。

步骤2：Tool(工具)

Tool Option(工具选项)：包括 New Plane(新建平面)和 Face or Plane(面或平面)。

Specify Plane(指定平面)

步骤3：Reverse Direction(反向)：选择接受方向或反方向(箭头所指部分将被切除)。

步骤4：单击"OK"按钮。

注意：表面或片体必须大于被修剪的实体，否则无法完成操作。

(5)Split Body(分割实体)

将实体分割成两个或多个实体。

单击工具栏图标：Feature(特征)工具栏中的 Split Body(分割实体)图标 ，或选择下拉菜单：[Insert(插入)]→[Trim(修剪)]→[Split Body(分割实体)]，弹出如图 6-34 所示的 Split Body(分割实体)对话框。

图 6-34 Split Body(分割实体)对话框

注意：该操作会导致参数丢失(尽可能用 Trim Body 命令代替 Split Body 命令)。

练习与提示

6-1 根据图 6-35 所示的零件图完成零件的三维造型。

提示：孔。

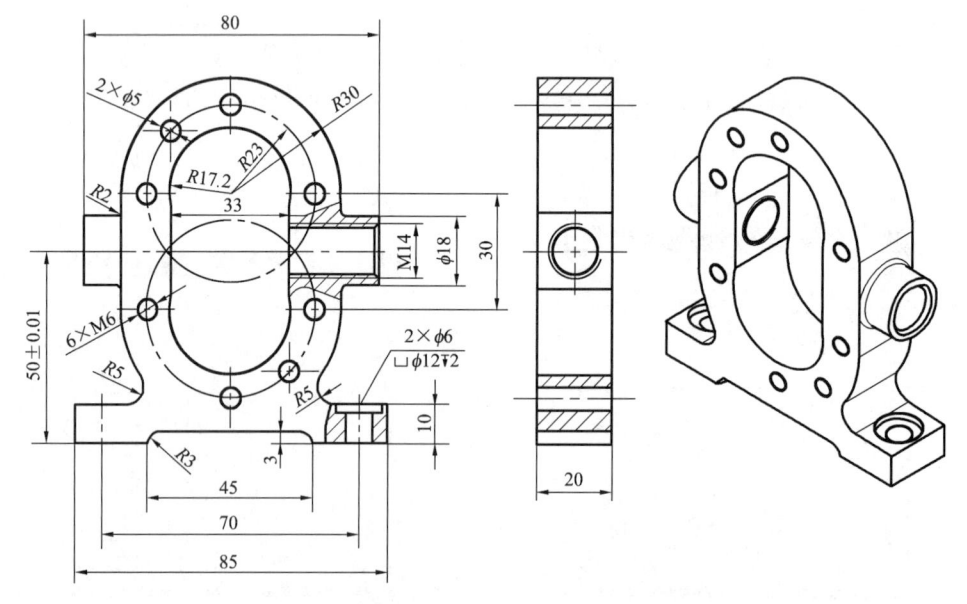

图 6-35 题 6-1 图

6-2 根据图 6-36 所示的零件图完成零件的三维造型。

提示：抽壳。

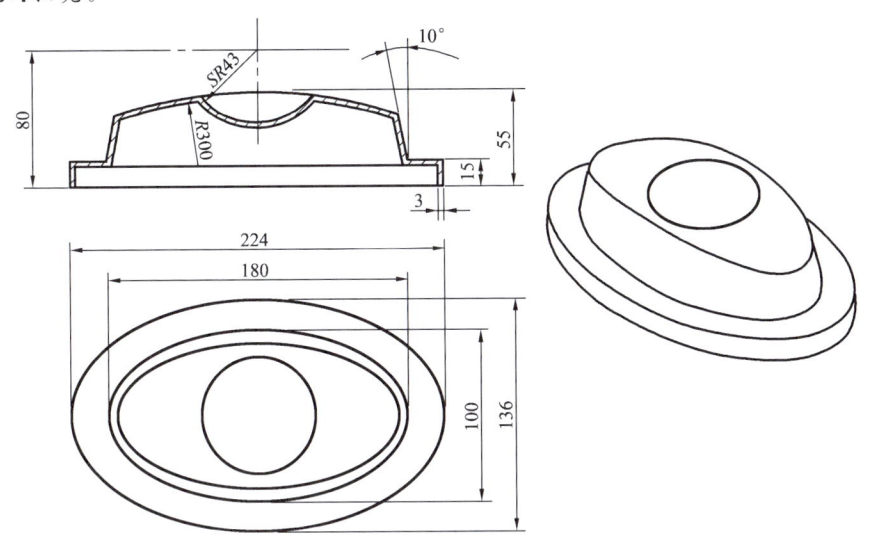

图 6-36 题 6-2 图

6-3 根据图 6-37 所示的零件图完成零件的三维造型。

提示：(1) 拔模。

(2) 边倒圆（变半径）。

(3) 抽壳。

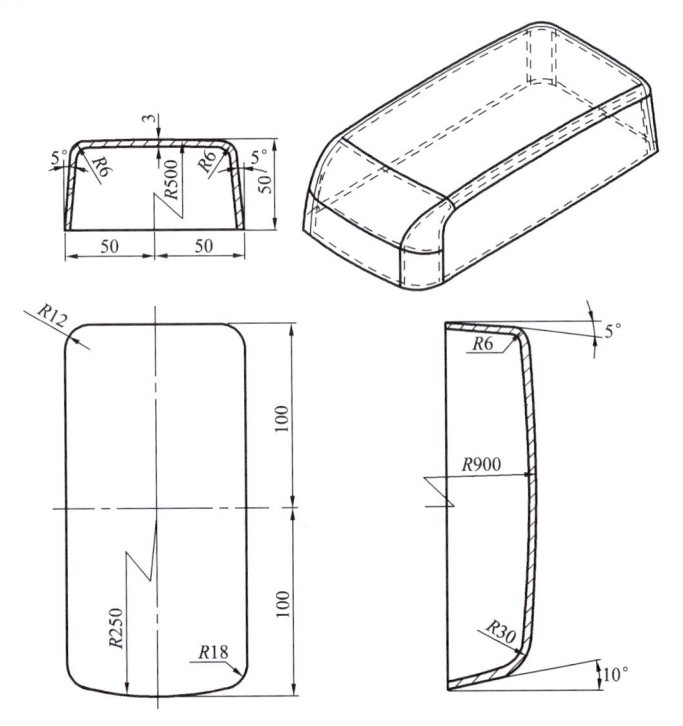

图 6-37 题 6-3 图

6-4 根据图 6-38 所示的零件图完成零件的三维造型。

提示：(1)边倒圆。

(2)抽壳。

(3)对特征形成图样。

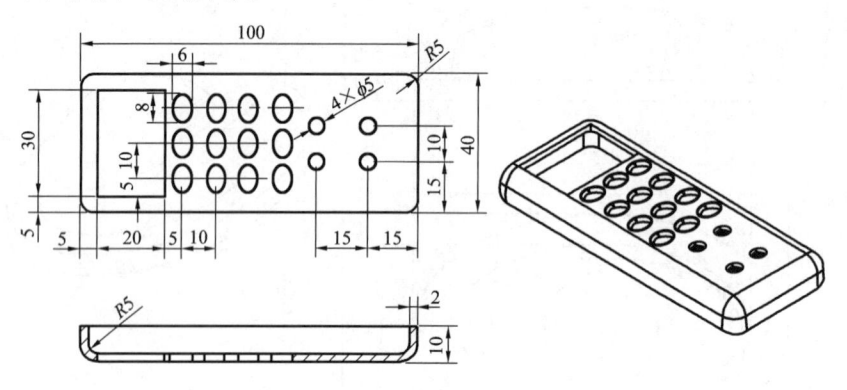

图 6-38 题 6-4 图

6-5 根据图 6-39 所示的零件图完成零件的三维造型。

提示：(1)镜像特征。

(2)修剪实体。

(3)抽壳。

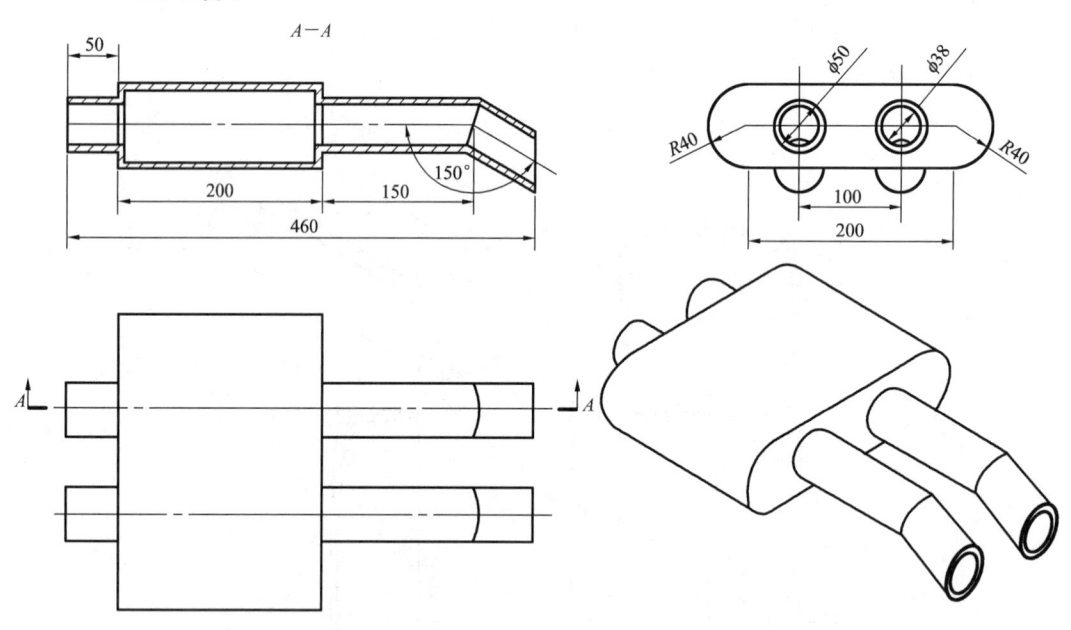

图 6-39 题 6-5 图

6-6　根据图 6-40 所示的零件图完成零件的三维造型。

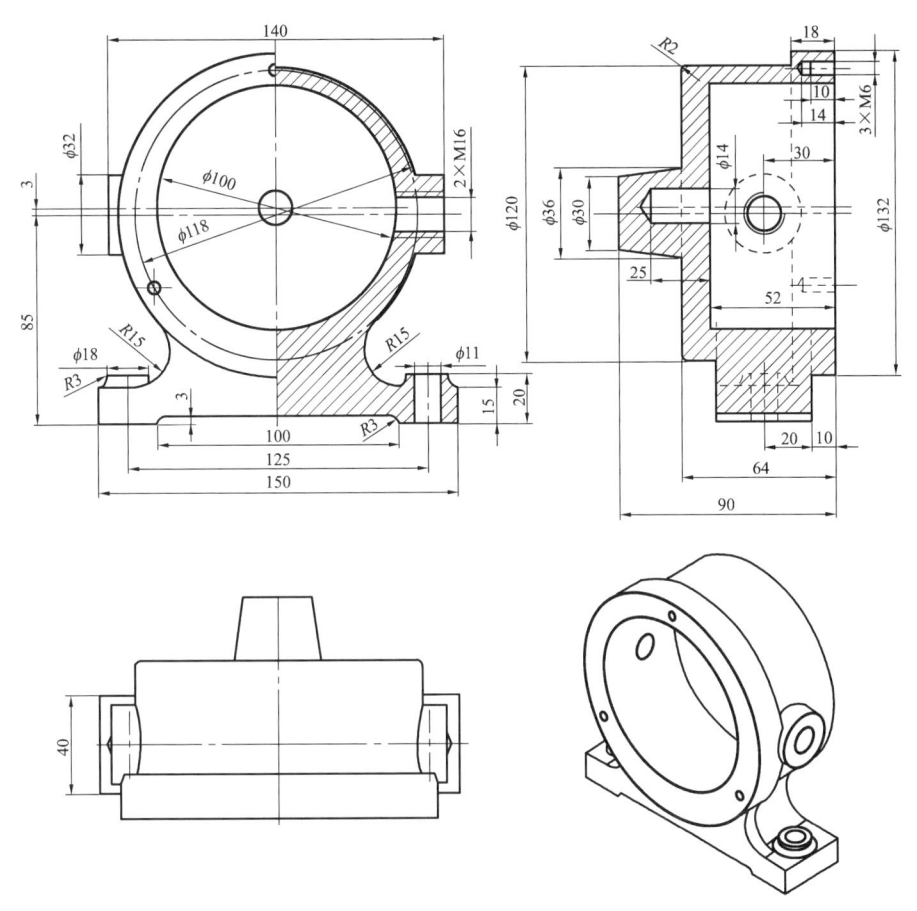

图 6-40　题 6-6 图

学习情境 7
水罐、饮料瓶——曲面建模

学习目标

1. 在已学的三维建模基础上,通过对水罐的三维建模,学习曲面建模命令:直纹面和通过曲线组,掌握实体抽壳的曲面建模思路和方法。

2. 在饮料瓶的三维建模中,将学习曲面建模命令:通过曲线网格、扫掠、N 边曲面、规律延伸,掌握片体缝合和加厚的曲面建模思路和方法。

3. 逐步全面完成后面的练习,加深对曲面建模命令、参数的理解,掌握曲面建模的思路、方法和技巧。

学习任务

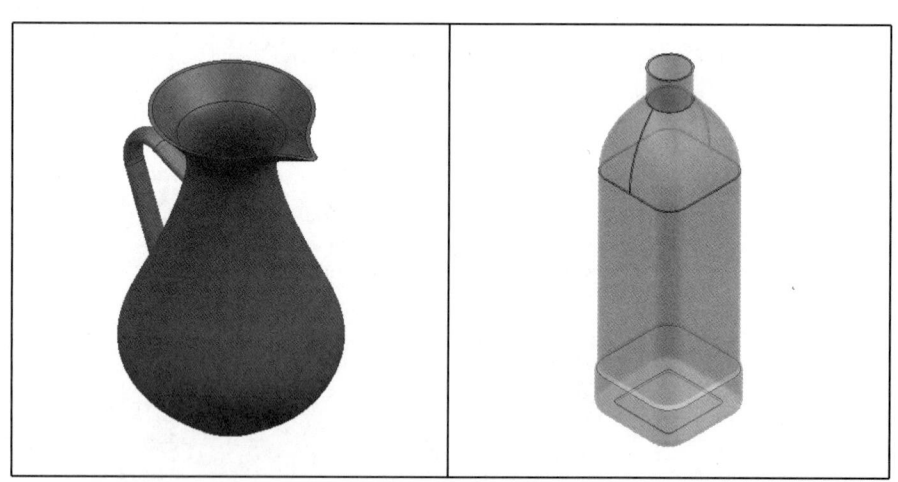

任务 1

任务 2

在现代生活中,许多新颖、富有创意的产品其流畅的曲面给人以美的感受并留下深刻的印象。曲面建模的方法很多,主要有:逆向造型法、投影法、截面法、自由曲面法等,其三维建模的一般思路是由点创建曲面,再创建实体或由曲线创建曲面,然后创建实体。

任务 1　水罐的造型——直纹面、通过曲线组

1. 任务要求

制作水罐的三维造型,壁厚为 2 mm,结构与尺寸如图 7-1 所示。

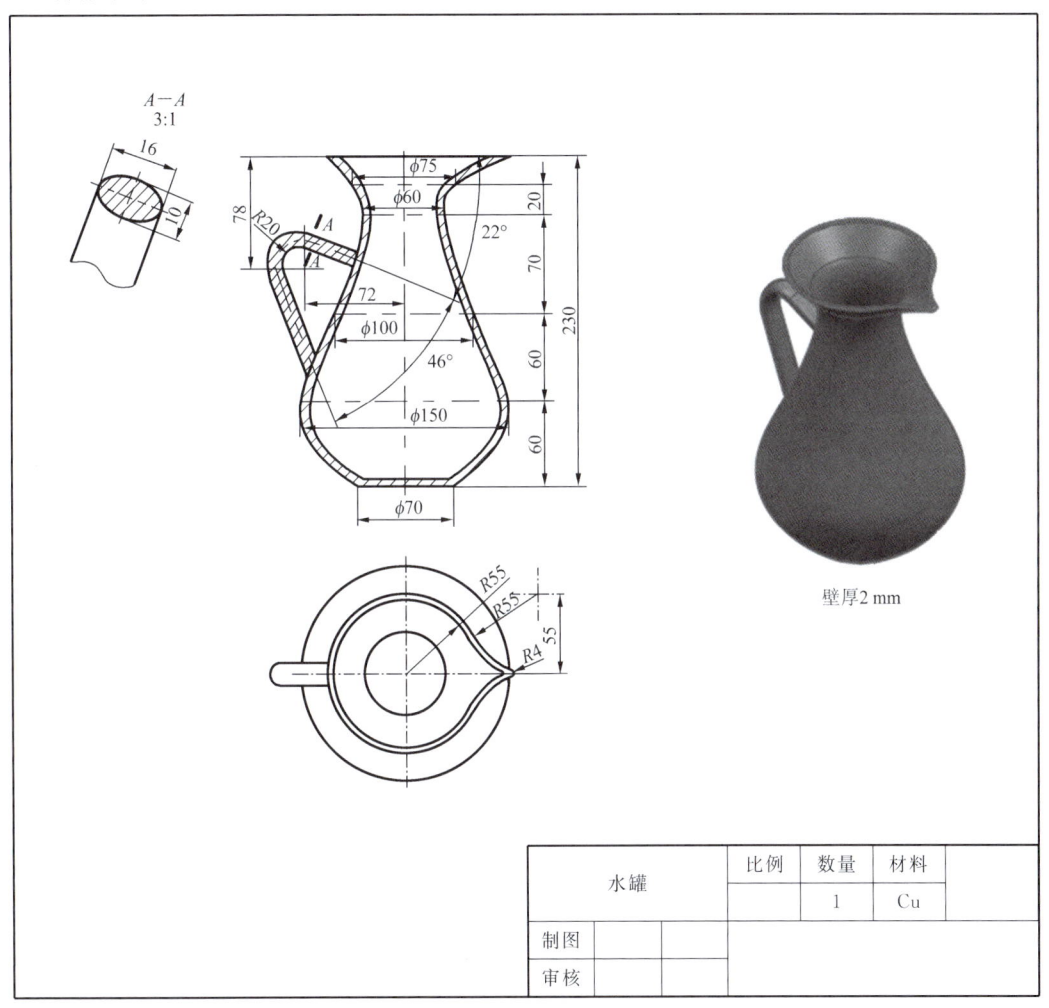

图 7-1　水罐零件图

2. 任务分析

通过对水罐零件图的观察与分析,可以使用截面法来制作水罐,将水罐剖切成几个截面,然后用曲面命令逐步完成建模。

3. 任务实施

操作步骤见表 7-1。

表 7-1　　　　　　　　　　　　　　　　　操作步骤(1)

序号	操作内容	操作结果图示
1	创建草图($XC-YC$ 平面),分割草图曲线 选择[Insert]→[Sketch in Task Environment]; 选择 $XC-YC$ 平面,单击"OK"按钮,绘制草图; 单击"Finish Sketch"按钮; 双击草图,选择[Edit]→[Curve]→[Divide]; 选择 By Bounding Objects; 选择 $R4$ 草图圆弧; Object 选择 By Plane,选择 $ZC-XC$ 平面;单击大概分割点; 单击"OK"按钮,单击"Finish Sketch"按钮	
2	创建基准平面 选择[Insert]→[Datum/Point]→[Datum Plane]; 在 Type 中选择 $XC-YC$ plane; Distance 输入 -20,单击"Apply"按钮; Distance 输入 -40,单击"Apply"按钮; Distance 输入 -110,单击"Apply"按钮; Distance 输入 -170,单击"Apply"按钮; Distance 输入 -230,单击"OK"按钮	
3	创建草图(在基准平面) 选择[Insert]→[Sketch in Task Environment]; 选择 -20 处基准平面; 单击"OK"按钮; 绘制圆 $\phi75$; 单击 Finish Sketch 按钮。 同理完成 $\phi60$、$\phi100$、$\phi150$、$\phi70$ 圆的绘制	

学习情境 7　水罐、饮料瓶——曲面建模　149

续表

序号	操作内容	操作结果图示
4	创建直纹面 选择[Insert]→[Mesh Surface]→[Ruled]； 选择 XC－YC 平面的草图曲线； Section String 2 选择 Select Curve； 选择－20 处基准平面的草图曲线； Alignment 选择 By Points； 取消勾选 Preserve Shape； 单击"OK"按钮	
5	创建通过曲线组 选择[Insert]→[Mesh Surface]→[Through Curves]； 选择－20 处 $\phi75$，单击鼠标中键； 选择－40 处 $\phi60$，单击鼠标中键； 选择－110 处 $\phi100$，单击鼠标中键； 选择－170 处 $\phi150$，单击鼠标中键； 选择－230 处 $\phi70$，单击鼠标中键； 取消勾选 Apply to All； First Section 选择 G1(Tangert)； 选择直纹面； 单击"OK"按钮	
6	求和 选择[Insert]→[Combine Bodies]→[Unite]； 选择上部实体； 选择下部实体； 单击"OK"按钮	

续表

序号	操作内容	操作结果图示
7	抽壳 选择[Insert]→[Offset/Scale]→[Shell]; Thickness 输入 2; 选择实体的顶面; 单击"OK"按钮	
8	创建草图(ZC-XC 平面)	
9	创建草图(绘制椭圆) 选择[Insert]→[Sketch in Task Environment]; Plane Method 选择 Create Plane; 选择 Point and Direction,选择引导线; Sketch Origin 选择 Specify Point; 选择引导线端点; 单击"OK"按钮。 选择[Insert]→[Curve]→[Ellipse]; 捕捉引导线端点; Major Radius 输入 8; Minor Radius 输入 5; 单击"OK"按钮	

续表

序号	操作内容	操作结果图示
10	沿引导线扫描 选择［Insert］→［Sweep］→［Sweep Along Guide］； Section 选择椭圆； Guide 选择引导线； Boolean 选择 None； 单击"OK"按钮	
11	修剪 选择［Insert］→［Trim］→［Trim Body］； Select Body 选择把手； Tool Option 选择 Face or Plane； 选择水罐外圆面； 单击"OK"按钮	
12	求和 选择［Insert］→［Combine］→［Unite］； 选择水罐实体； 选择把手实体； 单击"OK"按钮	

4. 知识解析

(1) Ruled(直纹面)

通过两条截面曲线串来生成片体或实体,如图 7-2 所示。

图 7-2 创建直纹面实体

选择下拉菜单:［Insert(插入)］→［Mesh Surface(网格曲面)］→［Ruled(直纹面)］,弹出如图 7-3 所示的 Ruled(直纹面)对话框。

步骤 1：Section String 1（截面线串 1），选择第一个截面线串。

Select Curve（选择曲线）：如图 7-4 所示。

Reverse Direction（反向）：反转自动判断矢量的方向。

Specify Origin Curve（指定曲线原点）：指定第一条截面线串的曲线原点。

步骤 2：Section String 2（截面线串 2），选择第二个截面线串。

Select Curve（选择曲线）

Reverse Direction（反向）

Specify Origin Curve（指定曲线原点）

步骤 3：Alignment（对齐）

Parameter（参数）：沿截面线串以相等的圆弧长参数间隔连接点。

By Points（根据点）：在不同形状的截面线串之间对齐点，如图 7-5 所示。

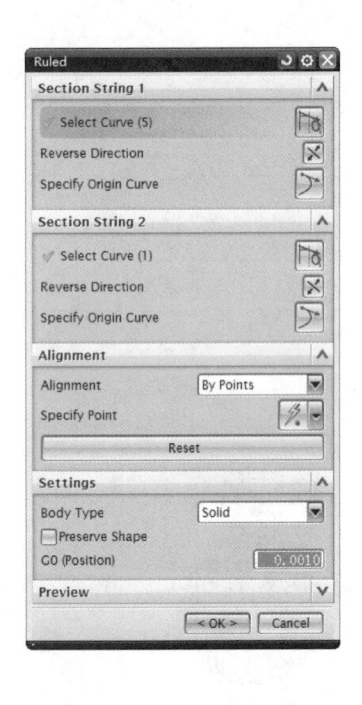

图 7-3　Ruled（直纹面）对话框

图 7-4　选择曲线或点——截面线串 1 和 2

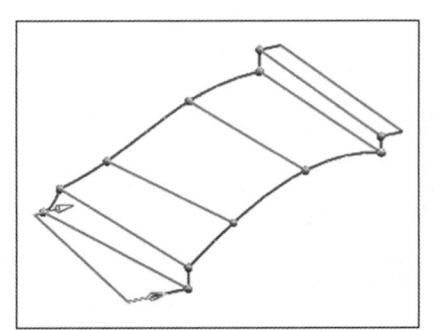

使用"根据点对齐"方法的直纹面

图 7-5　By Points（根据点）

步骤 4：Settings（设置）

Body Type（体类型）：Solid（实体）、Sheet（片体）。

Preserve Shape（保留形状）：保留锐边，覆盖逼近输出曲面的默认值。

G0（Position）（G0（位置））：可以指定输入几何体与得到的体之间的最大距离。

步骤 5：单击"OK"按钮。

学习情境 7　水罐、饮料瓶——曲面建模

(2) Through Curves(通过曲线组)

通过一组截面线串来创建片体或实体,如图 7-6 所示。直纹面只使用两条截面线串,而通过曲线组最多允许使用 150 条截面线串。通过曲线组创建曲面与直纹面的创建方法相似。

单击工具栏图标:Surface(曲面)工具栏中的 Through Curves(通过曲线组)图标，或选择下拉菜单:[Insert(插入)]→[Mesh Surface(网格曲面)]→[Through Curves(通过曲线组)],弹出如图 7-7 所示的 Through Curves(通过曲线组)对话框。

图 7-6　Through Curves(通过曲线组)创建实体 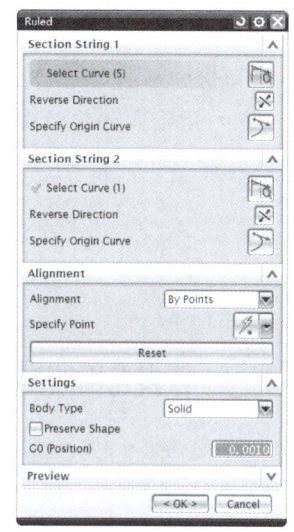　　图 7-7　Through Curves(通过曲线组)对话框

步骤 1:Sections(截面),如图 7-8 所示。
Select Curve(选择曲线):选择截面曲线(注意曲线原点方向)。
Reverse Direction(反向)
Specify Origin Curve(指定曲线原点)
Add New Set(添加新集):继续选择另一个截面曲线。
步骤 2:Continuity(连续性),用来定义边界约束条件,如图 7-9 所示。

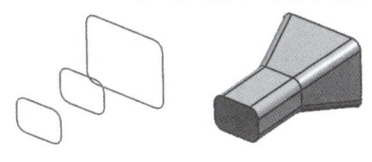

图 7-8　Sections(截面)　　　　图 7-9　Continuity(连续性)

Apply to All(应用于全部)
First Section(第一截面):选择相应的连续性,包括 G0(Position(位置))、G1(Tangent(相切))、G2(Curvature(曲率))等选项。
Select Face(选择面):指定面与新创建的面构成相应的连续性。
Last Section(终止截面)
Flow Direction(流动方向):指定与约束曲面相关的流动方向。
步骤 3:Alignment(对齐)
Parameter(参数):沿截面线串以相等的圆弧长参数间隔隔开等参数曲线连接点。
Arc length(圆弧长):沿定义的曲线以相等的圆弧长间隔隔开等参数曲线连接点。

By Points(根据点):在不同形状的截面线串之间对齐点。

步骤 4:Output Surface Options(输出曲面选项),创建包含单个补片或多个补片的体。

Single(单个):创建的曲面由单个补片组成。

Multiple(多个):创建的曲面由多个补片组成。

Match String(匹配线串):根据选择的剖面线串的数量来决定组成曲面的补片数量。

步骤 5:Settings(设置)

Preserve Shape(保留形状):保留锐边,覆盖逼近输出曲面的默认值。

Lofting(放样)

Rebuild(重新构建):通过重新定义截面线串的阶次或段数,构造一个高质量的曲面。

Degree(阶次):指定多补片曲面的阶次。

Tolerance(公差):G1 和 G2 连续性公差可控制重新构建的曲面相对于输入曲面的精度。

步骤 6:单击"OK"按钮。

任务 2 饮料瓶的造型——通过曲线网格、扫掠、N 边曲面、规律延伸

1. 任务要求

制作饮料瓶的三维造型,壁厚为 1 mm,结构与尺寸如图 7-10 所示。

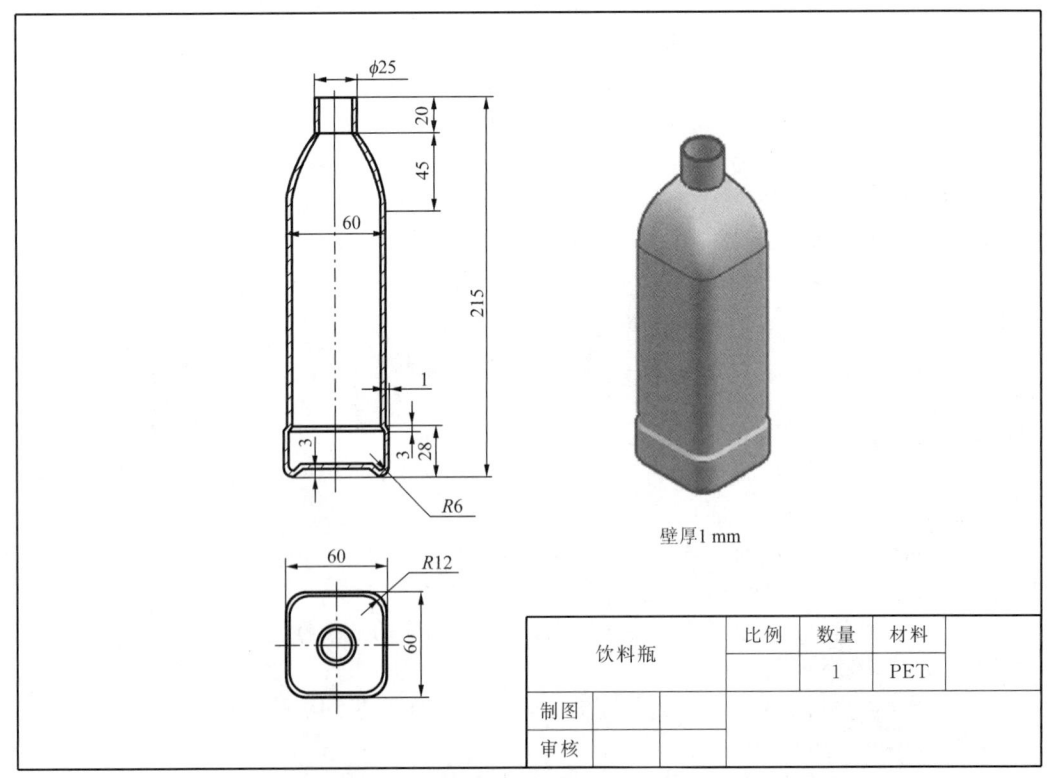

图 7-10 饮料瓶零件图

2. 任务分析

饮料瓶主要由圆柱形瓶口、上圆下方的曲面和下部直壁曲面构成；瓶口的圆柱形面可采用拉伸或规律延伸创建片体；上圆下方的曲面可采用通过曲线网格创建，以一个方向为截面网格、另一个方向为引导线来创建片体；下部直壁曲面宜采用扫掠创建，以直壁轮廓线（截面线）沿 60×60 方形线（引导线）延伸来创建片体，补孔最适合用 N 边曲面命令，最后用加厚命令由片体获得厚度为 1 mm 的实体。

3. 任务实施

操作步骤见表 7-2。

表 7-2　　　　　　　　　　　　　操作步骤(2)

序号	操作内容	操作结果图示
1	创建草图（XC—YC 平面）	
2	创建基准平面及截面圆 选择 [Insert] → [Datum/Point] → [Datum Plane]； 选择 XC—YC plane； Distance 输入 45； 单击"OK"按钮 选择[Insert]→[Sketch in Task Environment]； 选择基准平面，单击"OK"按钮； 绘制圆 $\phi25$； 单击"Finish Sketch"按钮	

续表

序号	操作内容	操作结果图示
3	创建草图（ZC－XC 平面）	
4	镜像曲线 选择［Insert］→［Curve from Curves］→［Mirror］； 选择圆弧曲线； Plane 选择 Existing Plane； 选择 Select Plane； 选择 ZC－YC 平面； 单击"OK"按钮	
5	旋转复制曲线 选择［Edit］→［Move Object］； 选择镜像曲线； Motion 选择 Angle； Specify Vector 选择 ZC 轴； Specify Axis Point 选择(0,0,0)； Angle 输入 90； 选择 Copy Original； Number of Non-associative Copies 输入 1； 单击"OK"按钮。 再镜像获得最后一条圆弧曲线	

续表

序号	操作内容	操作结果图示
6	创建草图（ZC—XC 平面）	
7	扫掠 选择[Insert]→[Sweep]→[Swept]； （选择过滤器选择 Single Curve） Sections 选择草图曲线； Guides 选择 60×60 曲线； 单击"OK"按钮	
8	通过曲线网格 选择[Insert]→[Mesh Surface]→[Through Curves]； Primary Curves 选择 $\phi25$，单击鼠标中键； 选择 60×60 曲线； Cross Curves 选择 Select Curve； 选择圆弧线，单击鼠标中键； 再选择圆弧线，单击鼠标中键； 再选择圆弧线，单击鼠标中键； Last Primary 选择 G1(Tangent)； 选择扫掠面； Emphasis 选择 Both，单击"OK"按钮	
9	镜像曲面 选择[Insert]→[Associative Copy]→[Mirror Body]； 选择通过曲线网格创建的曲面； 选择 Select Plane； 选择 ZC—YC 平面； 单击"OK"按钮	

续表

序号	操作内容	操作结果图示
10	N 边曲面 选择［Insert］→［Mesh Surface］→［N-sided Surface］； Type 选择 Trimmed； 选择底部方孔的边； 勾选 Trim to Boundary； 单击"OK"按钮	
11	规律延伸 选择［Insert］→［Flange Surface］→［Law Extension］； Type 选择 Vector； 选择 φ25 圆； Specify Vector 选择 ZC 轴； 在 Length Law 中， Law Type 选择 Constant， Value 输入 20； 在 Angle Law 中， Law Type 选择 Constant，Value 输入 0； 单击"OK"按钮	
12	缝合、加厚 选择［Insert］→［Combine］→［Sew］； 选择扫掠的曲面，选择其余曲面； Tolerance 输入 0.25； 单击"OK"按钮。 选择［Insert］→［Offset/Scale］→［Thicken］； 选择曲面（任意处）； Offset 1 输入 1； 单击"OK"按钮	

4. 知识解析

（1）Through Curve Mesh（通过曲线网格）

通过一个方向的截面网格和另一个方向的引导线来创建片体或实体，如图 7-11 所示。

单击工具栏图标：Surface（曲面）工具栏中的 Through Curves（通过曲线网格）图标，或选择下拉菜单：［Insert（插入）］→［Mesh Surface（网格曲面）］→［Through Curves（通过曲线网格）］，弹出如图 7-12 所示的 Through Curve Mesh（通过曲线网格）对话框。

步骤 1：Primary Curves（主曲线）

Select Curve（选择曲线）：选择主曲线。

Add New Set（添加新集）：添加新的主曲线。

步骤 2：Cross Curves（交叉曲线）

Select Curve（选择曲线）：选择交叉曲线。

Add New Set（添加新集）：添加新的交叉曲线。

图 7-11 Through Curve Mesh（通过曲线网格）

步骤 3：Continuity(连续性)

Apply to All(应用于全部)：将相同的连续性应用于第一个和最后一个截面线串。

First Primary(第一主线串)：从下拉列表中为模型选择相应的 G0、G1 或 G2 连续性。包括 G0(Position(位置))、G1(Tangent(相切))、G2(Curvature(曲率))。

Last Primary(最后主线串)：从下拉列表中为模型选择相应的 G0、G1 或 G2 连续性。包括 G0(Position(位置))、G1(Tangent(相切))、G2(Curvature(曲率))。

Select Face(选择面)：指定面与新创建的面构成相应的连续性。

First Cross(第一交叉线串)：从下拉列表中为模型选择相应的 G0、G1 或 G2 连续性。

Last Cross(最后交叉线串)：从下拉列表中为模型选择相应的 G0、G1 或 G2 连续性。

步骤 4：Output Surface Options(输出曲面选项)

Emphasis(着重)：用来控制创建的曲面更靠近主曲线还是交叉曲线。

Both(两者皆是)：生成的曲面既靠近主曲线又靠近交叉曲线。

Primary(主线串)：生成的曲面仅通过主曲线。

Cross(交叉线串)：生成的曲面仅通过交叉曲线。

Construction(构造)：用于指定曲面的构建方法，包括 Normal(法向)、Spline Points(样条点)、Simple(简单)等选项。

图 7-12 **Through Curve Mesh**
(通过曲线网格)对话框

(2)Swept(扫掠)

通过一个或多个截面线串沿着一条、两条或三条引导线串延伸来创建实体或片体，如图 7-13 所示。

单击工具栏图标：Surface(曲面)工具栏中的 Swept(扫掠)图标，或选择下拉菜单：[Insert(插入)]→[Sweep(扫掠)]→[Swept(扫掠)]，弹出如图 7-14 所示的 Swept(扫掠)对话框。

步骤 1：Sections(截面)

Select Curve(选择曲线)：选择截面线。

Add New Set(添加新集)：添加新的截面线。

步骤 2：Guides(引导线)

Select Curve(选择曲线)：选择引导线。

Add New Set(添加新集)：添加新的引导线。

步骤 3：Spine(脊线)，用于进一步控制截面线的扫掠方向(当脊线垂直于每条截面线时，效果最好)。

图 7-13　Swept(扫掠)　　　　　图 7-14　Swept(扫掠)对话框

步骤 4：Section Options(截面选项)

Section Location(截面位置)：Anywhere along Guides(沿引导线任何位置)、Ends of Guides(引导线末端)。

Alignment Method(对齐方法)

Alignment(对齐)：Parameter(参数)、Arc Length(圆弧长)。

Orientation Method(定位方法)

Orientation(定位)：Fixed(固定)、Face Normals(面的法向)、Vector Direction(矢量方向)、Another Curve(另一条曲线)、A Point(一个点)、Angular Law(角度规律)、Forced Direction(强制方向)。

Scaling Method(缩放方法)

Scaling(缩放)：Constant(恒定)、Blending Function(倒圆功能)、Another Curve(另一条曲线)、A Point(一个点)、Area Law(面积规律)、Perimeter Law(周长规律)。

(3)N-sided Surface(N 边曲面)

N 边曲面用于创建由一组端点相连的封闭曲线的曲面，如图 7-15 所示。

单击工具栏图标：Surface(曲面)工具栏中的 N-sided Surface(N 边曲面)图标，或选择下拉菜单：[Insert(插入)]→[Mesh Surface(网格曲面)]→[N-sided Surface(N 边曲面)]，弹出如图 7-16 所示的 N-sided Surface(N 边曲面)对话框。

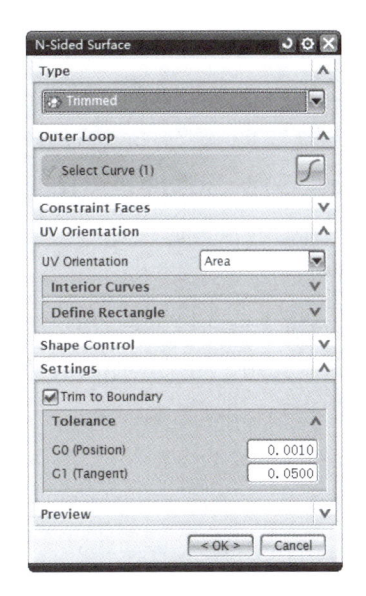

图 7-15　N-sided Surface(N 边曲面)　　　　图 7-16　N-sided Surface(N 边曲面)对话框

步骤 1：Type(类型)

Trimmed(已修剪)：创建单个曲面。

Triangular(三角形)：三角形补片构成的曲面。

步骤 2：Outer Loop(外环)

Select Curve(选择曲线)：选择曲面的边界。

步骤 3：Constraint Faces(约束面)，选择施加斜率和曲率约束的面。

步骤 4：UV Orientation(UV 方位)

UV Orientation(UV 方位)：

　　Spine(脊线)：用于选择脊线来定义新曲面的 V 方位。

　　Vector(矢量)：用于通过矢量方法来定义新曲面的 V 方位。

　　Area(区域)：创建连接边界曲线的新曲面。

Interior Curves(内部曲线)：仅在 UV 方位设置为区域时才出现。

步骤 5：Shape Control(形状控制)：指定约束面的连续类型。

步骤 6：Settings(设置)

Trim to Boundary(修剪到边界)

G0(Position(位置))：基于位置的连续性连接轮廓曲线和曲面。

G1(Tangent(相切))：基于相切于边界曲面的连续性连接曲面。

(4) Law Extension(规律延伸)

根据距离和角度的规律来创建现有基本片体的规律控制延伸，如图 7-17 所示。

图 7-17　Law Extension(规律延伸)

单击工具栏图标:Surface(曲面)工具栏中的 Law Extension(规律延伸)图标，或选择下拉菜单:[Insert(插入)]→[Flange Surface(弯边曲面)]→[Law Extension(规律延伸)]，弹出如图 7-18 所示的 Law Extension(规律延伸)对话框。

步骤 1:Type(类型)

Faces(面):用于选择规律延伸的参考方式。

Vector(矢量):用于定义延伸面的参考方向。

步骤 2:Base Profile(基本轮廓)

Select Curve(选择曲线)

步骤 3:Reference Vector(参考矢量)

步骤 4:Length Law(长度规律)

Law Type(规律类型):Constant(恒定)、Linear(线性)、Cubic(三次)、By Equation(根据方程)、By Law Curve(根据规律曲线)、Multi-transition(多重过渡)。

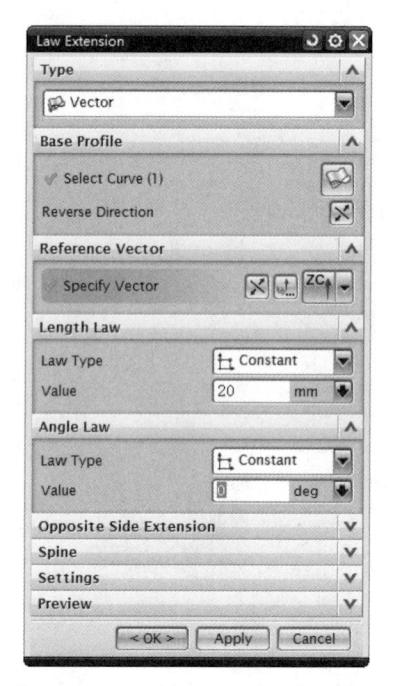

图 7-18 Law Extension(规律延伸)对话框

步骤 5:Angle Law(角度规律)

Law Type(规律类型):Constant(恒定)、Linear(线性)、Cubic(三次)、By Equation(根据方程)、By Law Curve(根据规律曲线)、Multi-transition(多重过渡)。

步骤 6:Opposite Side Extension(相反侧延伸)

Extension Type(延伸类型):None(无)、Symmetric(对称)、Asymmetric(非对称)。

练习与提示

7-1 根据图 7-19 所示的勺子零件图完成勺子的三维造型。

提示:(1)分别在 XC-YC 平面与 ZC-XC 平面绘制草图(凹部曲线)。

(2)N 边曲面(内部曲线)。

(3)分别在 XC-YC 平面与 ZC-XC 平面绘制草图(柄部截面线与引导线)。

(4)在 100 线长末端创建基准平面,平行于 ZC-YC 平面。

(5)在基准平面绘制草图(14 mm 水平线)。

(6)扫掠(柄部)。

(7)缝合。

(8)加厚。

(9)边倒圆。

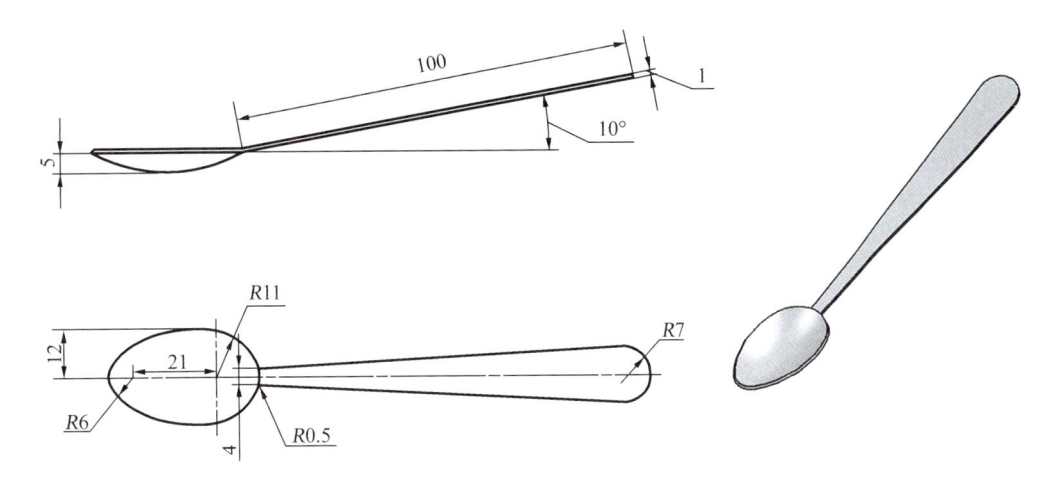

图 7-19 题 7-1 图

7-2 根据图 7-20 所示的苹果零件图完成苹果的三维造型。

提示：(1)绘制截面图(平行于 XC—YC 平面)。

(2)在 ZC—XC 平面绘制草图。

(3)绘制苹果枝的圆形截面。

(4)扫掠(苹果主体)。

(5)扫掠(扫掠枝)。

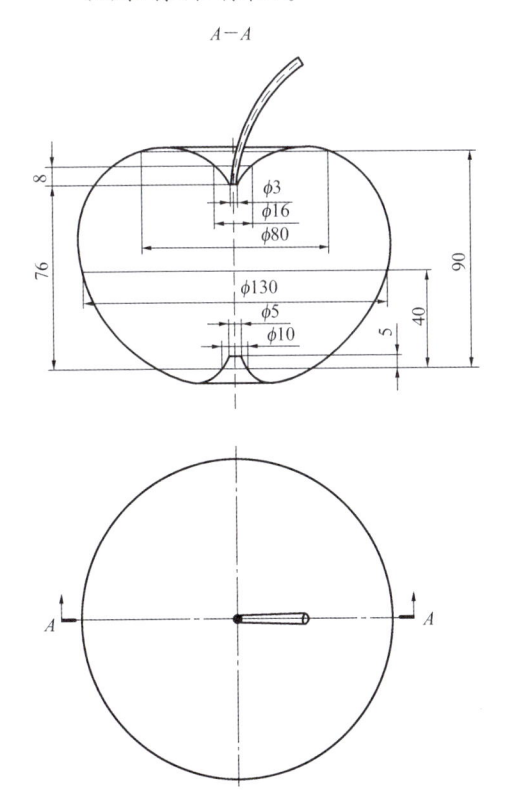

图 7-20 题 7-2 图

学习情境 8
GC 工具箱——齿轮建模和弹簧建模

学习目标

1. 在 UG NX 8.0 中集成了为我国制造业量身定制的软件工具包——GC 工具箱,主要包括 GC 数据规范、齿轮建模、弹簧设计、加工准备等。读者通过这一学习情境的学习,可了解 UG NX 8.0 面向中国企业的最新技术以及先进制造业的岗位技术和技能。

2. 能分析齿轮结构和参数,运用齿轮建模命令快速创建各种类型的齿轮,其中包括圆柱齿轮建模、锥齿轮建模、格林森锥齿轮建模、奥林康锥齿轮建模等。

3. 能分析弹簧的类型、结构和参数,运用弹簧建模命令快速创建各种类型的弹簧,其中包括圆柱拉伸弹簧建模、圆柱压缩弹簧建模等。

4. 逐步完成学习情境 8 后面的练习,了解齿轮建模与弹簧建模的快速三维造型思路及参数特点。

学习任务

任务 1　　　　　任务 2　　　　　任务 3

齿轮建模是自动快速创建各种齿轮的工具。齿轮建模包括:Cylinder Gear(圆柱齿轮)、Bevel Gear(锥齿轮)、Gleason Spiral Gear(格林森锥齿轮)、Oerlikon Spiral Gear(奥林康锥齿轮)、Gleason Hypoid Gear(格林森准双曲面齿轮)、Oerlikon Hypoid Gear(奥林康准双曲面齿轮)、Display Gear(显示齿轮),这些命令图标在 Gear Modeling(齿轮建模)工具栏里。

弹簧建模是自动快速创建各种弹簧的工具。弹簧建模包括:Cylinder Tension Spring(圆柱拉伸弹簧)、Cylinder Compression Spring(圆柱压缩弹簧)、Delete Spring(删除弹簧),这些命令图标在 Spring Tool(弹簧工具)工具栏里。

任务 1 一级圆柱齿轮减速器中齿轮的造型——直齿渐开线圆柱齿轮、斜齿渐开线圆柱齿轮

1. 任务要求

制作一级圆柱齿轮减速器中齿轮的三维造型,结构与尺寸如图 8-1 所示。

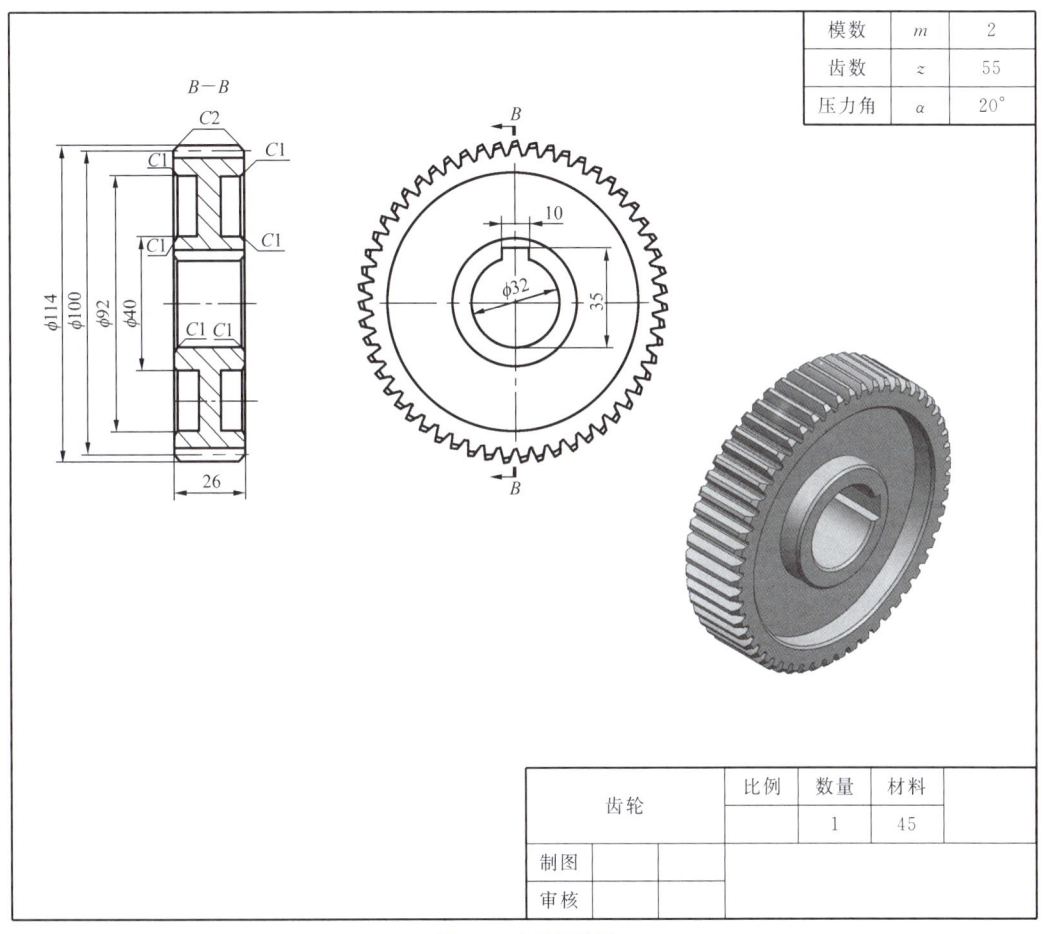

图 8-1 齿轮零件图

2. 任务分析

该零件为直齿渐开线圆柱齿轮,模数 $m=2$,齿数 $z=55$,齿宽 $b=26$,压力角 $\alpha=20°$。中心为 $\phi 32$ 通孔和宽度为 10 的键槽,两端面都有深度为 9 的环形凹槽。根据上述特点,宜采用 GC 工具箱中的圆柱齿轮建模命令创建齿轮主体,其余特征可采用草图与拉伸等方法完成。

3. 任务实施

操作步骤见表 8-1。

表 8-1　　　　　　　　　　　　　　　操作步骤(1)

序号	操作内容	操作结果图示
1	进入创建直齿圆柱齿轮环境 选择[GC Toolkits]→[Gear Modeling]→[Cylider Gear]; 选择 Create Gear; 单击"OK"按钮; 选择 Straight Gear; 选择 External Gear; 选择 Hobbing; 单击"OK"按钮	
2	创建直齿圆柱齿轮 Name 输入 Gear_1; Module 输入 2; Number of Teeth 输入 55; Face Width 输入 26; Pressure Angle 输入 20; 单击"OK"按钮; Type 选择 XC-axis; 单击"OK"按钮; Point 输入(0,0,0); 单击"OK"按钮	
3	创建凹槽 选择[Insert]→[Curve]→[Arc/Circle]; 选择 Arc/Circle from Center; 选择坐标系原点,End Option 选择 Diameter; Diameter 输入 92,选择 Full Circle,单击"OK"按钮。 选择[Extrude]; 选择 φ92 圆; Start Distance 输入 0,End Distance 输入 9; Boolean 选择 Subtract; Offset 选择 Tow-Sided;End 输入 -22; 单击"OK"按钮。 同理创建另一侧凹槽	
4	创建草图(ZC-YC 平面)	

续表

序号	操作内容	操作结果图示
5	拉伸(布尔运算.求差)	
6	倒斜角(C1,C2)	

4. 知识解析

● Gear Modeling(齿轮建模)

在建模环境下,选择[GC Toolkits(GC 工具箱)]→[Gear Modeling(齿轮建模)],在 Gear Modeling(齿轮建模)子菜单中提供了 Cylider Gear(圆柱齿轮)、Bevel Gear(锥齿轮)、Gleason Spiral Gear(格林森锥齿轮)、Oerlikon Spiral Gear(奥林康锥齿轮)、Gleason Hypoid Gear(格林森准双曲面齿轮)、Oerlikon Hypoid Gear(奥林康准双曲面齿轮)、Display Gear(显示齿轮)等命令。

● Cylider Gear(圆柱齿轮)

单击工具栏图标:Gear Modeling(齿轮建模)工具栏中的 Cylider Gear Modeling(圆柱齿轮建模)图标,或选择下拉菜单:[GC Toolkits(GC 工具箱)]→[Gear Modeling(齿轮建模)]→[Cylider Gear(圆柱齿轮)],弹出如图 8-2 所示的 Involute Cylider Gear Modeling(渐开线圆柱齿轮建模)对话框。

(1)直齿渐开线圆柱齿轮建模

步骤 1:Gear Operating Type(齿轮操作方式)

● Create Gear(创建齿轮)

● Edit Gear Parameter(修改齿轮参数)

● Engage Gear(齿轮啮合)

● Move Gear(移动齿轮)

● Delete Gear(删除齿轮)

● Information(信息)

选择 Create Gear(创建齿轮),单击"OK"按钮,弹出如图 8-3 所示的 Involute Cylider Gear Type(渐开线圆柱齿轮类型)对话框。

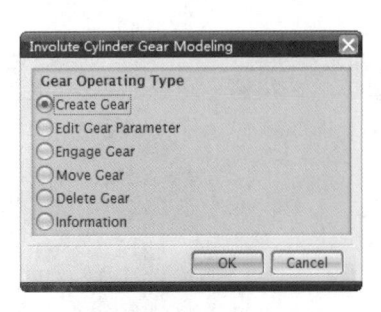

图 8-2　Involute Cylider Gear Modeling
（渐开线圆柱齿轮建模）对话框

图 8-3　Involute Cylider Gear Type
（渐开线圆柱齿轮类型）对话框 1

步骤 2：Involute Cylider Gear Type（渐开线圆柱齿轮类型）
- Straight Gear（直齿轮）
- Helical Gear（斜齿轮）
- Extemal Gear（外啮合齿轮）
- Intemal Gear（内啮合齿轮）
- Hobbing（滚齿）
- Shaping（插齿）

如图 8-3 所示选择，单击"OK"按钮，弹出如图 8-4 所示的 Involute Cylider Gear Parameter（渐开线圆柱齿轮参数）对话框。

步骤 3：Standard Gear（标准齿轮）
- Name（名称）
- Module(mm)[模数（毫米）]
- Number of Teeth（齿数）
- Face Width(mm)[齿宽（毫米）]
- Pressure Angle(degree)[压力角（度数）]
- Gear Modeling Accuracy（齿轮建模精度）：分为 Low（低）、Mid（中）、High（高）。

Default Value（默认值）

设置参数如图 8-4 所示，单击"OK"按钮，弹出如图 8-5 所示的 Vector（矢量）对话框。

图 8-4　Involute Cylider Gear Parameter
（渐开线圆柱齿轮参数）对话框——
Standard Gear（标准齿轮）

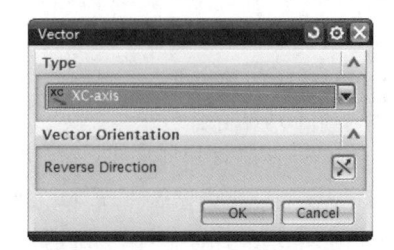

图 8-5　Vector（矢量）对话框 1

步骤 4：在 Type(类型)中选择表示齿轮轴心线方向的矢量，如图 8-5 所示，单击"OK"按钮，弹出如图 8-6 所示的 Point(点构造器)对话框。

步骤 5：输入齿轮端面圆心坐标，如图 8-6 所示，单击"OK"按钮，创建直齿渐开线圆柱齿轮，如图 8-7 所示。

图 8-6　Point(点构造器)对话框 1

图 8-7　直齿渐开线圆柱齿轮

(2)斜齿渐开线圆柱齿轮建模

步骤 1：Gear Operating Type(齿轮操作方式)

在如图 8-2 所示的 Involute Cylider Gear Modeling(渐开线圆柱齿轮建模)对话框中，选择 Create Gear(创建齿轮)，单击"OK"按钮，弹出如图 8-3 所示的 Involute Cylider Gear Type(渐开线圆柱齿轮类型)对话框。

步骤 2：Involute Cylider Gear Type(渐开线圆柱齿轮类型)

在 Involute Cylider Gear Type(渐开线圆柱齿轮类型)对话框中选择 Helical Gear(斜齿轮)、Extemal Gear(外啮合齿轮)、Hobbing(滚齿)，如图 8-8 所示，单击"OK"按钮，弹出如图 8-9 所示的 Involute Cylider Gear Parameter(渐开线圆柱齿轮参数)对话框——Helical Gear(斜齿轮)。

图 8-8　Involute Cylider Gear Type
(渐开线圆柱齿轮类型)对话框 2

图 8-9　Involute Cylider Gear Parameter
(渐开线圆柱齿轮参数)对话框——
Helical Gear(斜齿轮)

步骤 3：Standard Gear（标准齿轮）
- Name（名称）
- Normal Module(mm)[法向模数（毫米）]
- Number of Teeth（齿数）
- Face Width(mm)[齿宽（毫米）]
- Normal Presure Angle(degree)[法向压力角（度数）]
- Hand of spiral（螺旋方向）：Left-hand（左手）、Right-hand（右手）。
- Helix Angle(degree)[螺旋角（度）]
- Gear Modeling Accuracy（齿轮建模精度）：Low（低）、Mid（中）、High（高）。

设置参数如图 8-9 所示，单击"OK"按钮，弹出如图 8-5 所示 Vector（矢量）对话框。

步骤 4：在 Type（类型）中选择表示齿轮轴心线方向的矢量，如图 8-5 所示，单击"OK"按钮，弹出如图 8-6 所示的 Point（点构造器）对话框。

步骤 5：输入齿轮端面圆心坐标，如图 8-6 所示，单击"OK"按钮，创建斜齿渐开线圆柱齿轮，如图 8-10 所示。

图 8-10 斜齿渐开线圆柱齿轮

任务 2　变速器齿轮的造型——锥齿轮、齿轮啮合

1. 任务要求

制作变速器齿轮副的三维造型，结构与尺寸如图 8-11 所示。

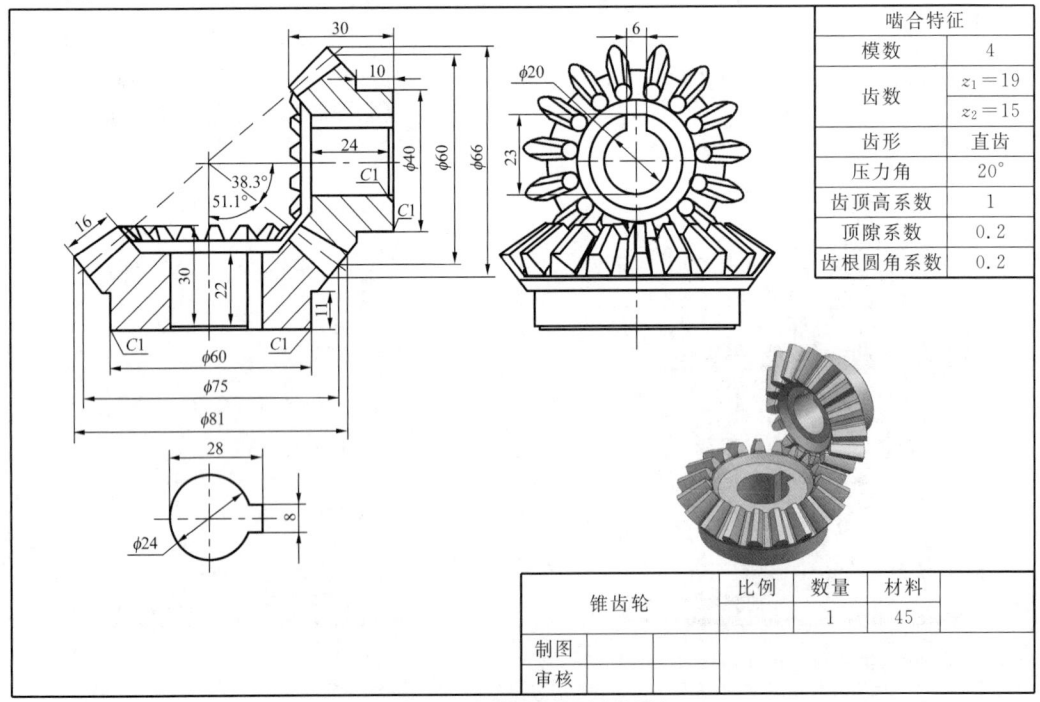

啮合特征	
模数	4
齿数	$z_1=19$
	$z_2=15$
齿形	直齿
压力角	20°
齿顶高系数	1
顶隙系数	0.2
齿根圆角系数	0.2

锥齿轮		比例	数量	材料
			1	45
制图				
审核				

图 8-11　变速器齿轮副啮合图

2. 任务分析

图 8-11 所示为一对啮合的直齿锥齿轮,模数 $m=4$,齿宽 $b=16$,压力角 $\alpha=20°$;锥齿轮 1 齿数 $z_1=19$,分度圆锥角 $\delta_1=51.7°$;锥齿轮 2 齿数 $z_2=15$,分度圆锥角 $\delta_2=38.3°$。锥齿轮 1 中心为 $\phi24$ 通孔和宽度为 8 的键槽,锥齿轮 2 中心为 $\phi20$ 通孔和宽度为 6 的键槽。宜采用 GC 工具箱中的锥齿轮建模命令创建齿轮主体,再采用齿轮啮合命令使直齿锥齿轮副正确啮合。锥齿轮上的其余特征采用草图与拉伸等方法完成。

3. 任务实施

操作步骤见表 8-2。

表 8-2　　　　　　　　　　　　　操作步骤(2)

序号	操作内容	操作结果图示
1	进入创建直齿锥齿轮(主动齿轮)环境 选择[GC Toolkits]→[Gear Modeling]→[Bevel Gear]; 选择 Create Gear; 单击"OK"按钮; 选择 Straight Gear; 选择 Equal Clearance Tooth; 单击"OK"按钮	
2	创建直齿锥齿轮(主动齿轮) Name 输入 1; Outer Module 输入 4; Number of Teeth 输入 19; Face Width 输入 16; Pressure Angle 输入 20; Pitch Angle 输入 51.7; Addendum Factor 输入 1; Clearance 输入 0.2; Gear Fillet Radius 输入 0.2; 单击"OK"按钮; Type 选择 ZC-axis,单击"OK"按钮; Point 输入(0,0,0),单击"OK"按钮	
3	进入创建直齿锥齿轮(从动齿轮)环境 选择[GC Toolkits]→[Gear Modeling]→[Bevel Gear]; 选择 Create Gear; 单击"OK"按钮; 选择 Straight Gear; 选择 Equal Clearance Tooth; 单击"OK"按钮	
4	创建直齿锥齿轮(从动齿轮) Name 输入 2; Outer Module 输入 4; Number of Teeth 输入 15; Face Width 输入 16; Pressure Angle 输入 20; Pitch Angle 输入 38.3; Addendum Factor 输入 1; Clearance 输入 0.2; Gear Fillet Radius 输入 0.2; 单击"OK"按钮; Type 选择-YC-axis,单击"OK"按钮; Point 输入(0,0,0),单击"OK"按钮	

续表

序号	操作内容	操作结果图示
5	设置齿轮啮合 选择[GC Toolkits]→[Gear Modeling]→[Bevel Gear]; 选择 Engage Gear; 单击"OK"按钮; Existing Gear 选择 1(general gear); 选择 Set Driving Gear; Existing Gear 选择 2(general gear); 选择 Set Driven Gear; 选择 Driven Gear Direction; Type 选择－YC-axis; 单击"OK"按钮; 单击"OK"按钮	
6	创建圆台、草图(主动齿轮)	
7	拉伸(求差)、边倒圆(主动齿轮)	
8	创建圆台、草图(从动齿轮)	

学习情境 8　GC 工具箱——齿轮建模和弹簧建模　173

续表

序号	操作内容	操作结果图示
9	拉伸(求差)、边倒圆(从动齿轮)	

4. 知识解析

(1) Bevel Gear(锥齿轮)

单击工具栏图标：Gear Modeling(齿轮建模)工具栏中的 Bevel Gear Modeling(锥齿轮建模)图标，或选择下拉菜单：[GC Toolkits(GC 工具箱)]→[Gear Modeling(齿轮建模)]→[Bevel Gear(锥齿轮)]，弹出如图 8-12 所示的 Bevel Gear Modeling(锥齿轮建模)对话框。

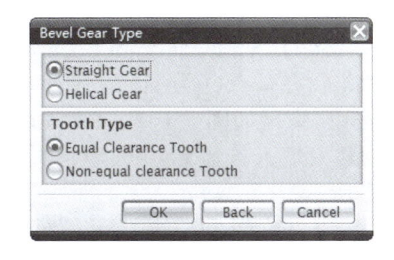

步骤 1：Gear Operating Type(齿轮操作方式)
- Create Gear(创建齿轮)
- Edit Gear Parameter(修改齿轮参数)
- Engage Gear(齿轮啮合)
- Move Gear(移动齿轮)
- Delete Gear(删除齿轮)
- Information(信息)

选择 Create Gear(创建齿轮)，单击"OK"按钮，弹出如图 8-13 所示的 Bevel Gear Type(锥齿轮类型)对话框。

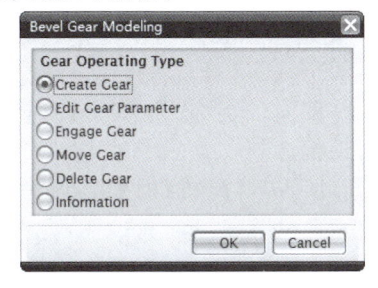

图 8-12　Bevel Gear Modeling(锥齿轮建模)对话框 1　　图 8-13　Bevel Gear Type(锥齿轮类型)对话框

步骤 2：Bevel Gear Type(锥齿轮类型)
- Straight Gear(直齿轮)
- Helical Gear(斜齿轮)
- Tooth Type(齿高形式)
- Equal Clearance Tooth(等顶隙收缩齿)
- Non-equal Clearance Tooth(不等顶隙收缩齿)

如图 8-13 所示选择，单击"OK"按钮，弹出如图 8-14 所示的 Bevel Gear Parameter(锥齿轮参数)对话框。

步骤 3：Bevel Gear Parameter(锥齿轮参数)
- Name(名称)

- Outer Module(mm)[大端模数(毫米)]
- Number of Teeth(齿数)
- Face Width(mm)[齿宽(毫米)]
- Pressure Angle(degree)[压力角(度数)]
- Pitch Angle(degree)[节锥角(度数)]
- Radial Addendum Modification Coe...(径向变位系数)
- Tangent Addendum Modification Coe...(切向变位系数)
- Addendum Factor(齿顶高系数)
- Clearance(顶隙系数)
- Gear Fillet Radius(M)[齿轮圆角半径(模数)]
- Gear Modeling Accuracy(齿轮建模精度):Low(低)、Mid(中)、High(高)。

如图 8-14 所示输入参数,单击"OK"按钮,弹出如图 8-15 所示的 Vector(矢量)对话框。

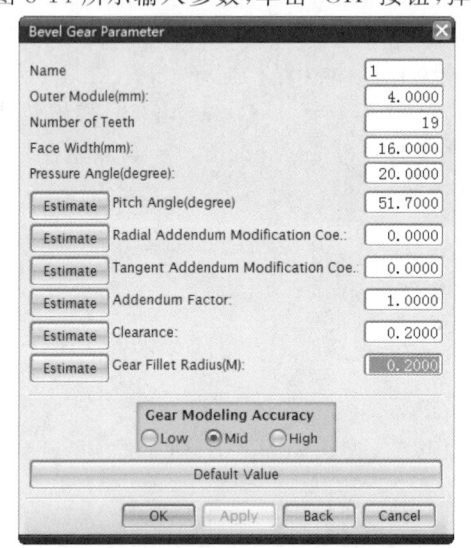

图 8-14　Bevel Gear Parameter(锥齿轮参数)对话框　　图 8-15　Vector(矢量)对话框 2

步骤 4:在 Type(类型)中选择表示锥齿轮轴心线方向的矢量,如图 8-15 所示,单击"OK"按钮,弹出如图 8-16 所示的 Point(点构造器)对话框。

步骤 5:输入锥齿轮顶点坐标,如图 8-16 所示,单击"OK"按钮,创建直齿锥齿轮,如图 8-17 所示。

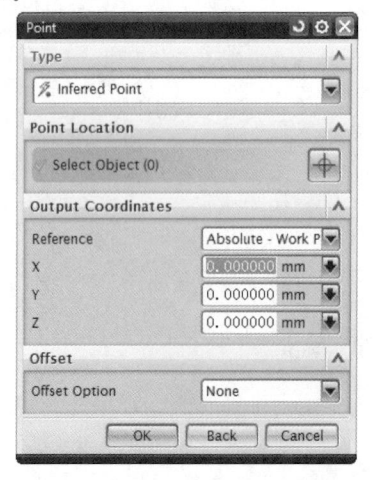

图 8-16　Point(点构造器)对话框 2　　图 8-17　直齿锥齿轮

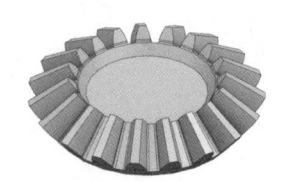

(2) Engage Gear(齿轮啮合)

在完成锥齿轮副的三维造型后,由于锥齿轮副啮合齿有重叠,如图 8-18 所示,所以需要调整。

单击工具栏图标:Gear Modeling(齿轮建模)工具栏中的 Bevel Gear Modeling(锥齿轮建模)图标 ,或选择下拉菜单:[GC Toolkits(GC 工具箱)]→[Gear Modeling(齿轮建模)]→[Bevel Gear(锥齿轮)],弹出如图 8-12 所示的 Bevel Gear Modeling(锥齿轮建模)对话框。

步骤 1:Gear Operating Type(齿轮操作方式)

选择 Engage Gear(齿轮啮合),如图 8-19 所示,单击"OK"按钮,弹出如图 8-20 所示的 Select Gear To Engage(选择齿轮啮合)对话框。

图 8-18 锥齿轮副啮合齿有重叠 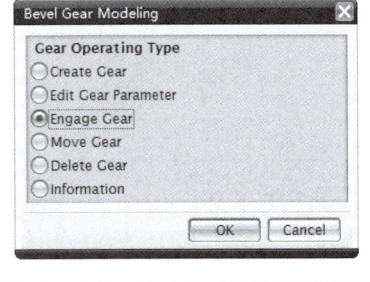   图 8-19 Bevel Gear Modeling(锥齿轮建模)对话框 2

步骤 2:在 Existing Gears(存在齿轮)列表中选择"1(general gear(常规齿轮))",单击"Set Driving Gear(设置主动齿轮)"按钮。

步骤 3:在 Existing Gears(存在齿轮)列表中选择"2(general gear(常规齿轮))",单击"Set Driven Gear(设置从动齿轮)"按钮。

步骤 4:单击"Driven Gear Direction(从动齿轮轴向向量)"按钮,弹出如图 8-21 所示的 Vector(矢量)对话框。

步骤 5:在 Type(类型)中选择从动齿轮轴心线方向的矢量,如图 8-21 所示,单击"OK"按钮,返回如图 8-20 所示的 Select Gear To Engage(选择齿轮啮合)对话框,单击"OK"按钮,结果如图 8-22 所示。

图 8-21 Vector(矢量)对话框 3

图 8-20 Select Gear To Engage(选择齿轮啮合)对话框   图 8-22 锥齿轮副啮合正确

任务 3　弹簧的造型——圆柱拉伸弹簧、圆柱压缩弹簧

1. 任务要求

制作圆柱螺旋拉伸弹簧的三维造型,结构与尺寸如图 8-23 所示。

技术要求

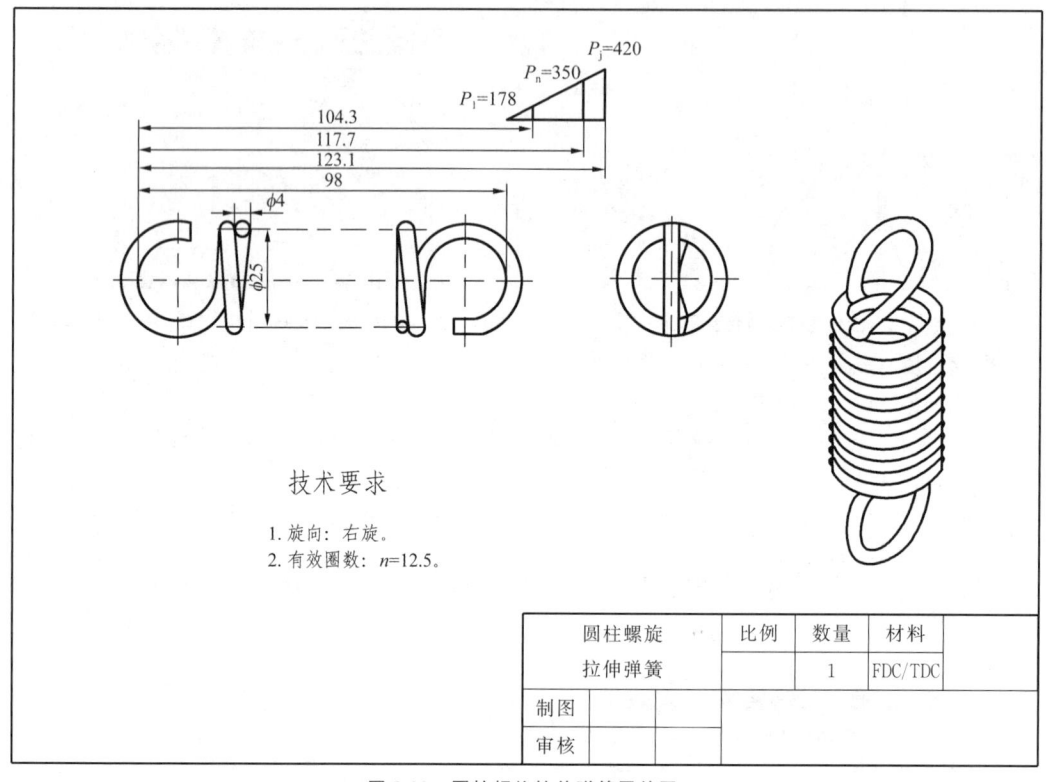

1. 旋向:右旋。
2. 有效圈数: $n=12.5$。

图中标注: $P_j=420$, $P_n=350$, $P_1=178$; 尺寸 104.3、117.7、123.1、98; $\phi 4$、$\phi 25$。

圆柱螺旋	比例	数量	材料
拉伸弹簧		1	FDC/TDC
制图			
审核			

图 8-23　圆柱螺旋拉伸弹簧零件图

2. 任务分析

该零件为圆钩形拉伸弹簧,弹簧中径为 $\phi 25$,弹簧丝直径为 $\phi 4$,有效圈数为 12.5,旋向为右旋,宜采用 GC 工具箱中的圆柱拉伸弹簧命令来完成。

3. 任务实施

操作步骤见表 8-3。

表 8-3　　　　　　　　　操作步骤(3)

序号	操作内容及图示
1	选择设计模式 选择[GC Toolkits]→[Spring Design]→[Cylinder Tension Spring]; 选择 Design Wizard; 选择 In Work Part; 单击"Next"按钮

序号	操作内容及图示
2	输入初始条件,选择端部结构 Max Load 输入 350; Min Load 输入 176; Working Stroke 输入 12; Middle Diameter 输入 25; Tip Structure 选择 Ring Profile Cross Center; 单击"Next"按钮
3	输入假设直径,估算许用应力 Wire Diameter(Or Assumed Diameter)输入 4; Material 选择 FDC/TDC; Loaded Type 选择 1; Tensile Strength 输入 1700; Allowable Stress Coefficient 输入 0.3; 单击"Next"按钮
4	输入弹簧参数 Direction of Coils 选择 Right Direction; Middle Diameter 输入 25; Material Diameter 输入 4; Effective number of coils 输入 12.5; 单击"Next"按钮
5	显示验算结果 Initial Conditions(初始条件): Minimum Working Load(最小工作载荷)$P1=176.0$ Maximum Working Load(最大工作载荷)$Pn=350.0$ Working Stroke(工作行程)$h=12.0$ Assumed Diameter(假设弹簧丝直径)$d=4.0$ Input Parameter(输入参数) Middle Diameter(弹簧中径)$D=25.0$ Material Diameter(材料直径)$d=4.0$ Effective number of coils(有效圈数)$n=12.5$ Free Height(自由高度)$H0=98.0$
6	显示结果 单击"Finish"按钮

4. 知识解析

(1)Cylinder Tension Spring(圆柱拉伸弹簧)

单击工具栏图标:Spring Tool(弹簧工具)工具栏中的 Cylinder Tension Spring(圆柱拉伸弹簧)图标,或选择下拉菜单:[GC Toolkits(GC 工具箱)]→[Spring Design(弹簧设计)]→[Cylinder Tension Spring(圆柱拉伸弹簧)],弹出如图 8-24 所示 Cylinder Tension Spring(圆柱拉伸弹簧)对话框的 Type(类型)界面。

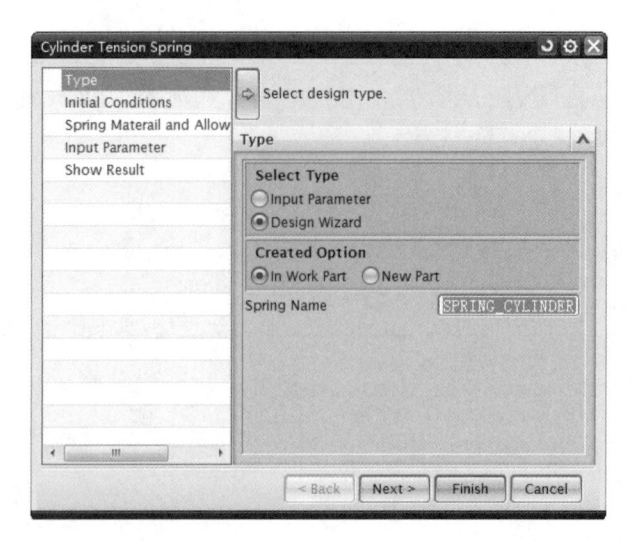

图 8-24　Cylinder Tension Spring(圆柱拉伸弹簧)对话框——Type(类型)

步骤 1：Select design Type(选择设计模式)

Type(类型)：

● Select Type(选择类型)

Input Parameter(输入参数)

Design Wizard(设计向导)

● Created Option(创建方式)

In Work Part(在工作部件中)

New Part(新建部件)

● Spring Name(弹簧名称)

选择 Design Wizard(设计向导)，再选择 In Work Part(在工作部件中)，单击"Next"按钮，进入如图 8-25 所示 Cylinder Tension Spring(圆柱拉伸弹簧)对话框的 Initial Conditions(初始条件)界面。

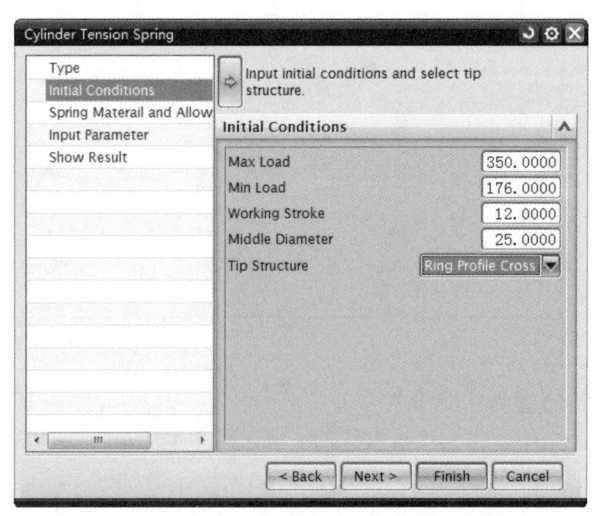

图 8-25　Cylinder Tension Spring(圆柱拉伸弹簧)对话框——Initial Conditions(初始条件)

步骤 2:Input initial conditions and select tip structure(输入初始条件,选择端部结构)
Initial Conditions(初始条件):
- Max Load(最大载荷)
- Min Load(最小载荷)
- Working Stroke(工作行程)
- Middle Diameter(弹簧中径)
- Tip Structure(端部结构):Half Ring Profile(半圆钩环)、Ring Profile(圆钩环)、Ring Profile Cross Center(圆钩环压中心)。

如图 8-25 所示输入参数,在 Tip Structure(端部结构)中选择 Ring Profile Cross Center(圆钩环压中心),单击"Next"按钮,进入如图 8-26 所示 Cylinder Tension Spring(圆柱拉伸弹簧)对话框的 Spring Materail and Allowable Stress(弹簧材料与许用应力)界面。

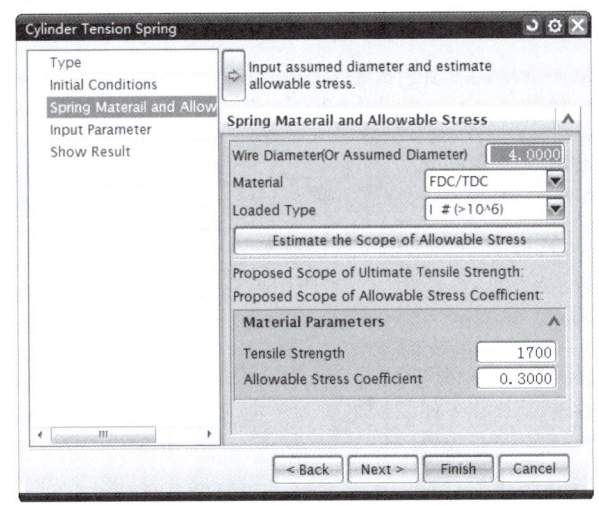

图 8-26 Cylinder Tension Spring(圆柱拉伸弹簧)对话框——Spring Materail and Allowable Stress(弹簧材料与许用应力)

步骤 3:Input assumed diameter and estimate allowable stress(输入假设直径,估算许用应力)

Spring Materail and Allowable Stress(弹簧材料与许用应力):
- Wire Diameter(Or Assumed Diameter)[弹簧丝直径(或初估直径)]
- Material(材料)
- Loaded Type(载荷类型)
- Estimate the Scope of Allowable Stress(估算许用应力范围)
- Proposed Scope of Ultimate Tensile Strength((抗拉极限强度建议范围)
- Proposed Scope of Allowable Stress Coefficient(许用应力系数建议范围)
- Material Parameters(材料参数)
- Tensile Strength(抗拉强度)
- Allowable Stress Coefficient(许用应力系数)

输入假设直径,指定弹簧材料,估算许用应力,如图 8-26 所示,单击"Next"按钮,进入如图 8-27 所示 Cylinder Tension Spring(圆柱拉伸弹簧)对话框的 Input Parameter(输入参数)界面。

图 8-27　Cylinder Tension Spring(圆柱拉伸弹簧)对话框——Input Parameter(输入参数)

步骤 4:Input spring parameter(输入弹簧参数)

Input Parameter(输入参数):

● Structure(结构)

Direction of Coils(旋向):Left Direction(左旋)、Right Direction(右旋)

● Tip Structure(端部结构):Half Ring Profile(半圆钩环)、Ring Profile(圆钩环)、Ring Profile Cross Center(圆钩环压中心)

● Parameter Input(参数输入):Middle Diameter(弹簧中径)、Material Diameter(材料直径)、Effective number of coils(有效圈数)。

输入参数如图 8-27 所示,单击"Next"按钮,进入如图 8-28 所示 Cylinder Tension Spring(圆柱拉伸弹簧)对话框的 Show Result(显示结果)界面。

图 8-28　Cylinder Tension Spring(圆柱拉伸弹簧)对话框——Show Result(显示结果)

学习情境 8　GC 工具箱——齿轮建模和弹簧建模　181

步骤 5：Show Result and check(显示验算结果)
Show Result(显示结果)：
- Initial Conditions(初始条件)
Minimum Working Load(最小工作载荷)P1＝176.0
Maximum Working Load(最大工作载荷)Pn＝350.0
Working Stroke(工作行程)h＝12.0
Assumed Diameter(假设弹簧丝直径)d＝4.0
- Input Parameter(输入参数)
Middle Diameter(弹簧中径)D＝25.0
Material Diameter(材料直径)d＝4.0
Effective number of coils(有效圈数)n＝12.5
Free Height(自由高度)H0＝98.0
- Result(结果)
Stretched length(展开长度)L＝981.7
Helix angle(螺旋角)＝2.9
……

图 8-29　圆柱拉伸弹簧

单击"Finish"按钮，创建圆柱拉伸弹簧，如图 8-29 所示。

(2) Cylinder Compression Spring(圆柱压缩弹簧)

单击工具栏图标：Spring Tool(弹簧工具)工具栏中的 Cylinder Compression Spring(圆柱压缩弹簧)图标 ，或选择下拉菜单：[GC Toolkits(GC 工具箱)]→[Spring Design(弹簧设计)]→[Cylinder Compression Spring(圆柱压缩弹簧)]，弹出如图 8-30 所示 Cylinder Compression Spring(圆柱压缩弹簧)对话框的 Type(类型)界面。

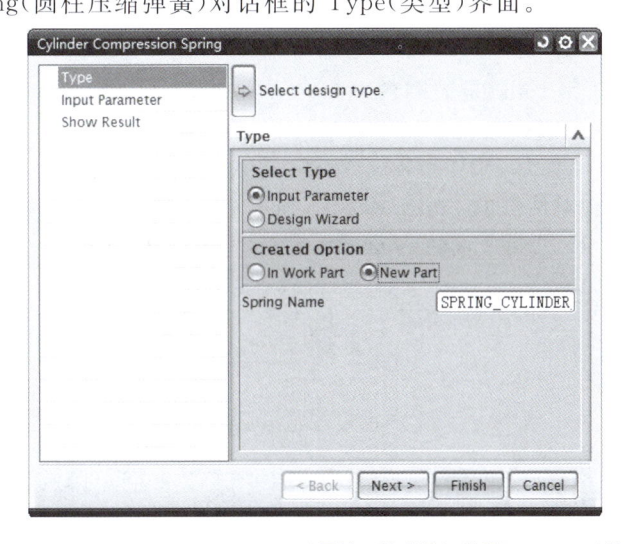

图 8-30　Cylinder Compression Spring(圆柱压缩弹簧)对话框——**Type**(**类型**)

步骤 1：Select design type(选择设计模式)

选择 Input Parameter(输入参数)，再选择 New Part(新建部件)，单击"Next"按钮，进入如图 8-31 所示 Cylinder Compression Spring(圆柱压缩弹簧)对话框的 Input Parameter (输入参数)界面。

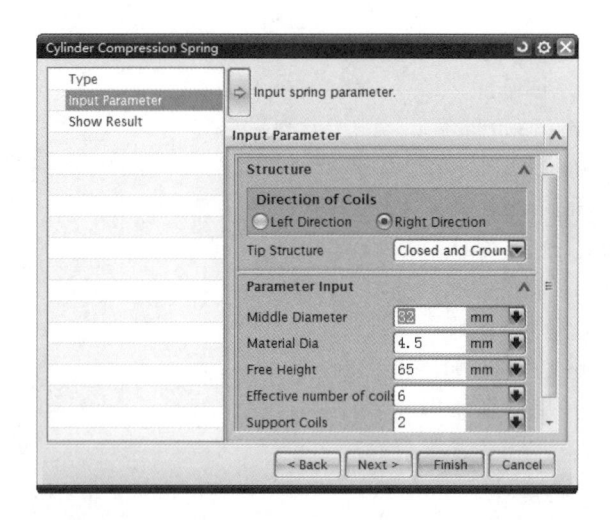

图 8-31　Cylinder Compression Spring(圆柱压缩弹簧)对话框——Input Parameter(输入参数)

步骤 2：Input spring parameter(输入弹簧参数)

Input Parameter(输入参数)：

● Structure(结构)

Direction of Coils(旋向)：Left Direction(左旋)、Right Direction(右旋)

● Tip Structure(端部结构)：

Closed and Ground Ends(并紧磨平)、Closed and Not Ground Ends(并紧不磨平)、Open Ends(不并紧)。

● Parameter Input(参数输入)：

Middle Diameter(弹簧中径)

Material Diameter(材料直径)

Free Height(自由高度)

Effective number of coils(有效圈数)

Support Coils(支承圈数)

输入参数如图 8-31 所示，单击"Next"按钮，进入如图 8-32 所示 Cylinder Compression Spring(圆柱压缩弹簧)对话框的 Show Result(显示结果)界面。

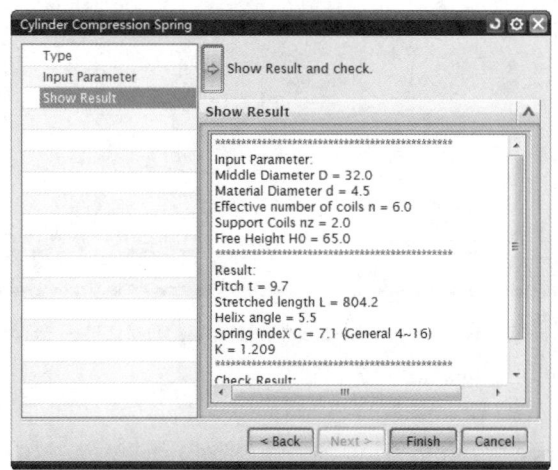

图 8-32　Cylinder Compression Spring(圆柱压缩弹簧)对话框——Show Result(显示结果)

步骤 5：Show Result and check（显示验算结果）
Show Result（显示结果）：
- Input Parameter（输入参数）
Middle Diameter（弹簧中径）D＝32.0
Material Diameter（材料直径）d＝4.5
Effective number of coils（有效圈数）n＝6.0
Support Coils（支承圈数）nz＝2.0
Free Height（自由高度）H0＝65.0
- Result（结果）
Pitch（螺距）t＝9.7
Stretched length（展开长度）L＝804.2
Helix angle（螺旋角）＝5.5
……
单击"Finish"按钮，创建圆柱压缩弹簧，如图 8-33 所示。

图 8-33　圆柱压缩弹簧

练习与提示

8-1　根据图 8-34 所示的零件图完成零件的三维造型。

提示：直齿渐开线圆柱齿轮建模。

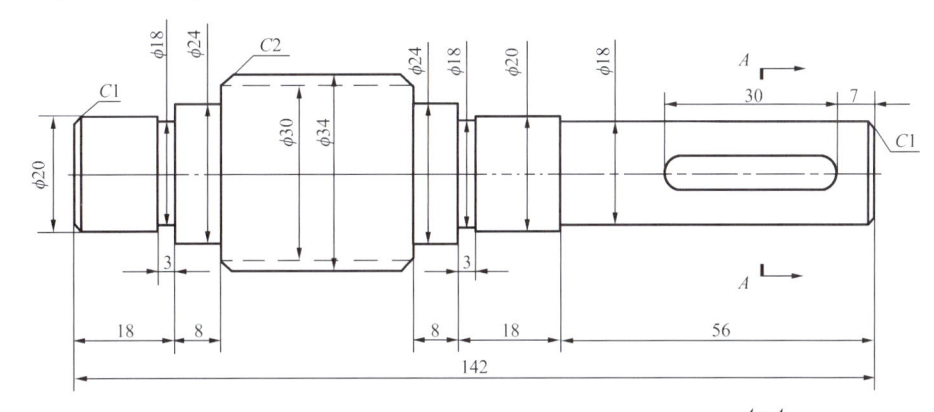

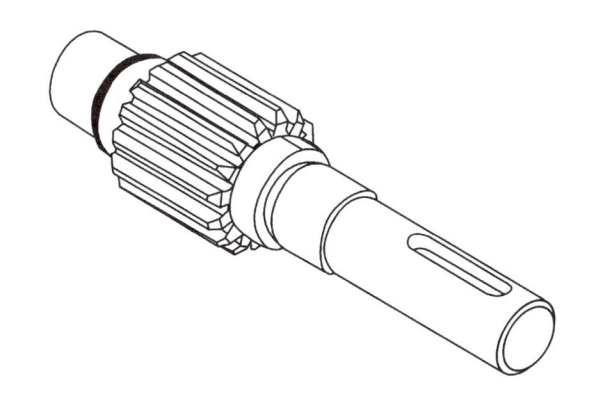

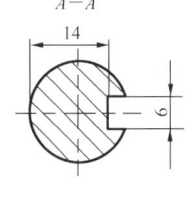

模数	m	2
齿数	z	15
压力角	α	20°

图 8-34　题 8-1 图

8-2　根据图 8-35 所示的零件图完成零件的三维造型。
提示：锥齿轮建模。

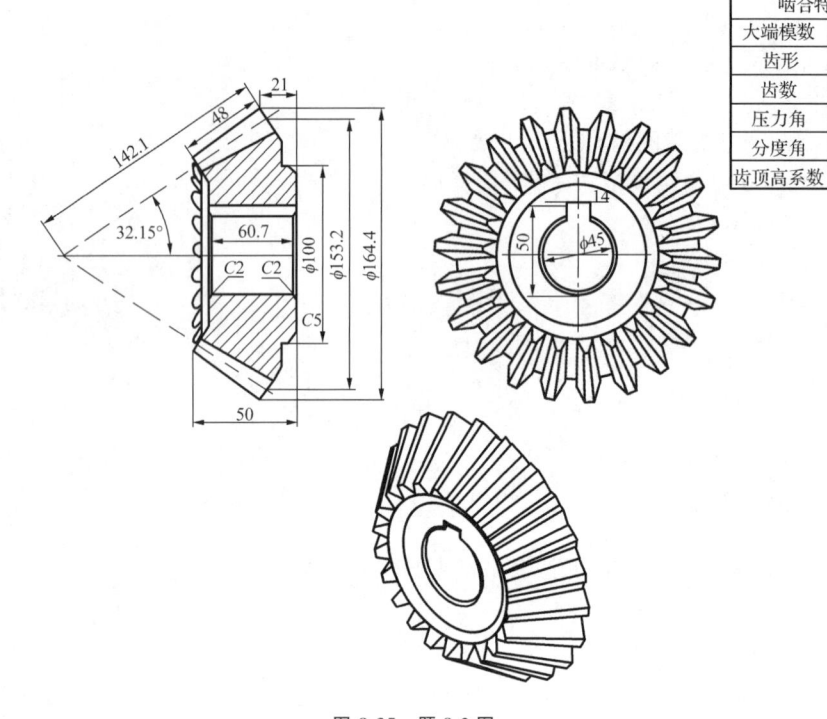

啮合特征	
大端模数	7
齿形	直齿
齿数	22
压力角	20°
分度角	32.15′
齿顶高系数	1

图 8-35　题 8-2 图

8-3　根据图 8-36 所示的零件图完成零件的三维造型。
提示：圆柱压缩弹簧。

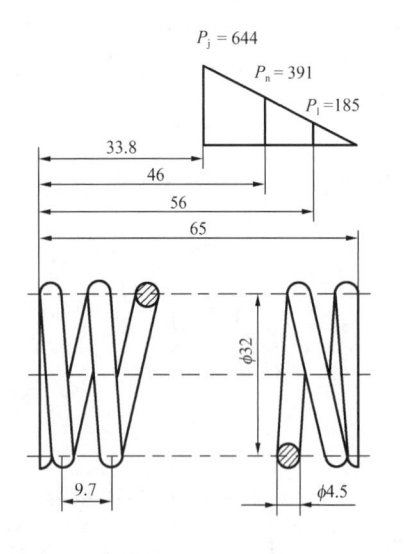

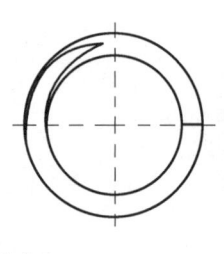

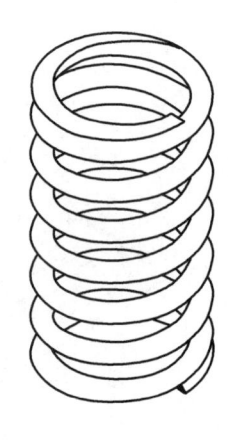

$P_j = 644$
$P_n = 391$
$P_1 = 185$

技术要求
1.旋向：右旋
2.有效面积：$n=6$
3.总圈数：$n_1=8$

图 8-36　题 8-3 图

学习情境 9

万向轮、一级圆柱圆柱齿轮减速器——装配

学习目标

1. 通过万向轮的装配演示,让读者进入 UG 装配模块的初步学习,理解 UG 虚拟装配的一般思路以及自底向上的装配方法,了解主模型概念展示的 UG 软件中的并行工程思想,初步掌握新建组件、添加组件与组件定位的操作。

2. 通过一级圆柱齿轮减速器的装配演示,掌握装配导航器、检查干涉与爆炸视图等技术,并进一步掌握装配约束在虚拟装配过程中的应用,在此基础上了解虚拟装配中的镜像装配、组件阵列、移动组件等命令。

3. 完成后面的练习,通过一系列典型的装配案例,加深对虚拟装配命令及参数的理解和运用的掌握。

学习任务

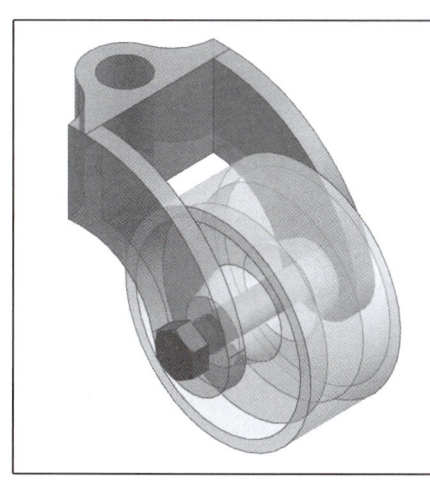

任务 1

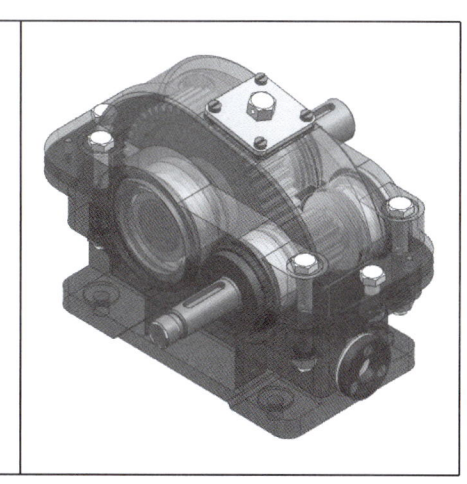

任务 2

任务 1　装配万向轮——进入装配、组件操作、引用集

1. 任务要求

根据二维工程图，如图 9-1～图 9-5 所示，制作万向轮的装配体模型。

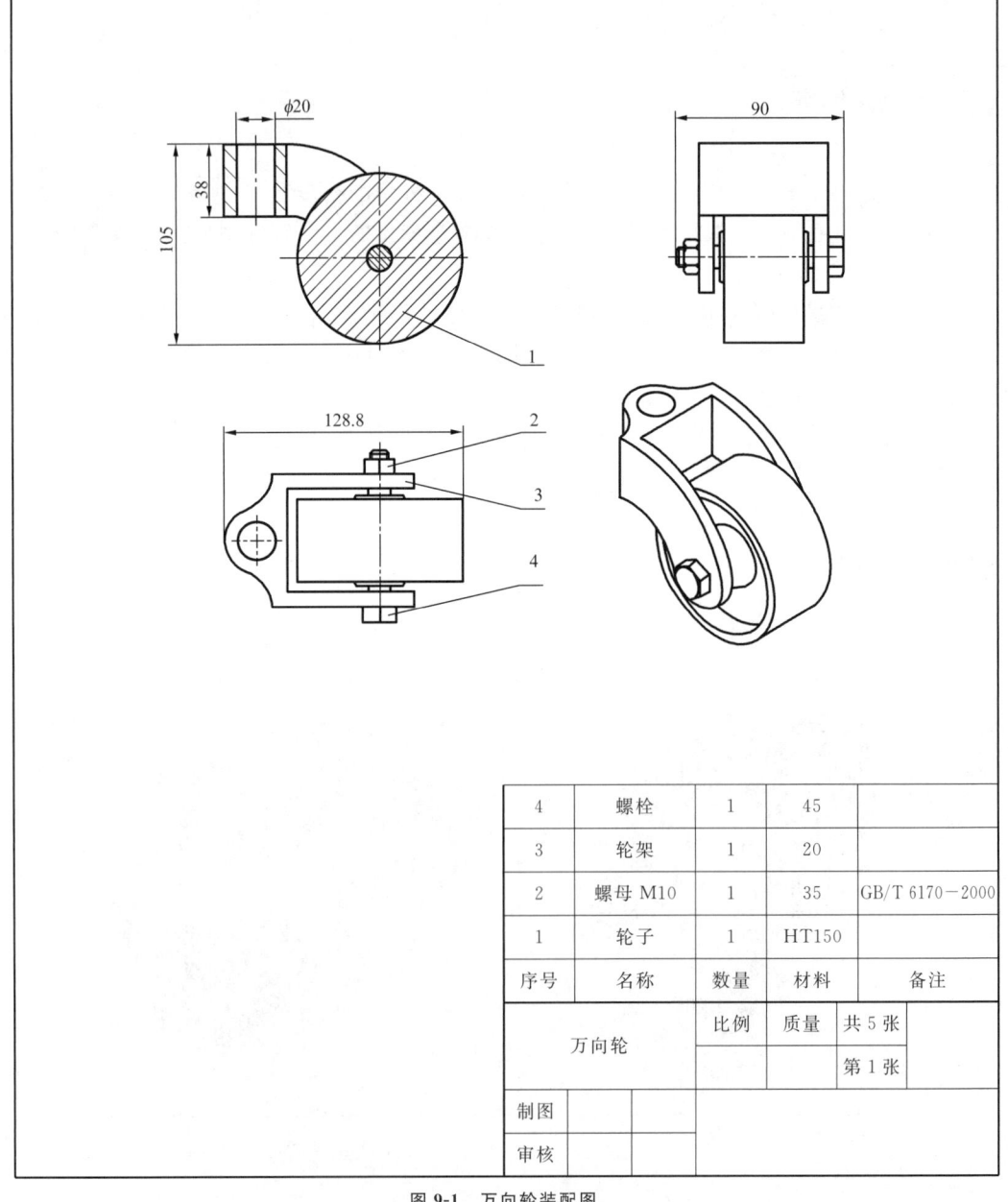

4	螺栓	1	45	
3	轮架	1	20	
2	螺母 M10	1	35	GB/T 6170—2000
1	轮子	1	HT150	
序号	名称	数量	材料	备注
万向轮		比例	质量	共 5 张
				第 1 张
制图				
审核				

图 9-1　万向轮装配图

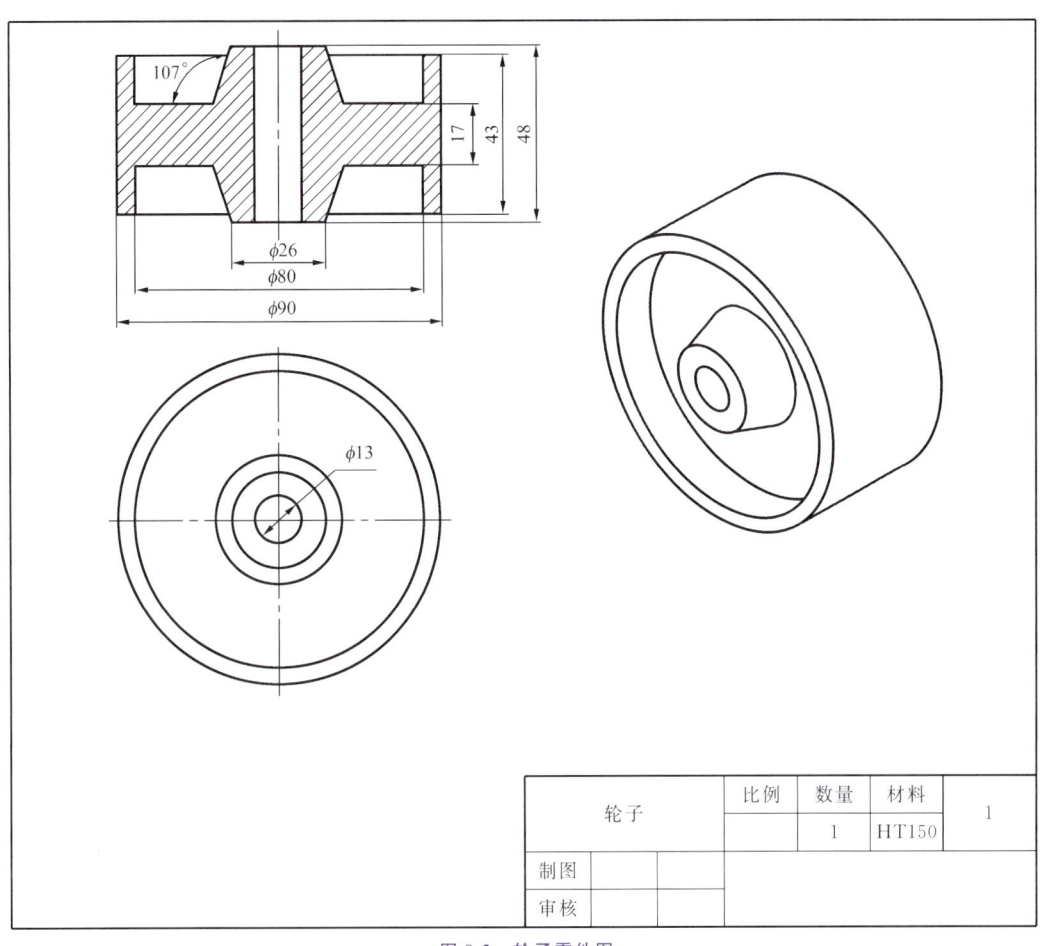

轮子	比例	数量	材料	1
		1	HT150	
制图				
审核				

图 9-2　轮子零件图

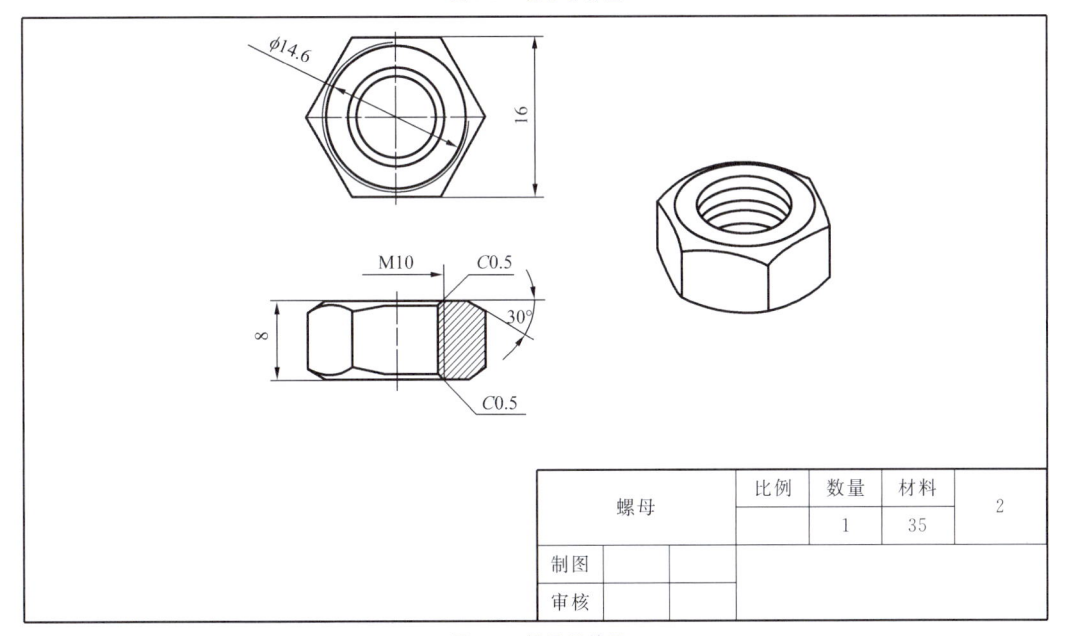

螺母	比例	数量	材料	2
		1	35	
制图				
审核				

图 9-3　螺母零件图

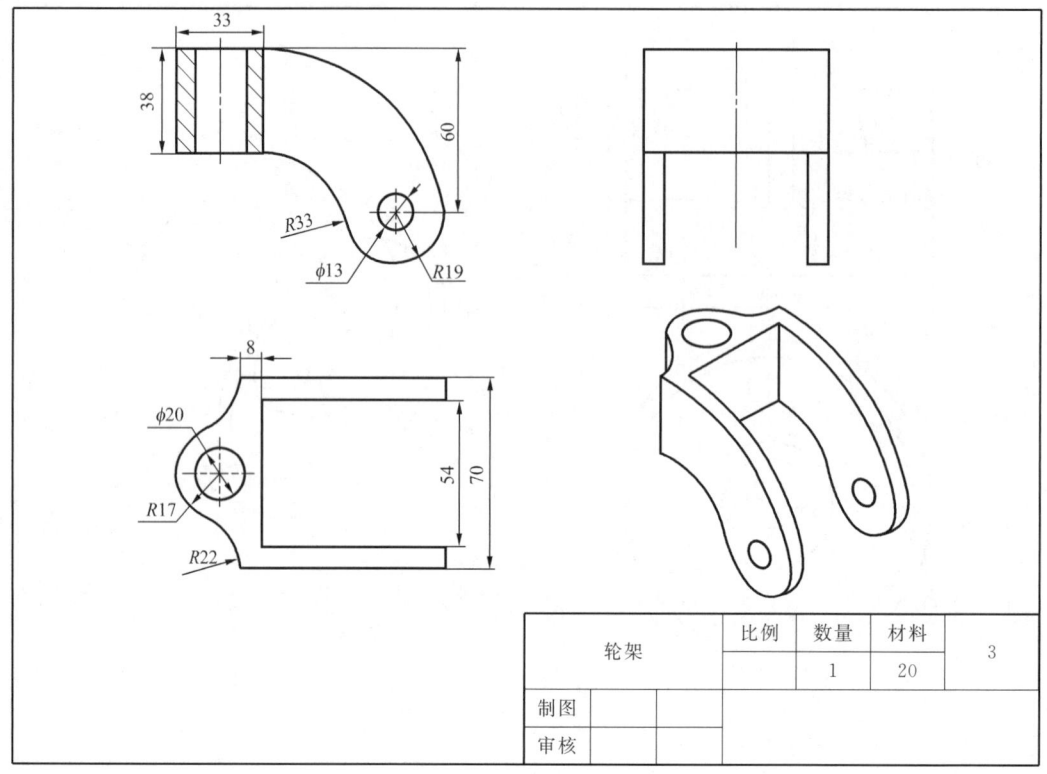

图 9-4 轮架零件图

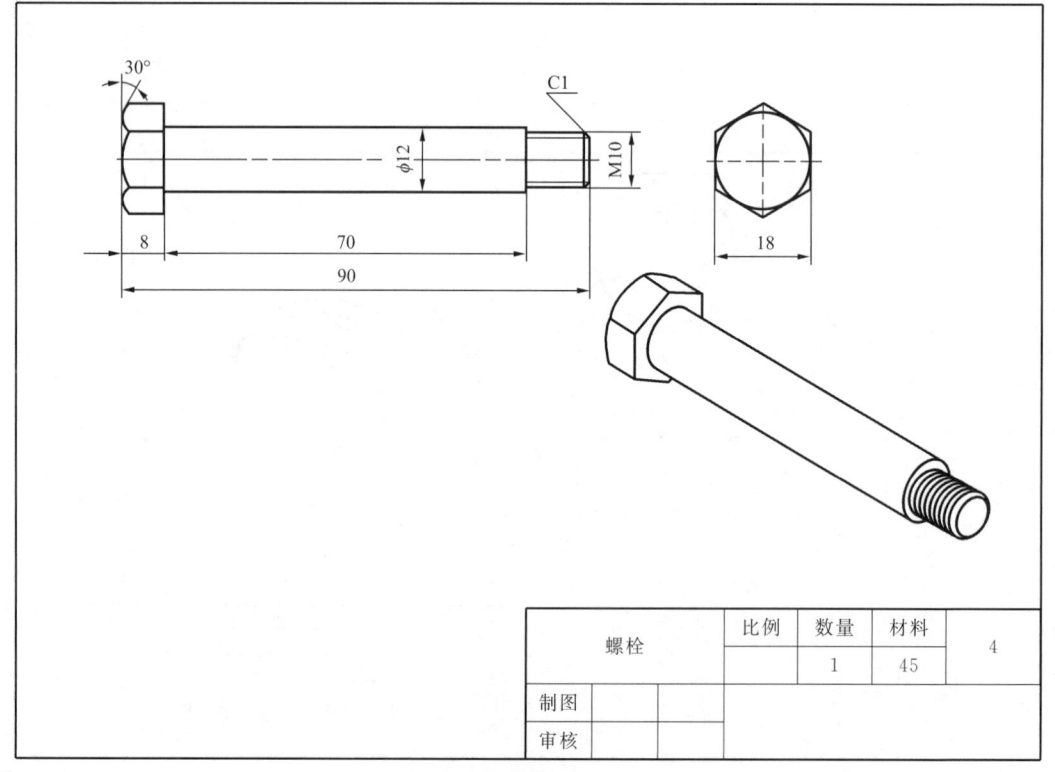

图 9-5 螺栓零件图

2. 任务分析

万向轮主要由轮子 1、螺母 2、轮架 3 和螺栓 4 组成,用于安装在设备等物体下面,便于设备等物体自由移动,其 360°转向的轮架,能很方便地向任何方向行驶。万向轮的组成零件较少,结构比较简单,所以既可以采用"自顶向下"方式创建装配体模型,也可以采用"自底向上"方式建立装配体模型。此处采用"自底向上"方式,即首先创建单个零件的三维模型,然后再装配成万向轮的装配体模型。

3. 任务实施

操作步骤如下:

(1)创建零件三维造型(用 Modeling(三维造型)模块,在 Machine caster 文件夹中),如图 9-6 所示。

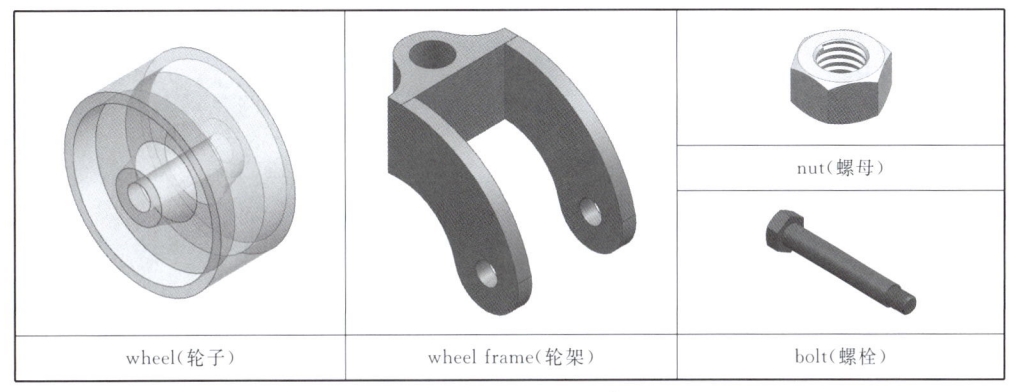

图 9-6 万向轮零件三维造型

(2)创建万向轮装配体(在 Assemblies(装配)模块),操作步骤见表 9-1。

表 9-1　　　　　　　　　　创建万向轮装配体的操作步骤

序号	操作内容	操作结果图示
1	新建装配文件(在 Machine caster 文件夹) 在 UG NX 8.0 初始界面单击 New 图标; 选择 Model 选项卡; 在 Templates 组, 在 Units 中选择 Millimeters; 在 Name 中选择 Assembly; 在 New File Name 组, 在 Name 中输入 Machine_caster_asm; 在 Folder 中选择放置装配文件的路径; 单击"OK"按钮	
2	定位轮子(wheel) 在 Add Component 对话框, 选择 Open; 选择 wheel; 单击"OK"按钮; 在 Add Component 对话框, 在 Positioning 中选择 Absolute Origin; 单击"Apply"按钮	

续表

序号	操作内容	操作结果图示
3	添加轮架(wheel frame) 在 Add Component 对话框,选择 Open; 选择 wheel frame;单击"OK"按钮; 在 Positioning 中选择 By Constraints; 单击"Apply"按钮; 在 Type 中选择 Center; 在 Subtype 中选择 2 to 2; 选择轮架两内侧面;选择轮子两端面; 单击"Apply"按钮; 在 Type 中选择 Touch Align; 在 Orientation 中选择 Infer Center/Axis; 选择轮架内孔面,选择轮子内孔面; 单击"OK"按钮	内侧面 内孔面
4	添加螺栓(bolt) 在 Add Component 对话框,选择 Open; 选择 bolt;单击"OK"按钮; 在 Positioning 中选择 By Constraints; 单击"Apply"按钮; 在 Type 中选择 Touch Align; 在 Orientation 中选择 Touch; 选择螺栓贴合面;选择轮架外侧面; 单击"Apply"按钮; 在 Orientation 中选择 Infer Center/Axis; 选择螺栓圆柱面;选择轮架内孔面; 单击"OK"按钮	外侧面 贴合面
5	添加螺母(nut) 在 Add Component 对话框,选择 Open; 选择 nut;单击"OK"按钮; 在 Positioning 中选择 By Constraints; 单击"OK"按钮; 在 Type 中选择 Touch Align; 在 Orientation 中选择 Touch; 选择螺母贴合面;选择轮架贴合面; 单击"Apply"按钮; 在 Orientation 中选择 Infer Center/Axis; 选择螺母内孔面;选择螺栓圆柱面; 单击"OK"按钮	
6	完成	

4. 知识解析

(1) 进入装配

装配是 UG 通过装配模块(Assemblies)将零部件组合成产品,它是通过配对条件在零部件间建立约束关系来确定空间位置。在 UG 中装配是虚拟装配,零部件的几何体是被引用到装配部件中,而不是被复制到装配部件中,零部件几何体仍放在原来文件中。如果某零件被修改,则引用它的装配部件将自动更新,以反映零件的最新变化。

① 装配术语

- 装配体(Assembly)和子装配体(Subassembly)

装配体就是机械设计中学过的整件,如图 9-7 所示;子装配体就是部件,如图 9-8 所示,装配体由子装配体和组件装配而成,装配结构如图 9-9 所示。

图 9-7 装配体

图 9-8 子装配体

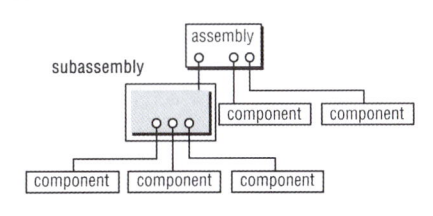

图 9-9 装配结构

- 组件(Component)

组件是装配中装配对象所指的文件,组件既可以是单个零件,也可以是一个子装配体。组件被引用到装配体中,而不是复制。

- 单个零件(Piece part)

单个零件是指含有零件几何模型的.prt 文件。

- 自底向上装配(Bottom-up Assembly)

先建立单个零件的几何模型,再组装成子装配体,最后组装成装配体,由底向上逐级地进行设计。

- 自顶向下装配(Top-down Assembly)

由装配体的顶级向下产生子装配体和组件,在装配层次上建立和编辑组件,由装配体的顶级向下进行设计。

- 混合装配(Mix Assembly)

在实际工作中,根据需要可以混合运用上述两种方法。

● 主模型（Master Model）

主模型是 UG 各个模块都能引用的部件模型，且同一主模型可同时被多个模块引用。当主模型修改时，相关应用自动更新，工程图、装配、加工、有限元分析等应用都根据部件主模型的改变自动更新。

②进入装配环境

● 新建装配文件

选择[开始]→[所有程序]→[UGS NX 8.0]→[NX 8.0]（或左键双击桌面上 UG NX 8.0 的快捷图标），进入 UG NX 8.0 初始界面。单击 New（新建）图标，弹出 New（新建）对话框，如图 9-10 所示，选择 Model（模型）选项卡，在 Templates（模板）组中，选择 Units（单位）是 Millimeters（毫米）、Name（名称）是 Assembly（装配）的模板。在 New File Name（新文件名）组的 Name（名称）文本框中输入装配文件名称，在 Folder（文件夹）文本框中设置新建文件的存放目录，单击"OK"按钮。

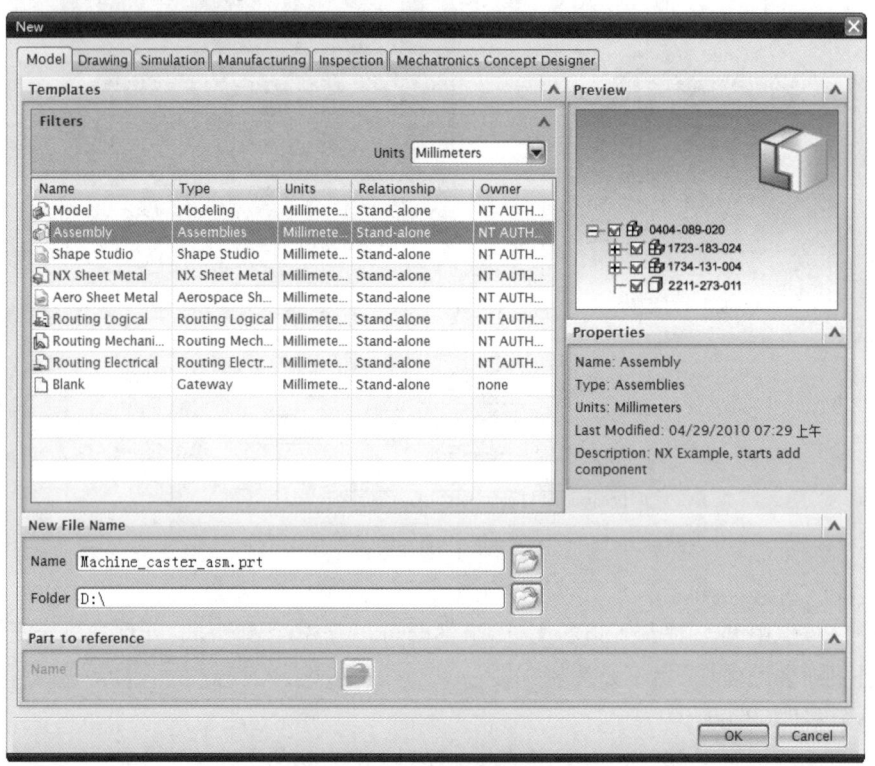

图 9-10 New（新建）对话框

● 在 Modeling（三维造型）建模环境加入装配模块

选择下拉菜单：[Start（开始）]→[Assembly（装配）]。

若 Assemblies（装配）处于勾选状态，表示装配模块（Assemblies）已被装载。

(2)组件操作

①添加已存在的组件

选择下拉菜单：[Assemblies（装配）]→[Components（组件）]→[Add Component（添加组件）]，弹出如图 9-11 所示的 Add Component（添加组件）对话框。

● Part（部件）：

Select Part（选择部件）

Loaded Parts(已加载的部件)

Recent Parts(最近访问的部件)

Open(打开):用于添加组件文件。

● Placement(放置):

Positioning(定位):用于确定组件在装配中的定位方式。

Positioning(定位)下拉列表:

Ⅰ.Absolute Origin(绝对原点):用于按绝对原点的方式添加组件到装配体的操作。

Ⅱ.Select Origin(选择原点):用于按绝对定位方式添加组件到装配体的操作(用 Point(点构造器)确定组件在装配体中的位置)。

By Constraints(通过约束):用于按照配对条件确定组件在装配体中的位置。

Move(移动):通过手动编辑的方式来进行定位。

● Settings(设置):

Reference Set(引用集):用于改变引用集。

Layer Option(图层选项):用于设置添加组件到装配体中的哪一层。

Layer(图层)下拉列表:

Ⅰ.Work(工作):表示添加的组件放置在装配体的工作层中。

Ⅱ.Original(原先的):表示添加的组件放置在该组件创建时所在的图层中。

Ⅲ.As Specified(按定义的):表示添加的组件放置在指定的图层中。

②装配约束

装配约束是通过定义两个组件之间的约束条件来确定组件在装配体中的位置。

选择下拉菜单:[Assemblies(装配)]→[Component Position(组件定位)]→[Assembly Components(装配约束)],弹出如图 9-12 所示的 Assembly Constraints(装配约束)对话框。

Type(类型):

● Touch Align(接触对齐):用于约束两个对象对齐(或接触)。

图 9-11 Add Component(添加组件)对话框

图 9-12 Assembly Constraints
(装配约束)对话框——Touch Align(接触对齐)

步骤 1:在 Assembly Constraints(装配约束)对话框中,将 Type(类型)设置为 Touch Align(接触对齐),如图 9-12 所示。

步骤 2:在 Geometry to Constrain(几何约束)组中设置 Orientation(方向)选项。

Orientation(方向)下拉列表:

Ⅰ.Perfer Touch(首选接触):当接触和对齐都有可能时显示接触约束。

Ⅱ.Touch(接触):约束对象,使其曲面的法向处在相反的方向上,如图 9-13 所示。

Ⅲ. Align(对齐):约束对象,使其曲面的法向处在相同的方向上。

Ⅳ. Infer Center/Axis(自动判断中心/轴):指定在选择圆柱面或圆锥面时,将以面的中心或轴作为约束,如图 9-14 所示。

图 9-13 Touch(接触)——螺栓贴合面与轮架外侧面

图 9-14 Infer Center/Axis(自动判断中心/轴)
——螺母中心与螺栓圆柱面中心

步骤 3:单击选择两个对象。

步骤 4:单击"OK"按钮。

● Angle(角度):用于定义两个对象间的角度。

步骤 1:在 Assembly Constraints(装配约束)对话框中,将 Type(类型)设置为 Angle(角度),如图 9-15 所示。

步骤 2:在 Geometry to Constrain(几何约束)组中设置 Subtype(子类型)选项。

Subtype(子类型)下拉列表:

Ⅰ. 3D Angle(3D 角度):在未定义旋转轴的情况下测量两个对象之间的角度约束。

Ⅱ. Orient Angle(定位角):使用所选的旋转轴测量两个对象之间的角度约束。

步骤 3:选择约束对象。

上步设置 Subtype(子类型)选项不同,此步选择对象的方法也不同,分别叙述如下:

Ⅰ. 3D Angle(3D 角度)模式:分别选择两个对象。

Ⅱ. Orient Angle(定位角)模式:选择一个轴作为第一个对象,然后为角度约束选择两个对象。

步骤 4:单击"OK"按钮,结果如图 9-16 所示。

图 9-15 Assembly Constraints
(装配约束)对话框——Angle(角度)

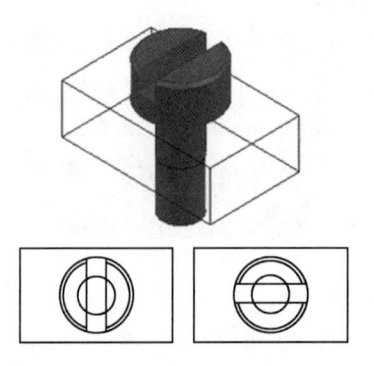

图 9-16 Angle(角度)

● Parallel(平行):用于约束两个对象的方向矢量彼此平行。

步骤1：在Assembly Constraints(装配约束)对话框中，将Type(类型)设置为Parallel(平行)，如图9-17所示。

步骤2：选择要使其平行的两个对象。

步骤3：单击"OK"按钮。

● Perpendicular(垂直)：用于约束两个对象的方向矢量彼此垂直。

步骤1：在Assembly Constraints(装配约束)对话框中，将Type(类型)设置为Perpendicular(垂直)，如图9-18所示。

图9-17 Assembly Constraints(装配约束)对话框——Parallel(平行)

图9-18 Assembly Constraints(装配约束)对话框——Perpendicular(垂直)

步骤2：选择要使其垂直的两个对象。

步骤3：单击"OK"按钮。

● Concentric(同心)：用于约束两个组件的圆形边界或椭圆边界，以使中心重合、边界面共面。

步骤1：在Assembly Constraints(装配约束)对话框中，将Type(类型)设置为Concentric(同心)，如图9-19所示。

步骤2：分别选择两个圆形曲线。

步骤3：单击"OK"按钮。

● Center(中心)：用于约束两个对象的中心对齐。

步骤1：在Assembly Constraints(装配约束)对话框中，将Type(类型)设置为Center(中心)，如图9-20所示。

图9-19 Assembly Constraints(装配约束)对话框——Concentric(同心)

图9-20 Assembly Constraints(装配约束)对话框——Center(中心)

步骤2：在Geometry to Constrain(几何约束)组中设置Subtype(子类型)选项。

Subtype(子类型)下拉列表：

Ⅰ．1 to 2(1 对 2)：添加组件的一个对象中心与原有组件的两个对象中心对齐。

Ⅱ．2 to 1(2 对 1)：添加组件的两个对象中心与原有组件的一个对象中心对齐，如图 9-21 所示，圆杆的两个端面中心与螺杆的轴线对齐(选择两个端面和一条轴线)。

Ⅲ．2 to 2(2 对 2)：添加组件的两个对象中心与原有组件的两个对象中心对齐，如图 9-22 所示，轮架的两内侧面中心与轮子两端面中心对齐(选择两个内侧面和两个端面)。

图 9-21　2 to 1(2 对 1)　　　　图 9-22　2 to 2(2 对 2)

步骤 3：选择适当数量的由 Subtype(子类型)定义的对象。

步骤 4：单击"OK"按钮。

● Distance(距离)：用于确定两个相配对象间的最小三维距离。

步骤 1：在 Assembly Constraints(装配约束)对话框中，将 Type(类型)设置为 Distance(距离)，如图 9-23 所示。

步骤 2：选择要进行距离约束的两个对象。

步骤 3：在 Distance(距离)文本框输入距离值。

步骤 4：单击"OK"按钮，如图 9-24 所示。

图 9-23　Assembly Constraints
(装配约束)对话框——Distance(距离)　　　图 9-24　Distance(距离)

注意事项：

装配约束选择次序：先选添加组件(移动件)，再选原有组件(静止件)。

(3)引用集(Reference Sets)

在装配中，由于各个组件可能含有草图、基准平面、片体等，如果全部参与装配，会使图形纷繁复杂，难以分辨，通过运用引用集，在组件中定义部分几何对象，由它代表组件进行装配,一方面可使图形简洁清晰,另一方面可节省内存资源。

选择下拉菜单:[Format(格式)]→[Reference Sets(引用集)],弹出如图 9-25 所示的 Reference Sets(引用集)对话框。该对话框用于对引用集进行创建、删除、编辑属性、查看信息等操作。

①创建引用集

步骤1:选择添加到引用集中的几何对象。

步骤2:在 Reference Set Name(引用集名称)文本框中输入引用集的名称。

步骤3:单击 Add New Reference Set(创建引用集)图标(组件和子装配体都可以创建引用集)。

步骤4:单击"Close"按钮。

②UG NX 8.0 系统主要默认引用集:

Model(模型):只包含整个实体的引用集。

Empty(空):表示空的引用集,不含任何几何对象。

Entire Part(整个部件):表示引用集是整个组件,即引用组件的全部几何数据。

图 9-25 Reference Sets(引用集)对话框

③对话框图标说明

Remove(删除)图标☒:用于删除组件或子装配体中已创建的引用集。

Properties(属性)图标:用于编辑所选引用集的属性。

Information(信息)图标ⓘ:用于显示当前组件中已存在的引用集的信息。

任务2　装配一级圆柱齿轮减速器——装配导航器、检查干涉、装配爆炸图、组件应用

1. 任务要求

根据二维工程图,如图 9-26~图 9-56 所示,制作一级圆柱齿轮减速器的装配体模型。

2. 任务分析

一级圆柱齿轮减速器主要由齿轮、轴、轴承、箱体及附件组成,用作电动机和工作机之间的传动装置,可以降低转速和增大转矩。此处采用"自底向上"方式,即首先创建单个零部件的三维模型(存于同一目录下),然后再装配成一级圆柱齿轮减速器的装配体模型。由于一级圆柱齿轮减速器零部件较多,建议采用分级装配的方法,即先装配子装配体,然后再装配总装配体。

一级圆柱齿轮减速器的装配步骤如下:

(1)子装配

①高速轴组件装配;

②低速轴组件装配。

(2)总装配

①高速轴组件、低速轴组件与箱底的装配;

②端盖的装配;

③箱盖与箱体的装配;

④附件的装配。

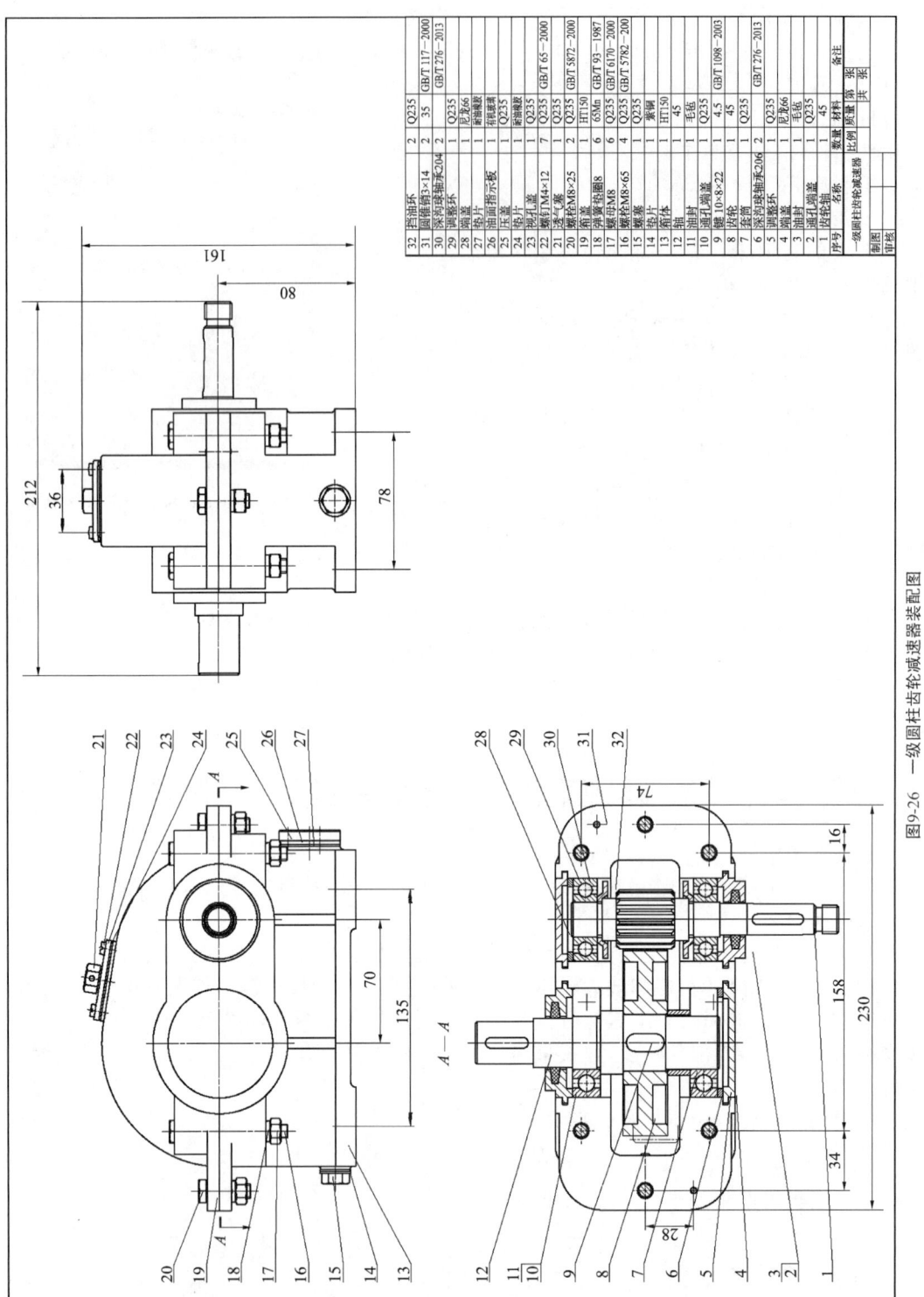

图9-26 一级圆柱齿轮减速器装配图

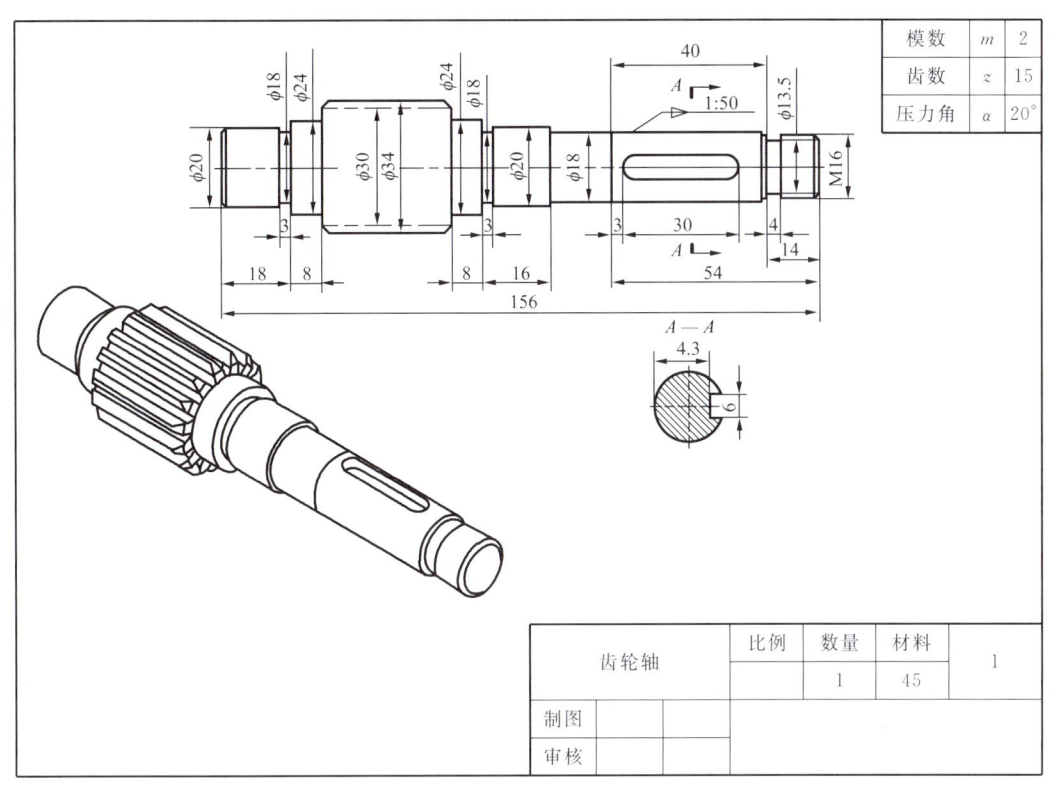

图 9-27 齿轮轴零件图

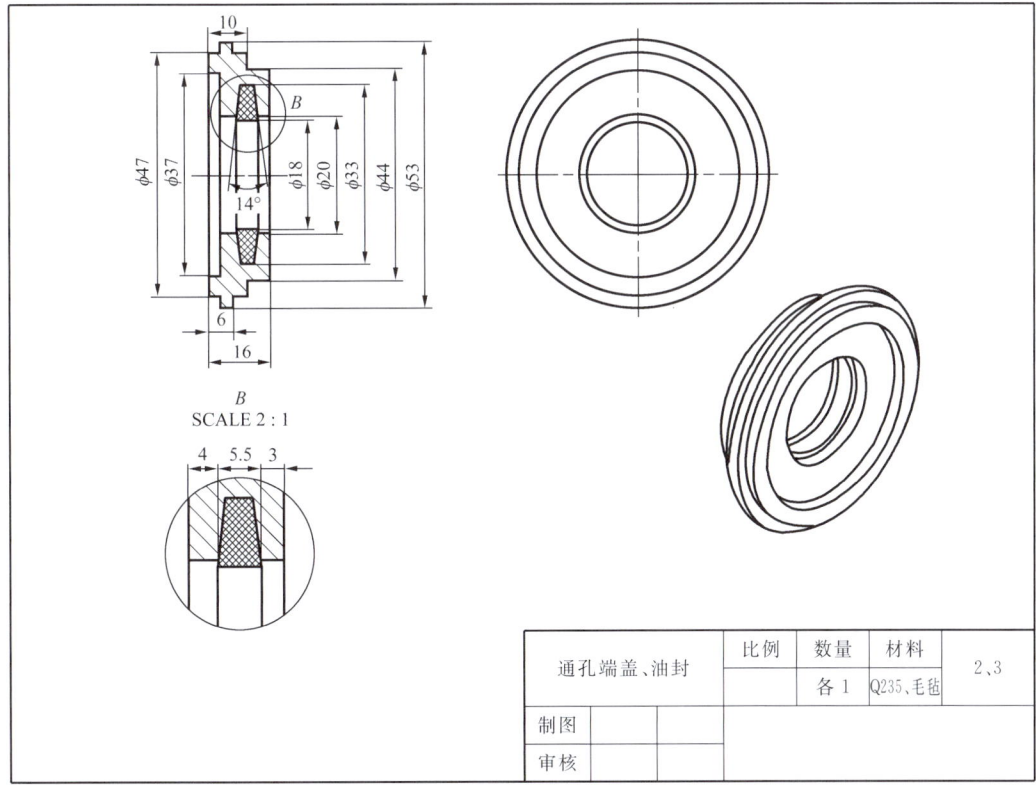

图 9-28 通孔端盖和油封部件图

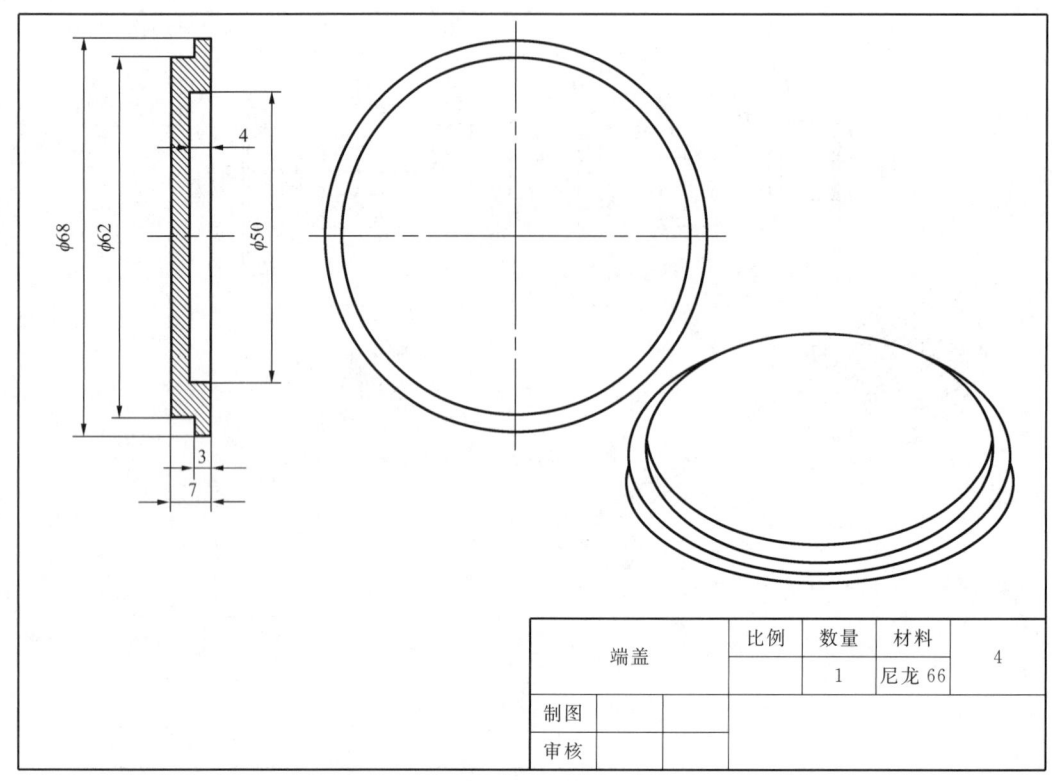

图 9-29 端盖零件图

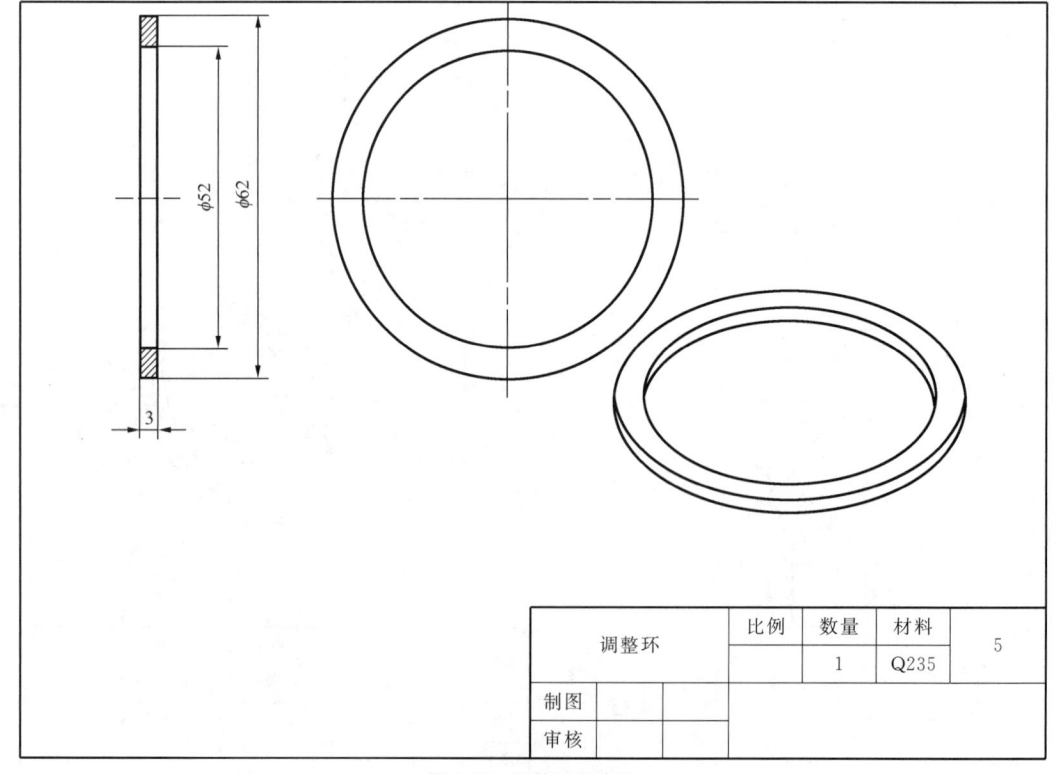

图 9-30 调整环零件图

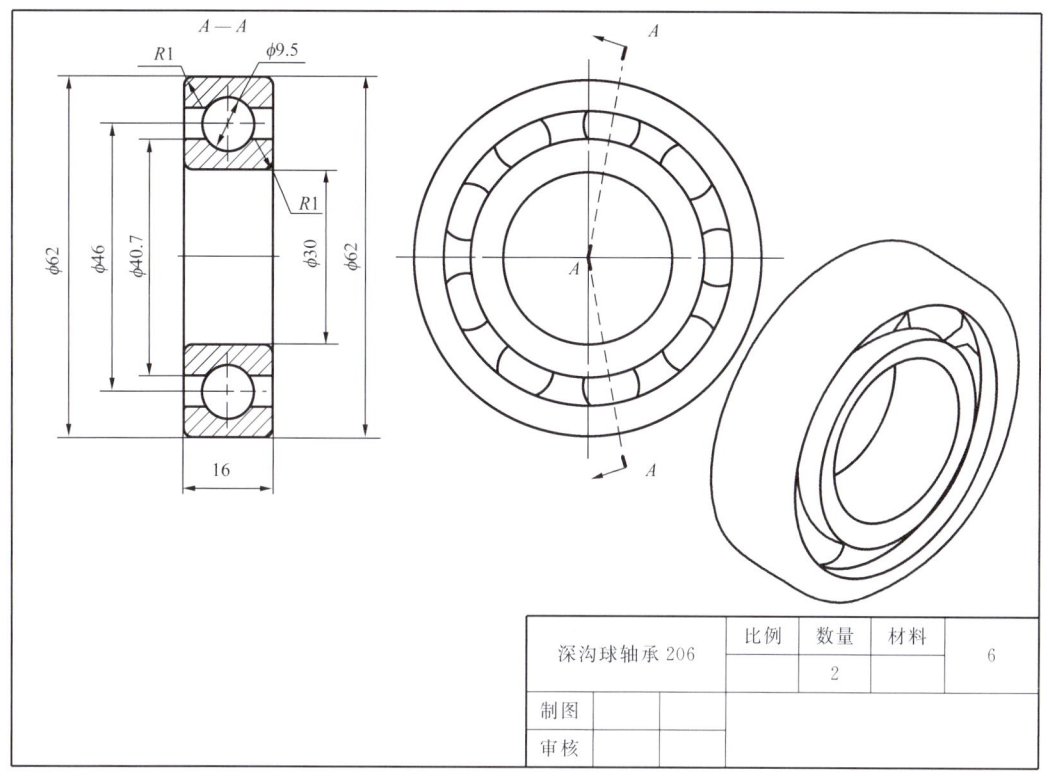

图 9-31 深沟球轴承 206 部件图

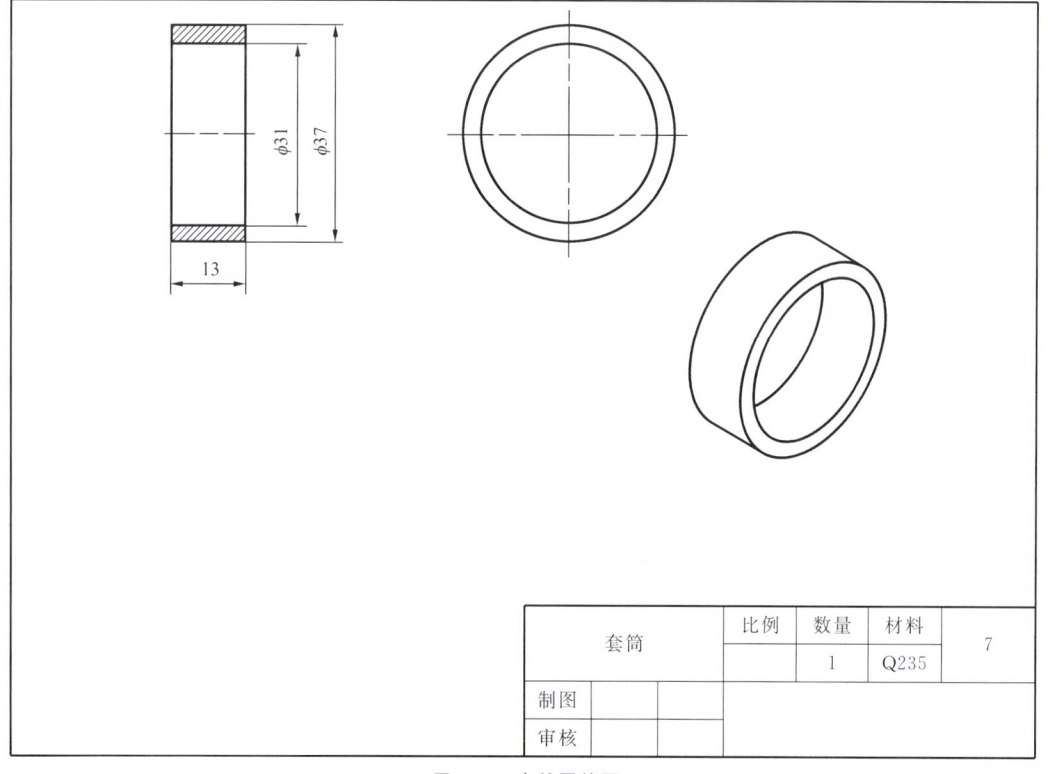

图 9-32 套筒零件图

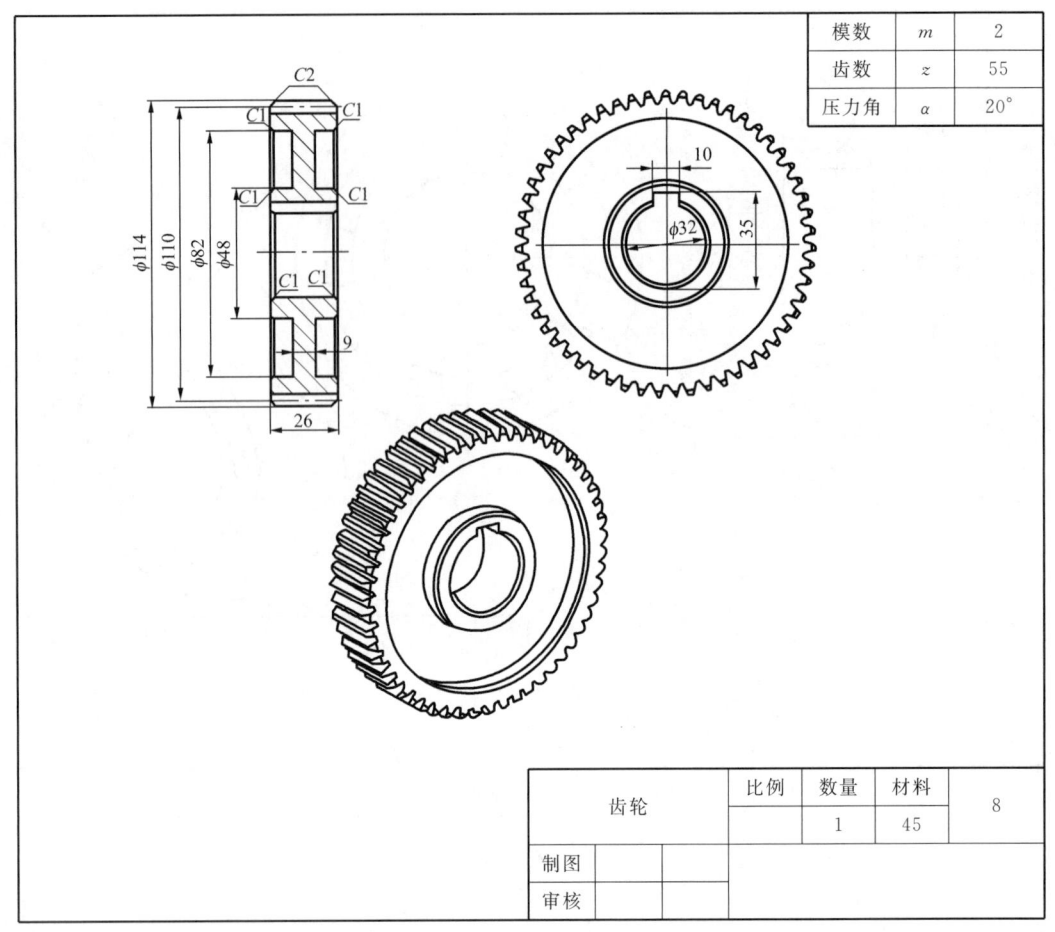

模数	m	2
齿数	z	55
压力角	α	20°

图 9-33 齿轮零件图

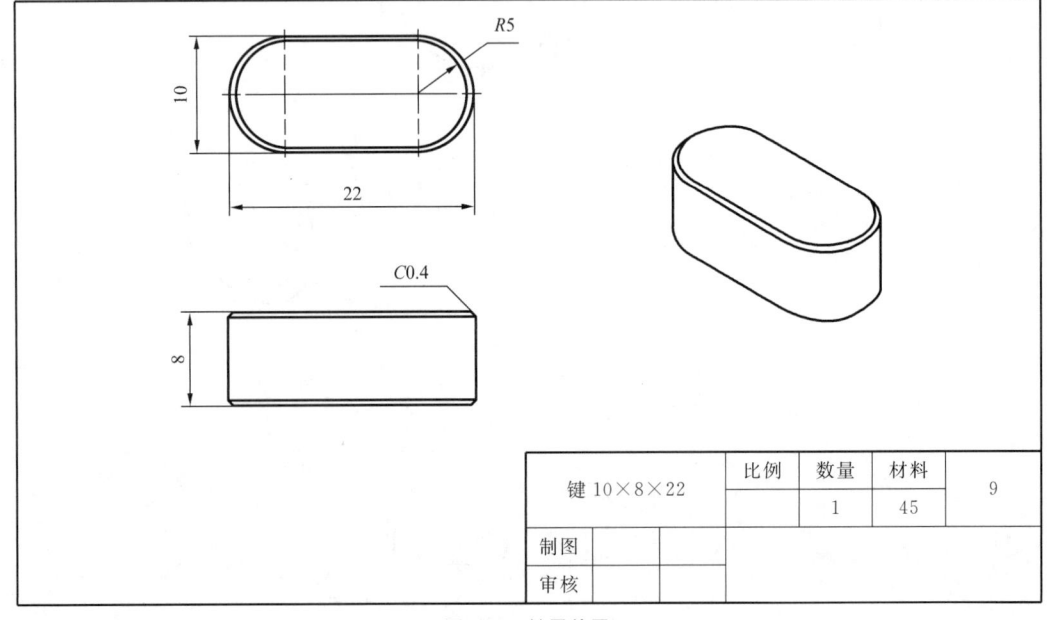

图 9-34 键零件图

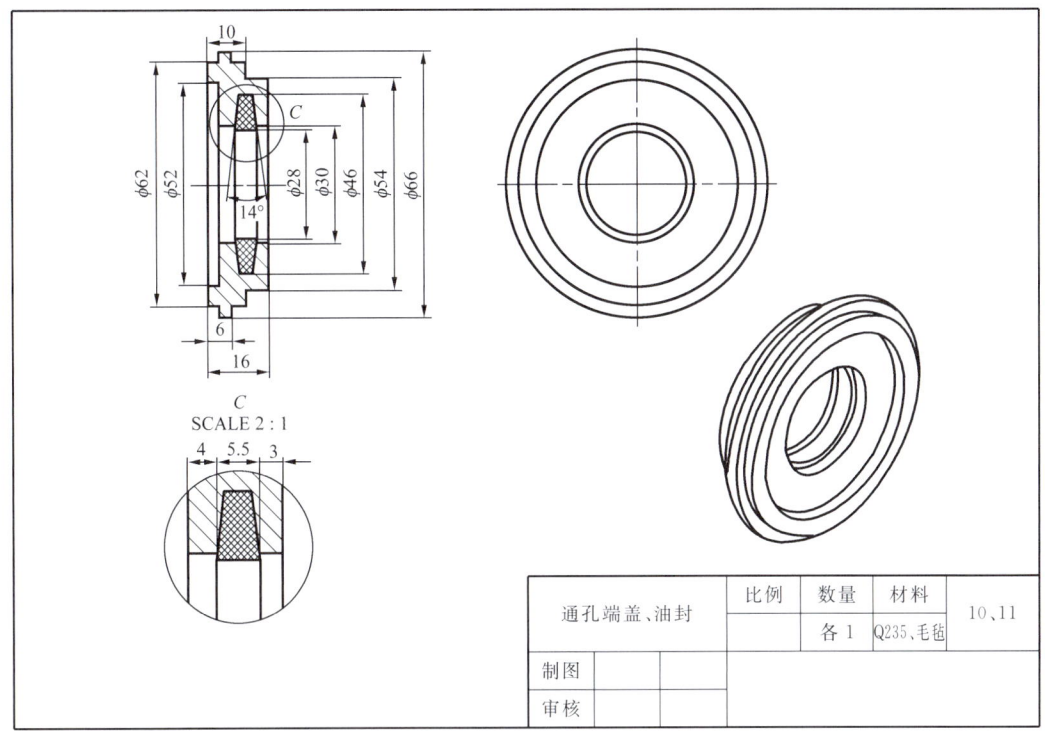

图 9-35 通孔端盖和油封部件图

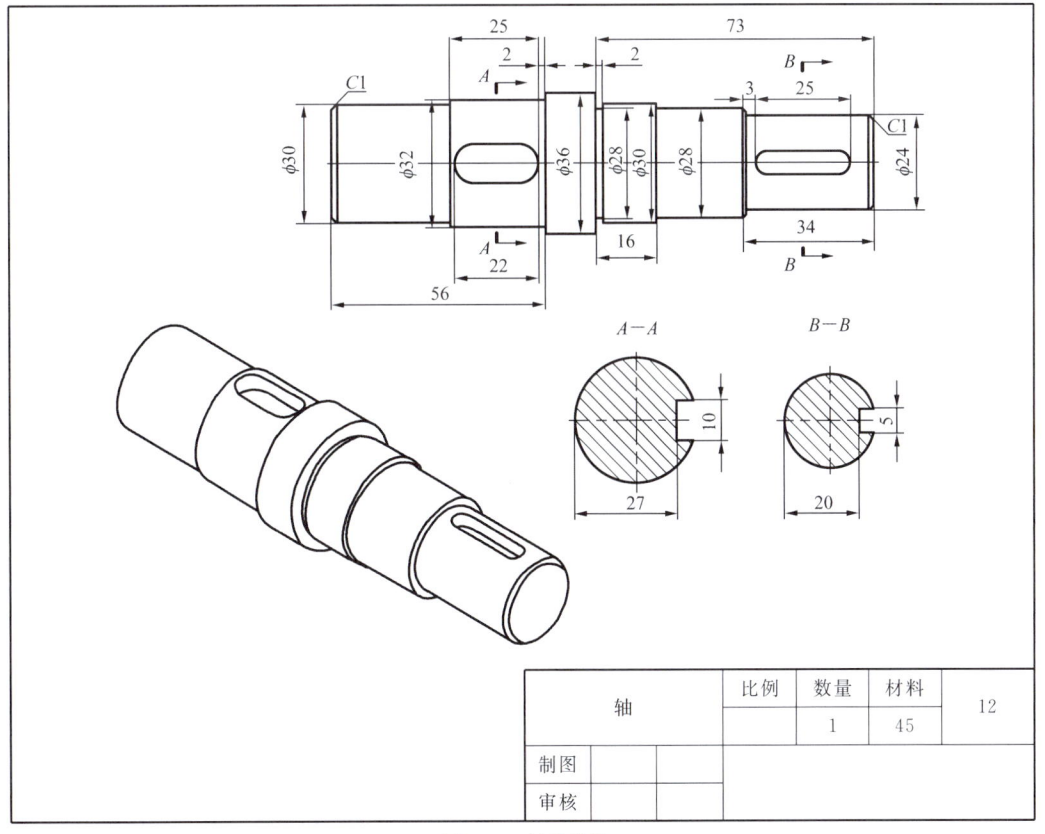

图 9-36 轴零件图

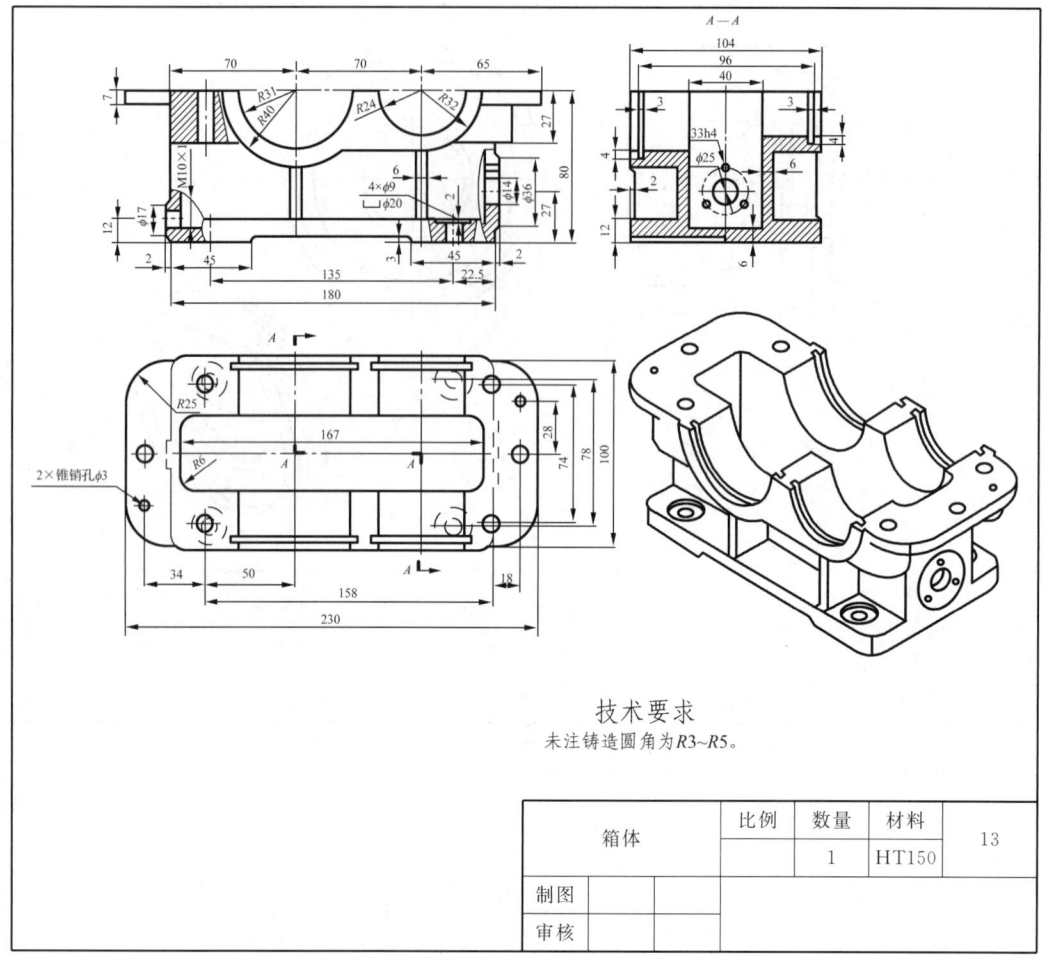

图 9-37 箱体零件图

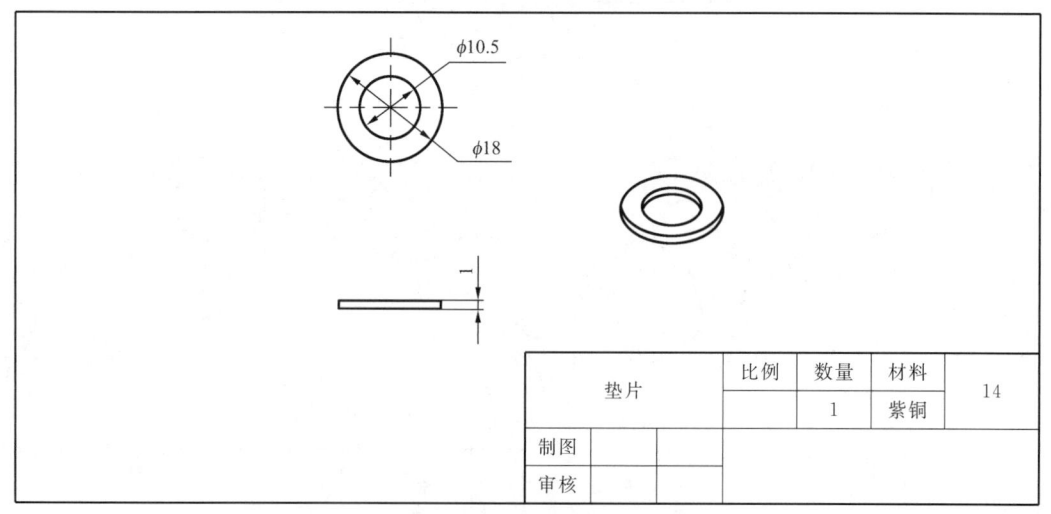

图 9-38 垫片零件图

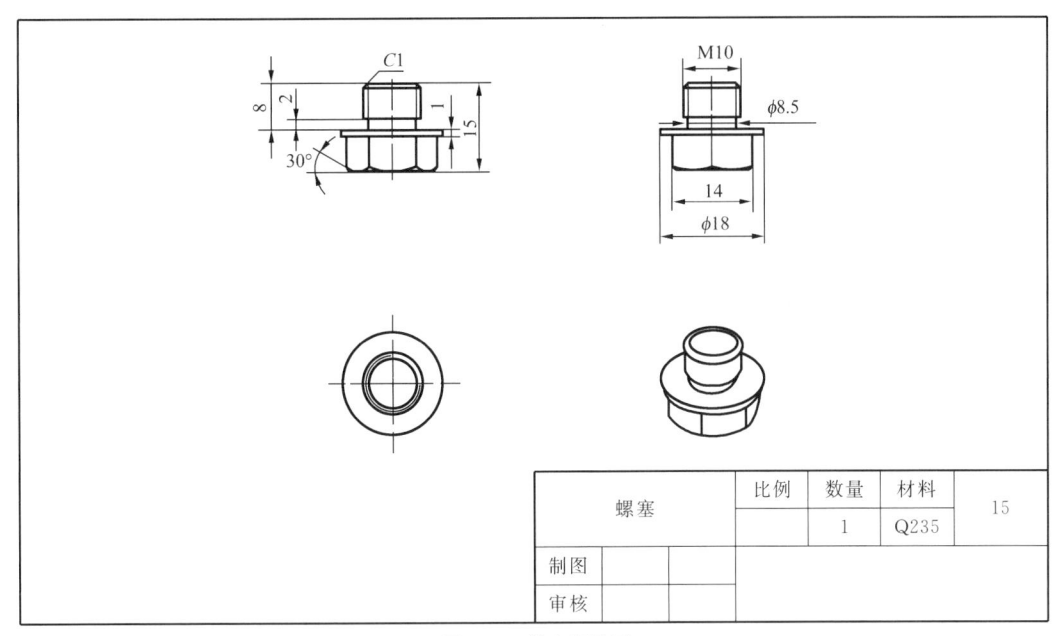

螺塞	比例	数量	材料	15
		1	Q235	
制图				
审核				

图 9-39 螺塞零件图

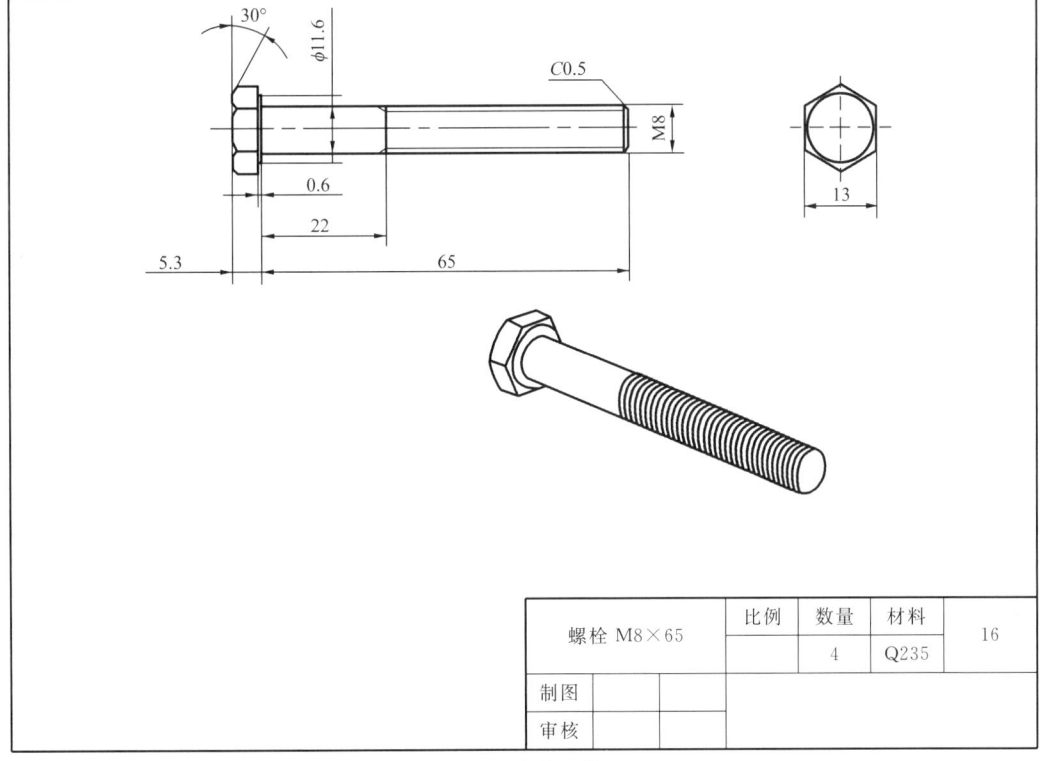

螺栓 M8×65	比例	数量	材料	16
		4	Q235	
制图				
审核				

图 9-40 螺栓零件图

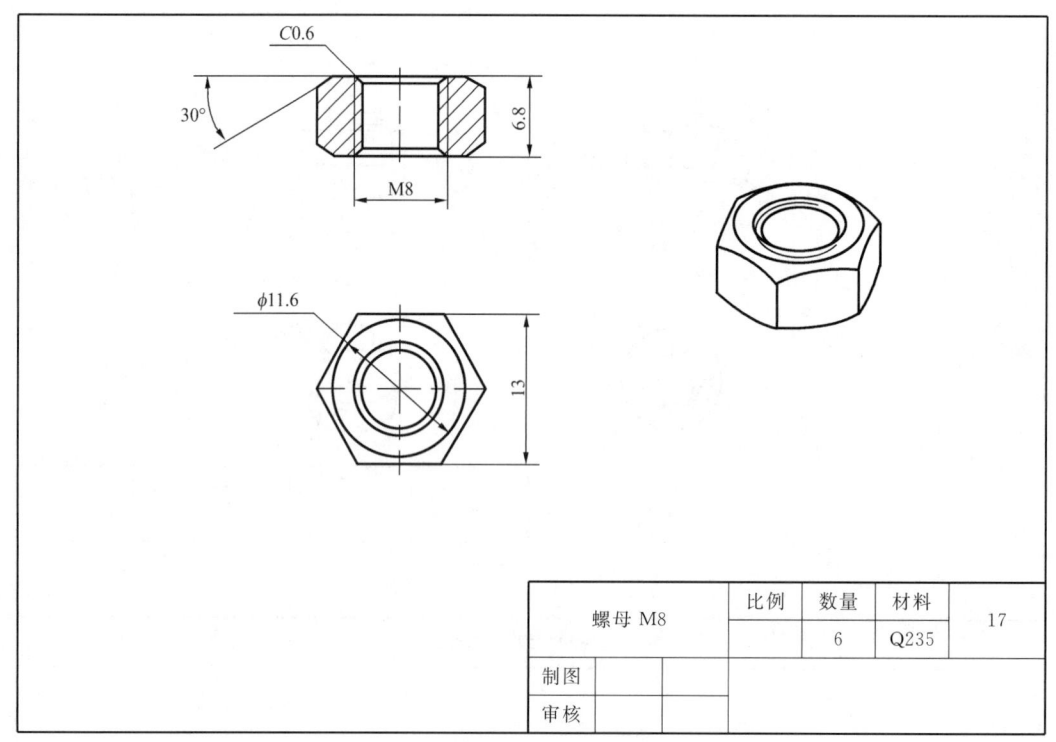

图 9-41　螺母零件图

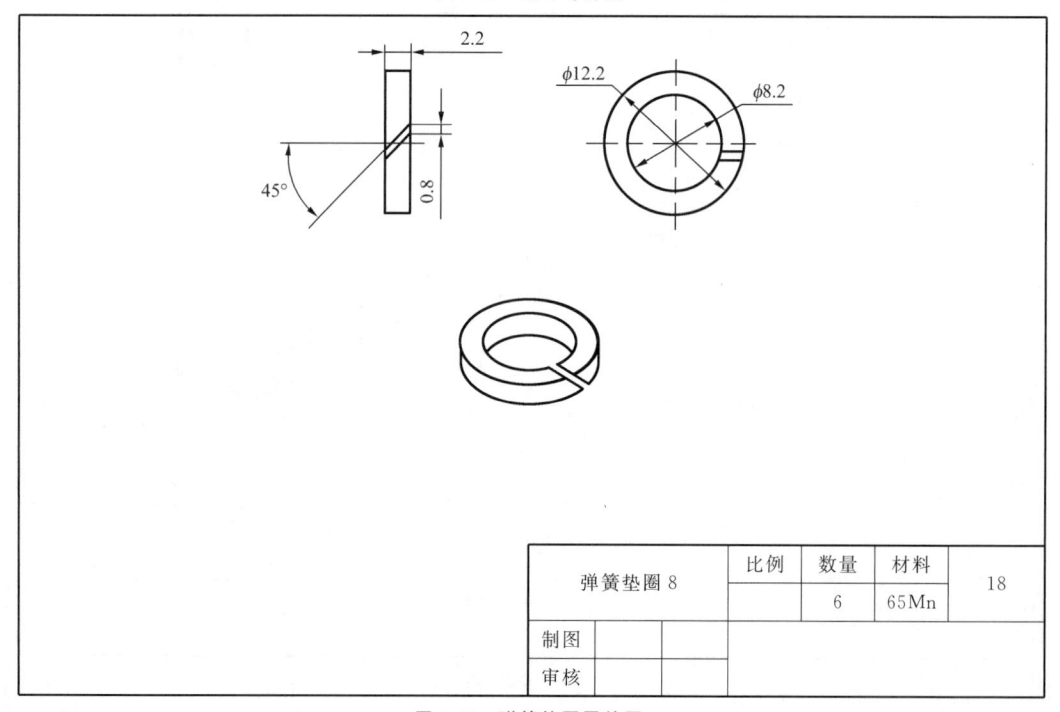

图 9-42　弹簧垫圈零件图

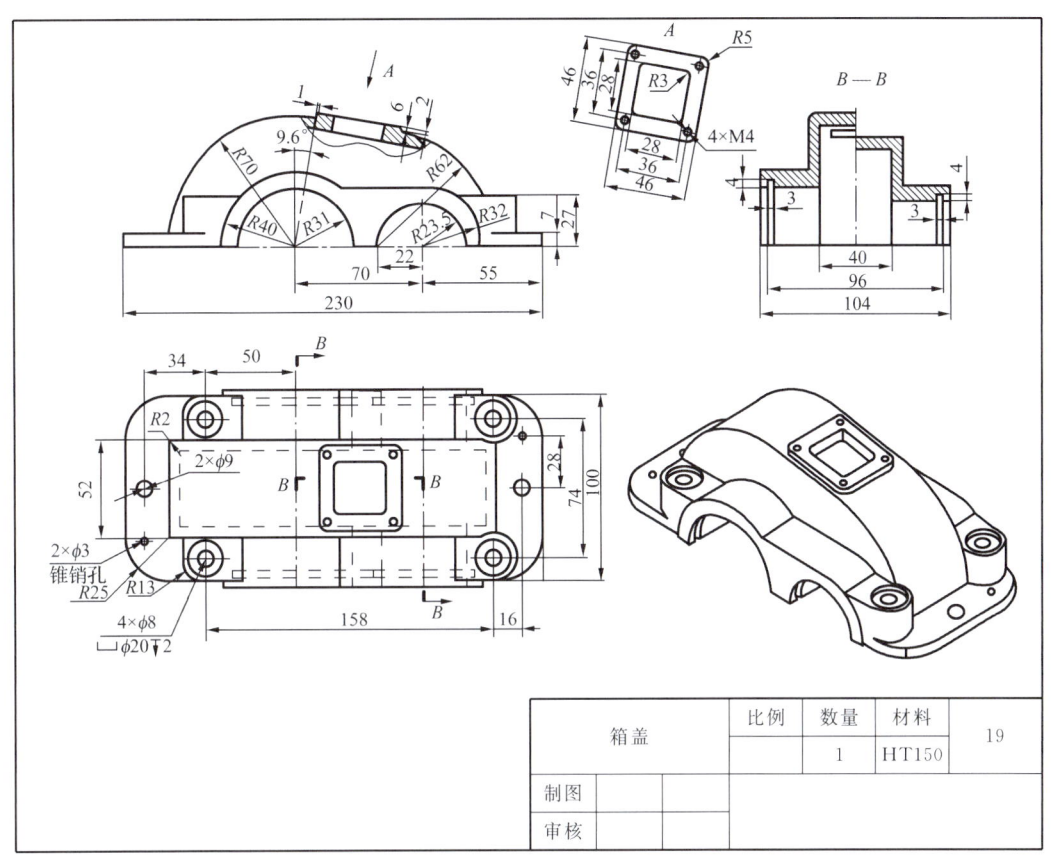

图 9-43　箱盖零件图

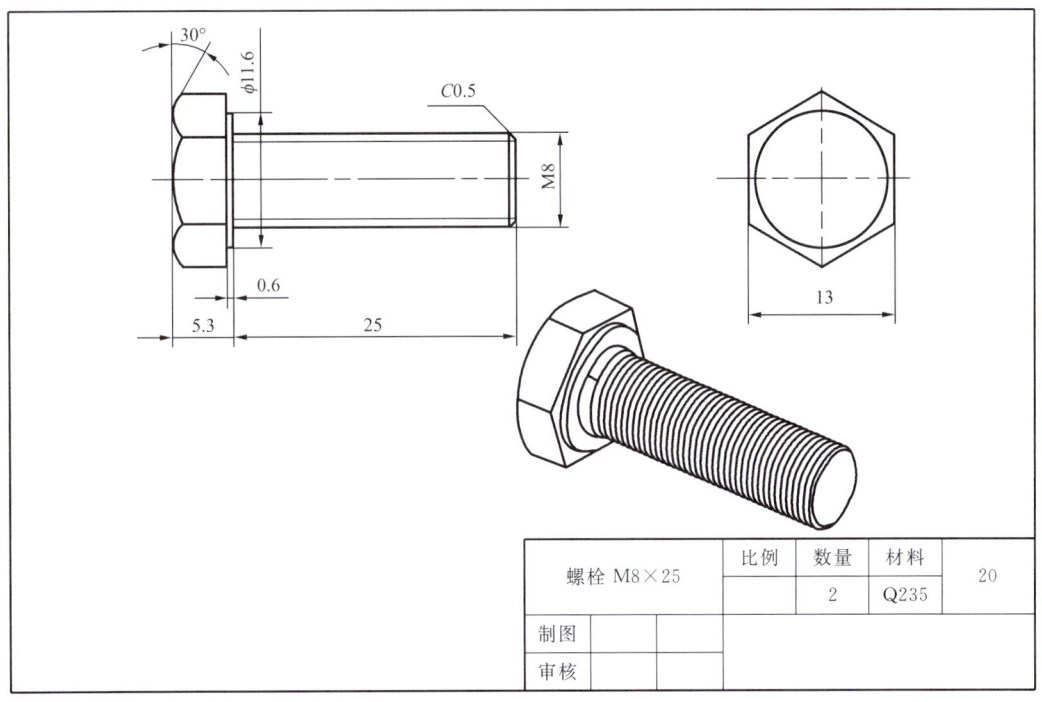

图 9-44　螺栓零件图

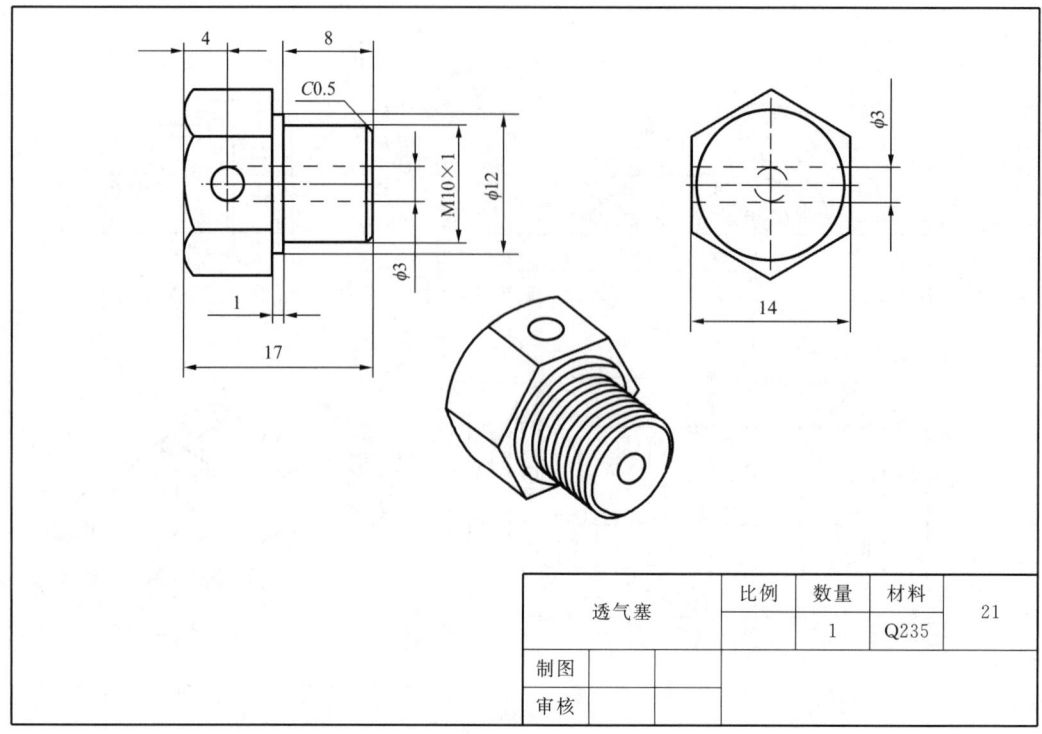

图 9-45　透气塞零件图

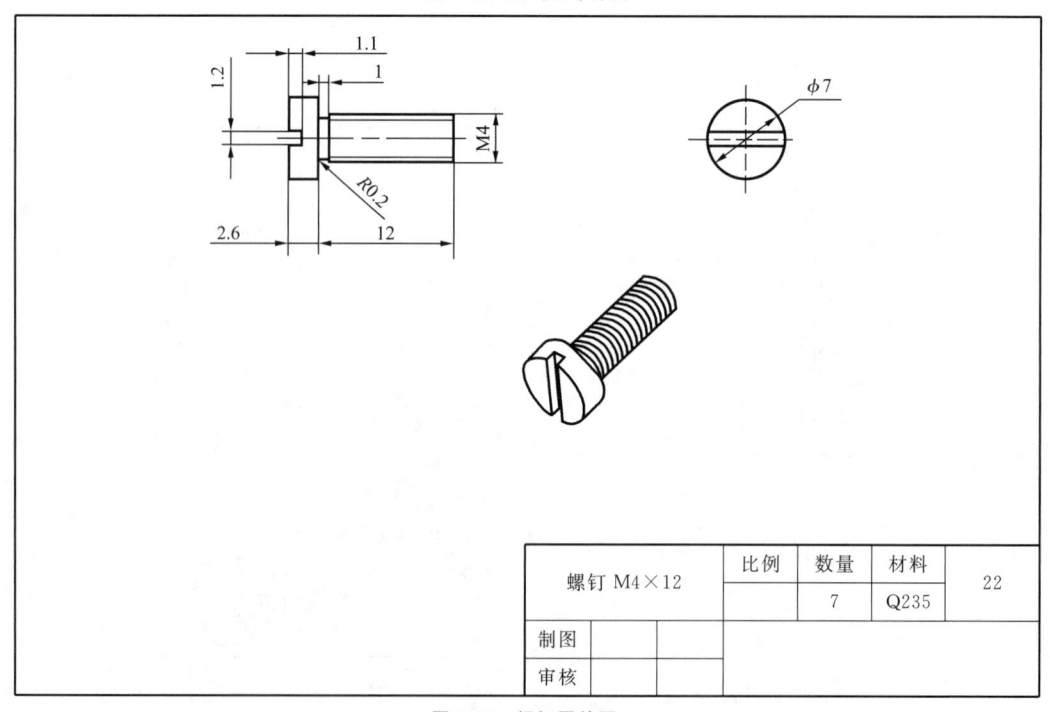

图 9-46　螺钉零件图

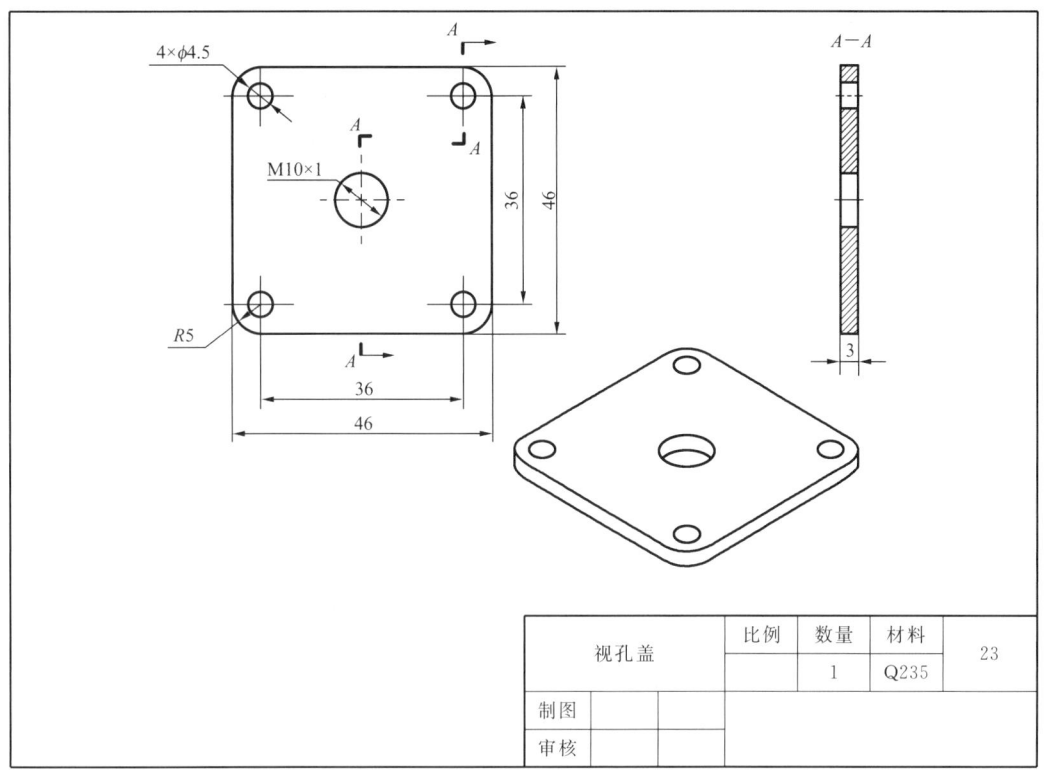

图 9-47 视孔盖零件图

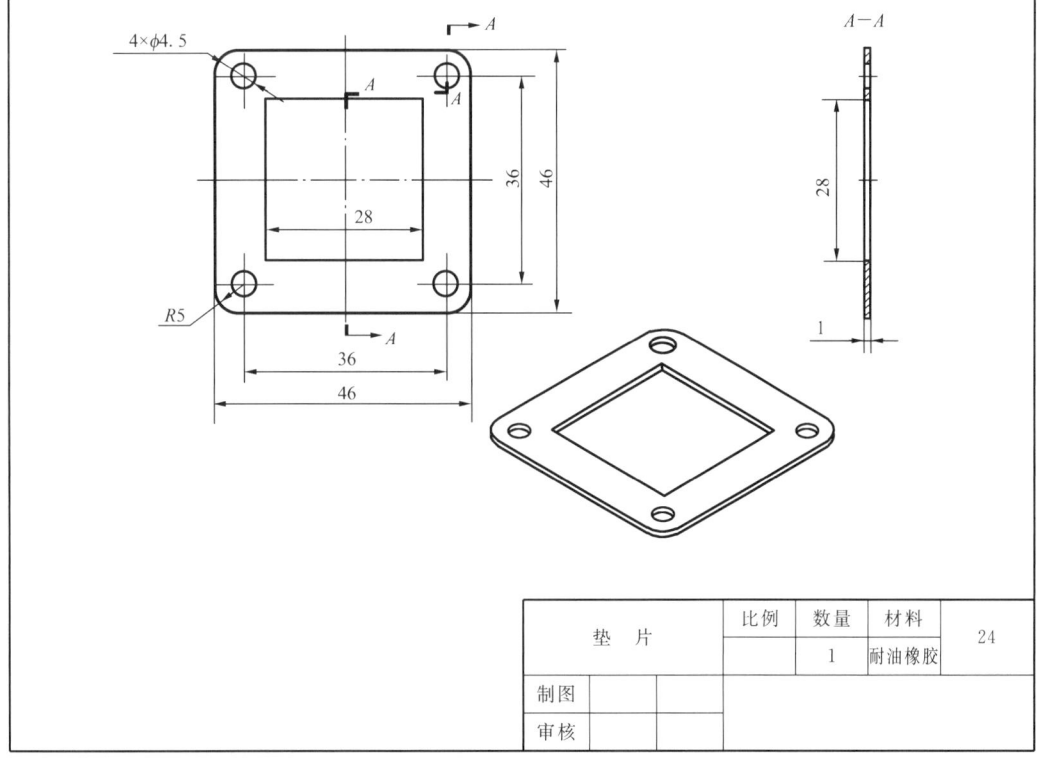

图 9-48 垫片零件图

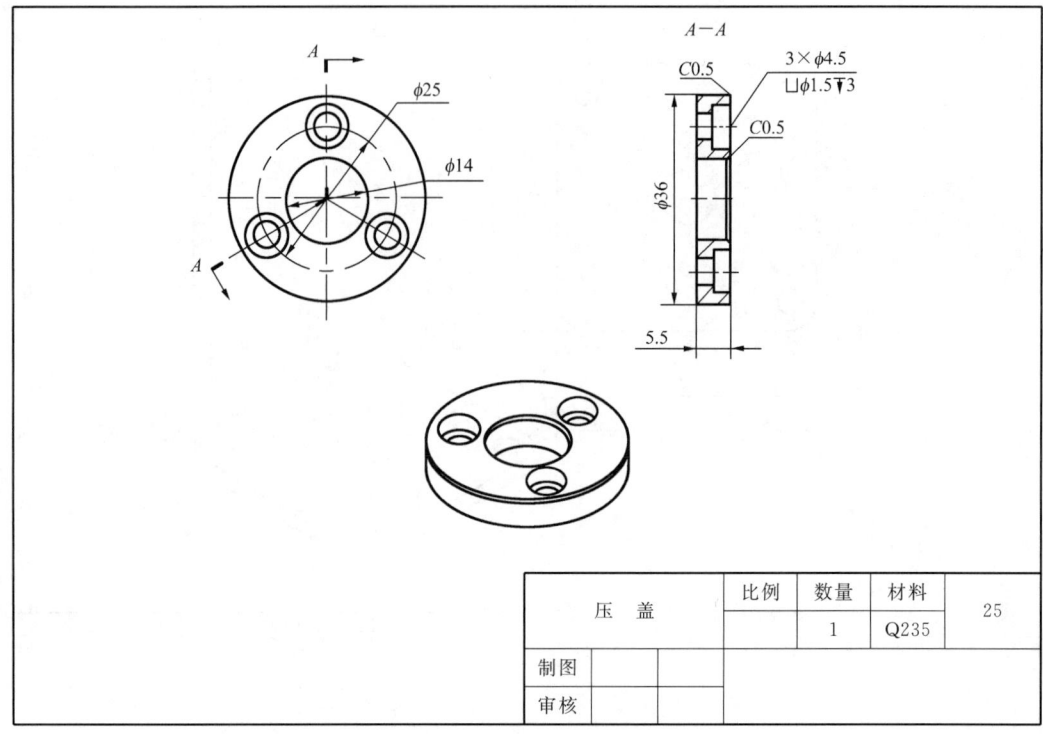

图 9-49 压盖零件图

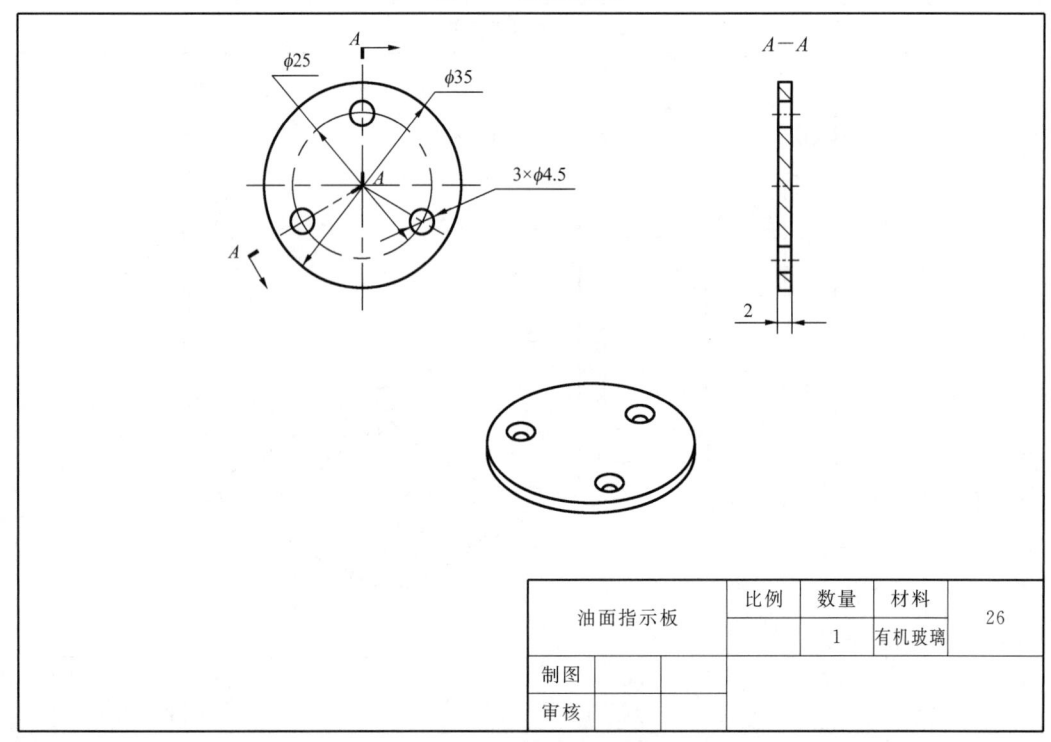

图 9-50 油面指示板零件图

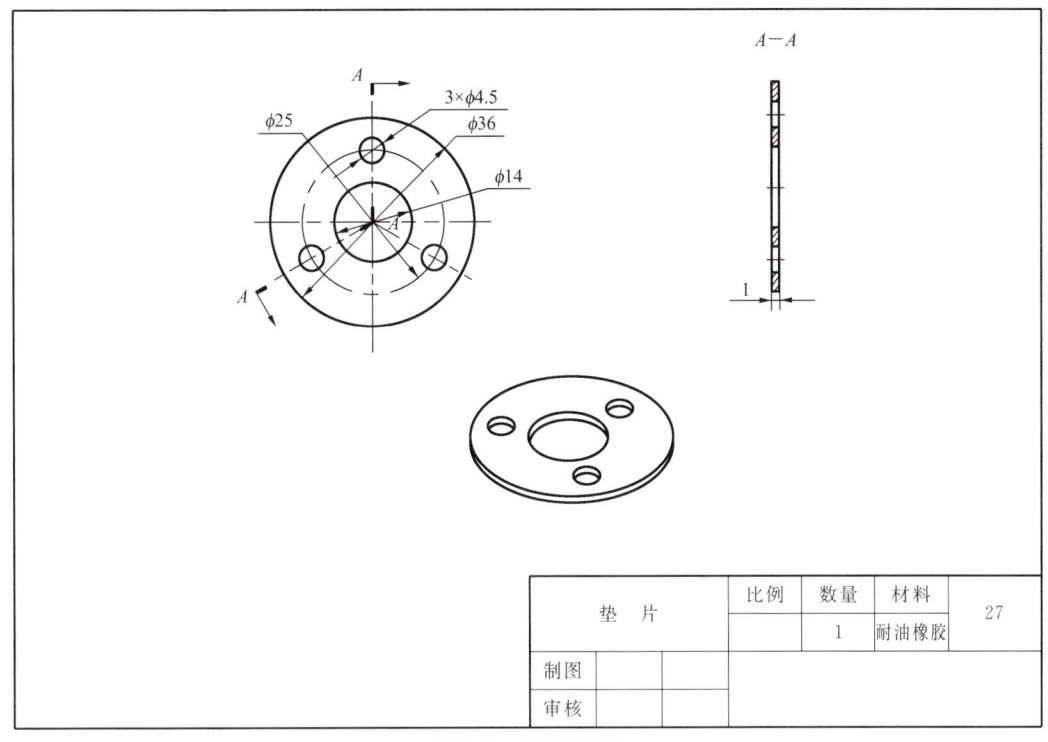

图 9-51 垫片零件图

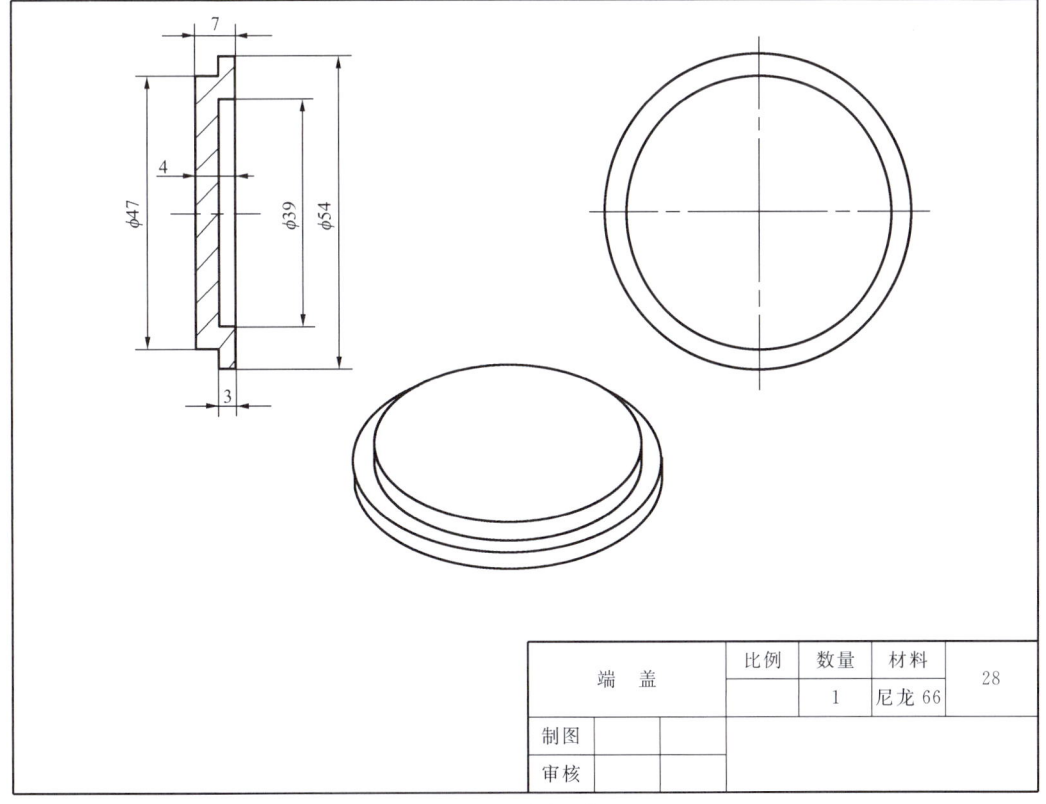

图 9-52 端盖零件图

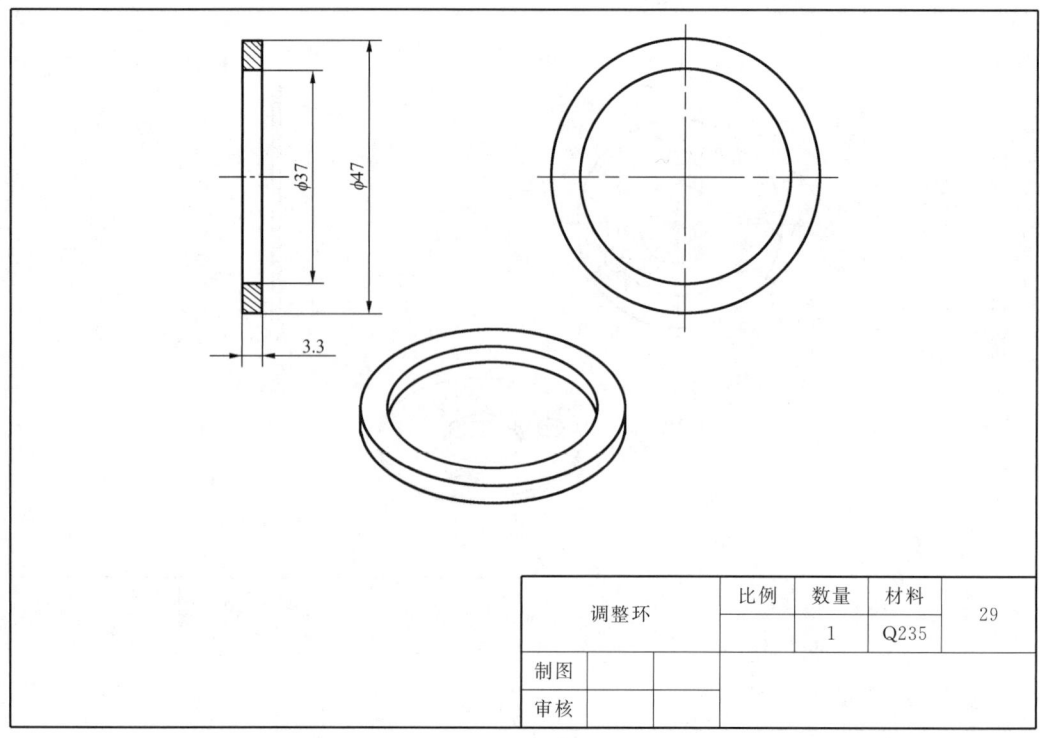

图 9-53 调整环零件图

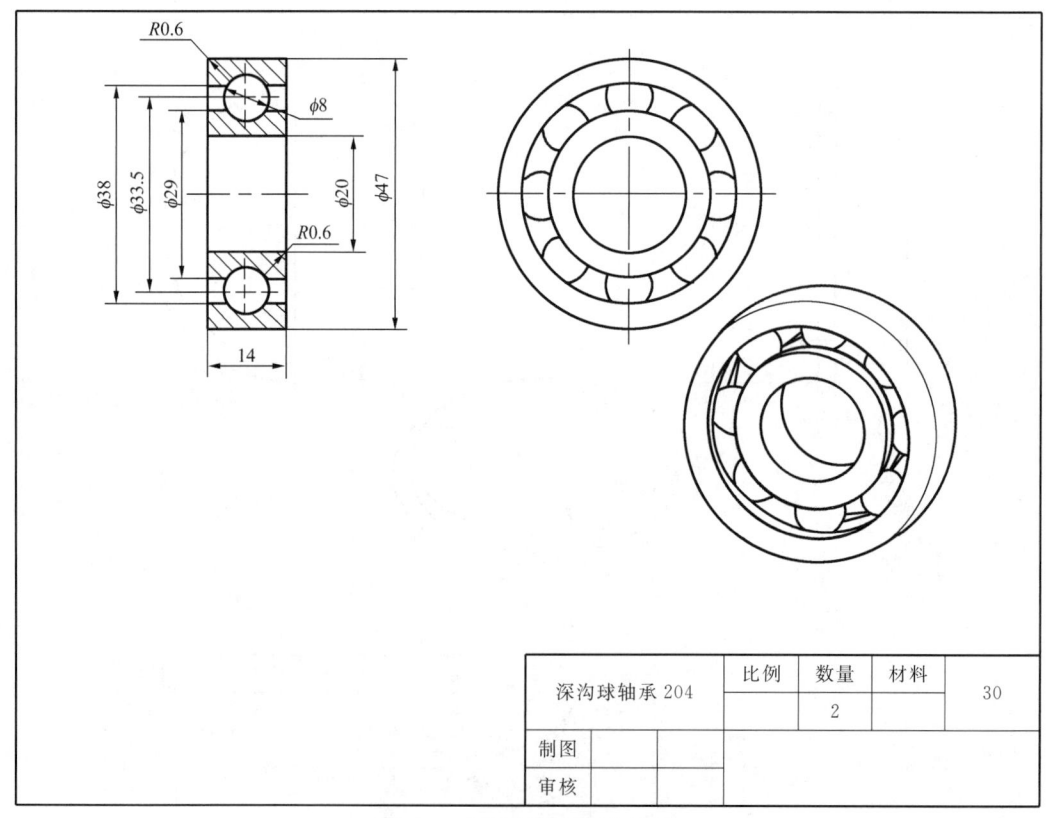

图 9-54 深沟球轴承 204 部件图

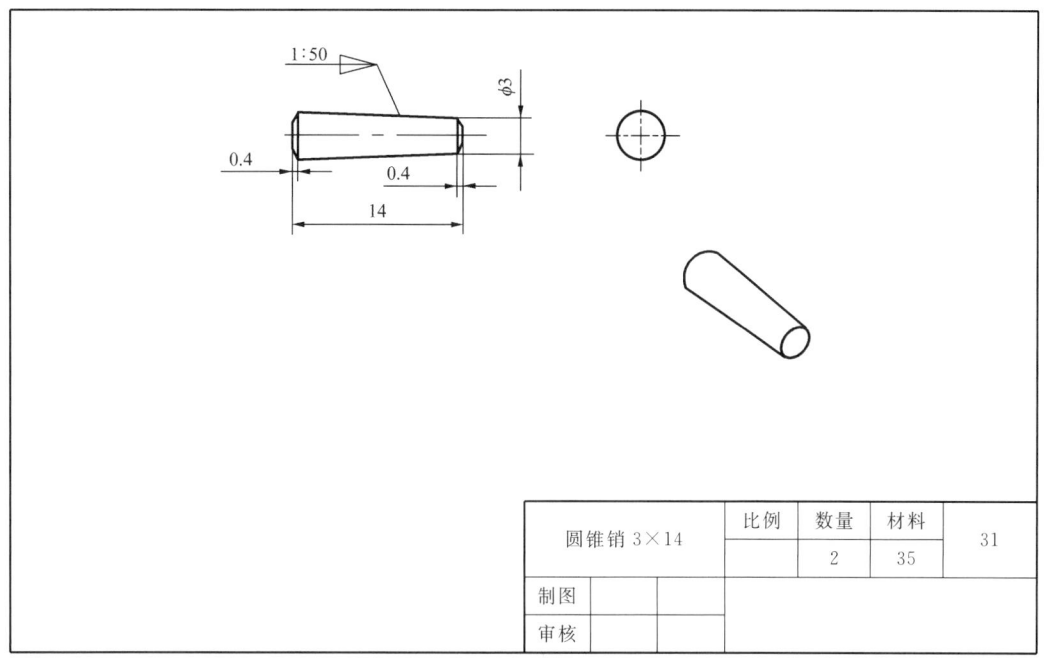

圆锥销 3×14	比例	数量	材料	31
		2	35	
制图				
审核				

图 9-55 圆锥销零件图

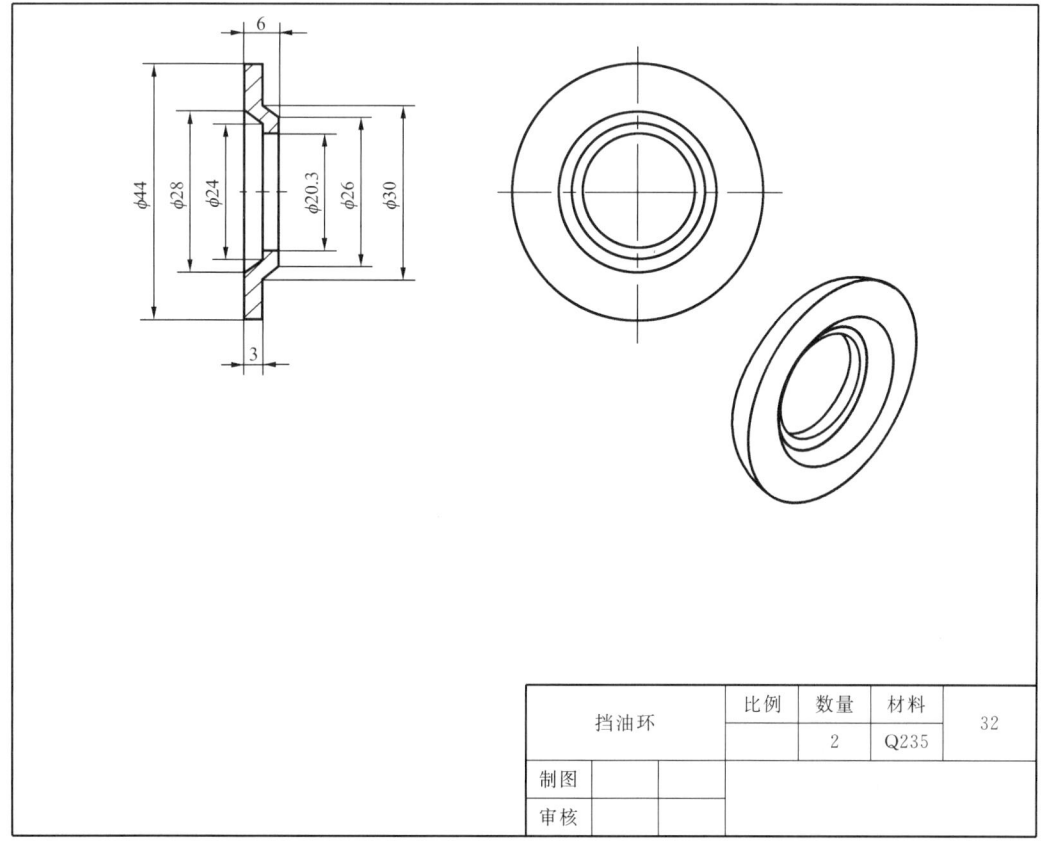

挡油环	比例	数量	材料	32
		2	Q235	
制图				
审核				

图 9-56 挡油环零件图

3. 任务实施

操作步骤如下：

（1）创建零部件三维造型（用 Modeling（三维造型）模块，在 reduction gear 文件夹中），如图 9-57 所示。

component_1 （齿轮轴）	component_2_3 （通孔端盖和油封）	component_4 （端盖）
component_5 （调整环）	component_6 （深沟球轴承 206）	component_7 （套筒）
component_8 （齿轮）	component_9 （键）	component_10_11 （通孔端盖和油封）
component_12 （轴）	component_13 （箱体）	component_14 （垫片）
component_15 （螺塞）	component_16 （螺栓）	component_17 （螺母）
component_18 （弹簧垫圈）	component_19 （箱盖）	component_20 （螺栓）

图 9-57 一级圆柱齿轮减速器零部件的三维造型

component_21 （透气塞）	component_22 （螺钉）	component_23 （视孔盖）
component_24 （垫片）	component_25 （压盖）	component_26 （油面指示板）
component_27 （垫片）	component_28 （端盖）	component_29 （调整环）
component_30 （深沟球轴承204）	component_31 （圆锥销）	component_32 （挡油环）

图 9-57　一级圆柱齿轮减速器零部件的三维造型（续）

（2）创建一级圆柱齿轮减速器装配体（在 Assemblies（装配）模块）。

①子装配

- 高速轴组件装配

高速轴组件由以下零部件组成，如图 9-58 所示。

component_1 （齿轮轴）	component_32 （挡油环）	component_30 （深沟球轴承204）	component_2_3 （通孔端盖和油封）

图 9-58　高速轴组件的零部件

装配高速轴组件的操作步骤见表 9-2。

表 9-2　　　　　　　　　　　装配高速轴组件的操作步骤

序号	操作内容	操作结果图示
1	新建装配文件（在 reduction gear 文件夹中） 在 UG NX 8.0 初始界面单击 New 图标； 选择 Model 选项卡； 在 Templates 组， 在 Units 中选择 Millimeters； 在 Name 中选择 Assembly； 在 New File Name 组， 在 Name 中输入 high_speed_component； 在 Folder 中选择放置装配文件的路径； 单击"OK"按钮	
2	定位齿轮轴（component_1） 在 Add Component 对话框， 选择 Open； 选择 component_1； 单击"OK"按钮 在 Positioning 中选择 Absolute Origin； 单击"Apply"按钮	
3	添加挡油环（component_32） 在 Add Component 对话框 选择 Open；选择 component_32； 单击"OK"按钮； 在 Positioning 中选择 By Constraints； 单击"Apply"按钮； 在 Type 中选择 Touch Align； 在 Orientation 中选择 Touch； 选择挡油环贴合面； 选择齿轮轴贴合面； 单击"Apply"按钮； 在 Orientation 中选择 Infer Center/Axis； 选择挡油环内孔面，选择齿轮轴圆柱面； 单击"OK"按钮	
4	添加深沟球轴承（component_30） 在 Add Component 对话框，选择 Open； 选择 component_30；单击"OK"按钮； 在 Positioning 中选择 By Constraints； 单击"Apply"按钮； 在 Type 中选择 Touch Align； 在 Orientation 中选择 Touch； 选择深沟球轴承内圈贴合面；选择挡油环贴合面； 单击"Apply"按钮； 在 Orientation 中选择 Infer Center/Axis； 选择深沟球轴承内孔面；选择齿轮轴圆柱面； 单击"OK"按钮	

学习情境 9　万向轮、一级圆柱圆柱齿轮减速器——装配　217

续表

序号	操作内容	操作结果图示
5	添加挡油环(component_32) 在 Add Component 对话框， 在 Loaded Parts 列表选择 component_32； 在 Positioning 中选择 By Constraints； 单击"Apply"按钮； 在 Type 中选择 Touch Align； 在 Orientation 中选择 Touch； 选择挡油环贴合面；选择齿轮轴贴合面； 单击"Apply"按钮； 在 Orientation 中选择 Infer Center/Axis； 选择挡油环内孔面；选择齿轮轴圆柱面； 单击"OK"按钮	
6	添加深沟球轴承(component_30) 在 Add Component 对话框， 在 Loaded Parts 列表选择 component_30； 在 Positioning 中选择 By Constraints； 单击"Apply"按钮； 在 Type 中选择 Touch Align； 在 Orientation 中选择 Touch； 选深沟球轴承内圈贴合面； 选择挡油环贴合面； 单击"Apply"按钮； 在 Orientation 中选择 Infer Center/Axis； 选择深沟球轴承内孔；选择齿轮轴圆柱面； 单击"OK"按钮	
7	添加通孔端盖和油封(component_2_3) 在 Add Component 对话框，选择 Open； 选择 component_2_3； 单击"OK"按钮； 在 Positioning 中选择 By Constraints；单击"OK"按钮； 在 Type 中选择 Touch Align； 在 Orientation 中选择 Touch； 选择通孔端盖贴合面；选择深沟球轴承外圈贴合面； 单击"Apply"按钮； 在 Orientation 中选择 Infer Center/Axis； 选择通孔端盖内孔面；选择齿轮轴圆柱面； 单击"OK"按钮	

- 低速轴组件装配

低速轴组件由以下零部件组成，如图 9-59 所示。

component_12 （轴）	component_9 （键）	component_8 （齿轮）
component_7 （套筒）	component_6 （深沟球轴承 206）	component_10_11 （通孔端盖和油封）

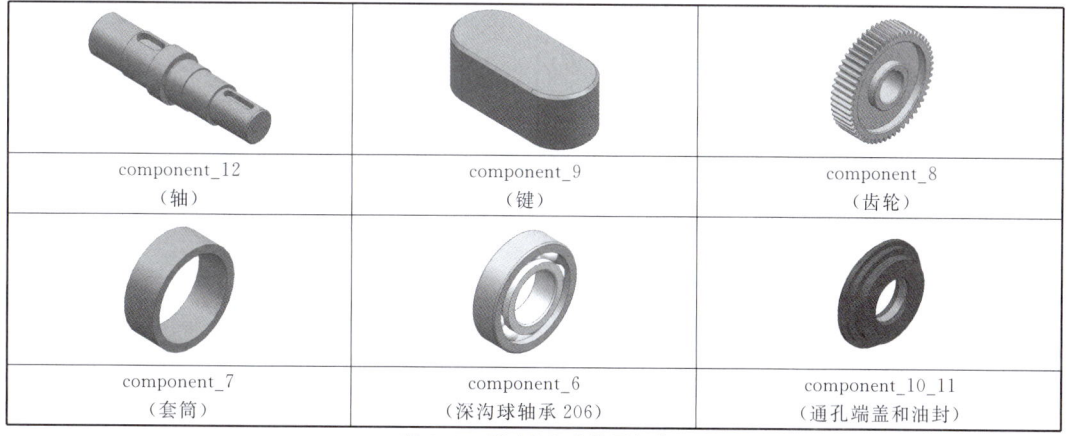

图 9-59　低速轴组件的零部件

装配低速轴组件的操作步骤见表 9-3。

表 9-3　　　　　　　　　　　　　　装配低速轴组件的操作步骤

序号	操作内容	操作结果图示
1	新建装配文件(在 reduction gear 文件夹中) 在 UG NX 8.0 初始界面单击 New 图标; 选择 Model 选项卡; 在 Templates 组, 在 Units 中选择 Millimeters; 在 Name 中选择 Assembly; 在 New File Name 组, 在 Name 中输入 low_speed_component; 在 Folder 中选择放置装配文件的路径; 单击"OK"按钮	
2	定位轴(Component_12) 在 Add Component 对话框, 选择 Open; 选择 Component_12; 单击"OK"按钮 在 Positioning 中选择 Absolute Origin; 单击"Apply"按钮	底平面　圆弧面
3	添加键(Component_9) 在 Add Component 对话框,选择 Open; 选择 Component_9;单击"OK"按钮 在 Positioning 中选择 By Constraints; 单击"Apply"按钮 在 Type 中选择 Touch Align; 在 Orientation 中选择 Touch; 选择键底平面;选择键槽底平面; 单击"Apply"按钮 选择键圆弧面;选择对应的键槽圆弧面; 单击"OK"按钮	圆弧面 底平面
4	添加齿轮(Component_8) 在 Add Component 对话框,选择 Open; 选择 Component_8;单击"OK"按钮; 在 Positioning 中选择 By Constraints; 单击"Apply"按钮; 在 Type 中选择 Touch Align; 在 Orientation 中选择 Touch; 选择齿轮贴合面;选择轴肩贴合面; 单击"Apply"按钮; 在 Orientation 中选择 Infer Center/Axis; 选择齿轮内孔面;选择轴圆柱面; 单击"OK"按钮	贴合面 贴合面

续表

序号	操作内容	操作结果图示
5	添加套筒(Component_7) 在 Add Component 对话框,选择 Open; 选择 Component_7;单击"OK"按钮; 在 Positioning 中选择 By Constraints; 单击"Apply"按钮; 在 Type 中选择 Touch Align; 在 Orientation 中选择 Touch; 选择套筒端面;选择齿轮端面; 单击"Apply"按钮; 在 Orientation 中选择 Infer Center/Axis; 选择套筒内孔面;选择轴圆柱面;单击"OK"按钮	
6	添加深沟球轴承(Component_6) 在 Add Component 对话框,选择 Open; 选择 Component_6;单击"OK"按钮; 在 Positioning 中选择 By Constraints;单击"Apply"按钮; 在 Type 中选择 Touch Align; 在 Orientation 中选择 Touch; 选择深沟球轴承内圈端面;选择套筒端面; 单击"Apply"按钮; 在 Orientation 中选 Infer Center/Axis; 选深沟球轴承内孔面;选择轴圆柱面; 单击"OK"按钮	
7	添加深沟球轴承(Component_6) 在 Add Component 对话框, 在 Loaded Parts 列表选择 Component_6; 在 Positioning 中选择 By Constraints; 单击"Apply"按钮; 在 Type 中选择 Touch Align; 在 Orientation 中选择 Touch; 选择深沟球轴承内圈贴合面; 选择轴肩贴合面; 单击"Apply"按钮; 在 Orientation 中选择 Infer Center/Axis; 选择深沟球轴承内孔面;选择轴圆柱面; 单击"OK"按钮	
8	添加通孔端盖和油封(Component_10_11) 在 Add Component 对话框,选择 Open; 选择 Component_10_11;单击"OK"按钮; 在 Positioning 中选择 By Constraints; 单击"OK"按钮。 在 Type 中选择 Touch Align; 在 Orientation 中选择 Touch; 选择通孔端盖贴合面; 选择深沟球轴承外圈贴合面; 单击"Apply"按钮; 在 Orientation 中选择 Infer Center/Axis; 选择通孔端盖内孔面;选择轴圆柱面; 单击"OK"按钮	

② 总装配
- 高速轴组件、低速轴组件与箱体的装配(表 9-4)

表 9-4　　　　装配高速轴组件、低速轴组件与箱体的操作步骤

序号	操作内容	操作结果图示
1	新建总装配文件(在 reduction gear 文件夹中) 在 UG NX 8.0 初始界面单击 New 图标; 选择 Model 选项卡; 在 Templates 组, 在 Units 中选择 Millimeters; 在 Name 中选择 Assembly; 在 New File Name 组, 在 Name 中输入 reduction_gear_asm; 在 Folder 中选择放置装配文件的路径; 单击"OK"按钮	
2	定位箱体(component_13) 在 Add Component 对话框,选择 Open; 选择 component_13; 单击"OK"按钮; 在 Add Component 对话框, 在 Positioning 中选择 Absolute Origin; 单击"Apply"按钮	凹圆弧面
3	添加高速轴组件(high_speed_component) 在 Add Component 对话框,选择 Open; 选择 high_speed_component;单击"OK"按钮; 在 Positioning 中选择 By Constraints; 单击"Apply"按钮; 在 Type 中选择 Touch Align; 在 Orientation 中选择 Infer Center/Axis; 选择深沟球轴承圆柱面; 选择箱体凹圆弧面; 单击"Apply"按钮; 在 Orientation 中选择 Touch; 选通孔端盖贴合面;选择箱体凹槽贴合面; 单击"OK"按钮	圆柱面 贴合面 贴合面
4	添加低速轴组件(low_speed_component) 在 Add Component 对话框,选择 Open; 选择 low_speed_component;单击"OK"按钮; 在 Positioning 中选择 By Constraints; 单击"Apply"按钮; 在 Type 中选择 Touch Align; 在 Orientation 中选择 Infer Center/Axis; 选择深沟球轴承圆柱面; 选择箱体凹圆弧面; 单击"Apply"按钮; 在 Orientation 中选择 Touch; 选择通孔端盖贴合面;选择箱体凹槽贴合面; 单击"OK"按钮	

● 端盖的装配(表9-5)

表9-5　　　　　　　　　　　　　装配端盖的操作步骤

序号	操作内容	操作结果图示
1	添加调整环(component_5) 在 Add Component 对话框,选择 Open; 选择 component_5;单击"OK"按钮; 在 Positioning 中选择 By Constraints; 单击"Apply"按钮; 在 Type 中选择 Touch Align; 在 Orientation 中选择 Touch; 选择调整环端面;选择深沟球轴承端面; 单击"Apply"按钮; 在 Orientation 中选择 Infer Center/Axis; 选择调整环外圆柱面;选择箱体凹圆弧面; 单击"OK"按钮	
2	添加端盖(component_4) 在 Add Component 对话框,选择 Open; 选择 component_4;单击"OK"按钮; 在 Positioning 中选择 By Constraints; 单击"Apply"按钮; 在 Type 中选择 Touch Align; 在 Orientation 中选择 Touch; 选择端盖下端面;选择调整环端面; 单击"Apply"按钮; 在 Orientation 中选择 Infer Center/Axis; 选择调整环外圆柱面;选择箱体凹圆弧面; 单击"OK"按钮	
3	添加调整环(component_29) 在 Add Component 对话框,选择 Open; 选择 component_29;单击"OK"按钮; 在 Positioning 中选择 By Constraints; 单击"Apply"按钮; 在 Type 中选择 Touch Align; 在 Orientation 中选 Touch; 选择调整环端面;选择深沟球轴承端面; 单击"Apply"按钮; 在 Orientation 中选择 Infer Center/Axis; 选择调整环外圆柱面;选择箱体凹圆弧面; 单击"OK"按钮	
4	添加端盖(component_28) 在 Add Component 对话框,选择 Open; 选择 component_28;单击"OK"按钮; 在 Positioning 中选择 By Constraints; 单击"Apply"按钮; 在 Type 中选择 Touch Align; 在 Orientation 中选择 Touch; 选择端盖下端面;选择调整环端面; 单击"Apply"按钮; 在 Orientation 中选择 Infer Center/Axis; 选择端盖外圆柱面;选择箱体凹圆弧面; 单击"OK"按钮	

● 箱盖与箱体的装配(表 9-6)

表 9-6　　　　　　　　　　　装配箱盖与箱体的操作步骤

序号	操作内容	操作结果图示
1	添加箱盖(component_19) 在 Add Component 对话框,选择 Open; 选择 component_19;单击"OK"按钮; 在 Positioning 中选择 By Constraints;单击"Apply"按钮; 在 Type 中选择 Touch Align; 在 Orientation 中选择 Touch; 选择箱盖贴合面;选择箱体贴合面; 单击"Apply"按钮; 在 Orientation 中选择 Infer Center/Axis; 选择箱盖螺栓孔面;选择箱体对应螺栓孔面; 单击"OK"按钮	
2	添加圆锥销(component_31) 在 Add Component 对话框,选择 Open; 选择 component_31;单击"OK"按钮; 在 Positioning 中选择 By Constraints;单击"Apply"按钮; 在 Type 中选择 Touch Align; 在 Orientation 中选择 Infer Center/Axis; 选择圆锥销圆锥面;选择箱盖圆锥销孔面; 单击"Apply"按钮; 在 Type 中选择 Distance; 选择圆锥销顶面;选择箱盖有圆锥销孔的平面; 在 Distance 输入 -0.5; 单击"OK"按钮。 同理在另一侧添加圆锥销(component_31)	
3	添加螺栓(component_16) 在 Add Component 对话框,选择 Open; 选择 component_16;单击"OK"按钮; 在 Positioning 中选择 By Constraints; 单击"Apply"按钮; 在 Type 中选择 Touch Align; 在 Orientation 中选择 Touch; 选择螺栓贴合面;选择箱盖贴合面; 单击"Apply"按钮; 在 Orientation 中选择 Infer Center/Axis; 选择螺栓圆柱面;选择箱盖螺栓孔面; 单击"OK"按钮	
4	添加弹簧垫圈(component_18) 在 Add Component 对话框,选择 Open; 选择 component_18;单击"OK"按钮; 在 Positioning 中选择 By Constraints; 单击"Apply"按钮; 在 Type 中选择 Touch Align; 在 Orientation 中选择 Touch; 选择弹簧垫圈贴合面;选择箱体贴合面; 单击"Apply"按钮; 在 Orientation 中选择 Infer Center/Axis; 选择弹簧垫圈外圆柱面;选择箱体螺栓孔面; 单击"OK"按钮	

续表

序号	操作内容	操作结果图示
5	添加螺母(component_17) 在 Add Component 对话框,选择 Open; 选择 component_17;单击"OK"按钮; 在 Positioning 中选择 By Constraints; 单击"Apply"按钮; 在 Type 中选择 Touch Align; 在 Orientation 中选择 Touch; 选择螺母贴合面,选择弹簧垫圈贴合面; 单击"Apply"按钮; 在 Orientation 中选择 Infer Center/Axis; 选择螺母螺纹底径螺旋面;选择箱体螺栓孔面; 单击"OK"按钮	
6	螺栓、弹簧垫圈、螺母——组件阵列(从实例特征) 选择 [Assemblies] → [components] → [Create Component Array]; 在 Class Selection 对话框, 选择螺栓、弹簧垫圈、螺母; 单击"OK"按钮; 在 Create Component Array 对话框, 选择 From Instance Feature; 单击"OK"按钮	
7	添加螺栓(component_20)、 弹簧垫圈(component_18)、 螺母(component_17) 选择 [Assemblies] → [components] → [Add Component]; 其余步骤同上	
8	螺栓、弹簧垫圈、螺母——镜像装配 选择 [Assemblies] → [components] → [Mirror Assembly]; 在 Mirror Assemblies Wizard 对话框, 单击"Next"按钮; 选择螺栓、弹簧垫圈、螺母; 单击"Next"按钮; 选择 Create Datum Plane; 在 Type 中选择 YC—ZC Plane; 在 Distance 中输入 90; 单击"OK"按钮; 单击"Next"按钮; 单击"Next"按钮; 单击"Finish"按钮	

● 附件的装配(表 9-7)

表 9-7　　　　　　　　　　　　　装配附件的操作步骤

序号	操作内容	操作结果图示
1	添加垫片(component_14)、螺塞(component_15) 在 Add Component 对话框,选择 Open; 选择 component_14;单击"OK"按钮; 在 Positioning 中选择 By Constraints; 单击"OK"按钮; 在 Type 中选择 Touch Align; 在 Orientation 中选择 Touch; 选择垫片贴合面;选择箱体贴合面; 单击"Apply"按钮; 在 Orientation 中选择 Infer Center/Axis; 选择垫片内孔面;选择箱体放油孔内圆柱面; 单击"OK"按钮。 同理添加螺塞(component_15)	
2	添加垫片(component_27)、 油面指示板(component_26)、 压盖(component_25)	
3	添加螺钉(component_22)	
4	螺钉——组件阵列(圆形) 选择[Assemblies]→[components]→[Create Component Array]; 在 Class Selection 对话框选择螺钉; 单击"OK"按钮; 在 Create Component Array 对话框选择 Circular; 单击"OK"按钮; 选择压盖外圆柱面; 在 Total Number 中输入 3; 在 Angle 中输入 120; 单击"OK"按钮	

续表

序号	操作内容	操作结果图示
5	添加垫片(component_24) 选择 [Assemblies] → [components] → [Add Component]; 在 Add Component 对话框,选择 Open; 选择 component_24;单击"OK"按钮; 在 Positioning 中选择 By Constraints;单击"Apply"按钮; 在 Type 中选择 Touch Align; 在 Orientation 中选择 Touch; 选择垫片贴合面;选择箱盖贴合面; 单击"Apply"按钮; 在 Orientation 中选择 Infer Center/Axis; 选择垫片螺钉孔面;选择箱盖螺钉孔面; 单击"OK"按钮	
6	添加视孔盖(component_23)	
7	添加螺钉(component_22)	
8	螺钉——组件阵列(线性) 选择 [Assemblies] → [components] → [Create Component Array]; 在 Class Selection 对话框选择螺钉;单击"OK"按钮; 在 Create Component Array 对话框选择 Linear; 单击"OK"按钮; 在 Direction Definition 中选择 Edge; 选择阵列 X 方向的边线; 选择阵列 Y 方向的边线; 在 Total Number-XC 中输入 2,Offset-XC 中输入 −36; 在 Total Number-YC 中输入 2,Offset-YC 中输入 36; 单击"OK"按钮	
9	添加透气塞(component_21)	

4. 知识解析

(1) Assembly Navigator(装配导航器)

装配导航器提供了一个装配结构的图形显示界面,也称为"树形表"。单击资源条中的 Assemblies Navigator(装配导航器)图标 ,将显示装配导航器,如图 9-60 所示的装配导航器显示的是图 9-61 所示虎钳三维造型的装配结构。

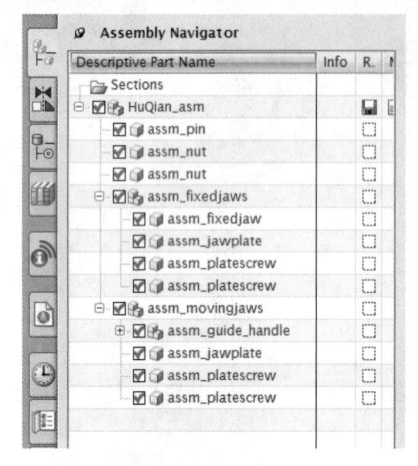

图 9-60　Assembly Navigator(装配导航器)　　　图 9-61　虎钳三维造型

① 装配导航器图标

- ——加号,表示折叠装配体或子装配体。
- ——减号,表示展开装配体或子装配体。
- ——表示装配体或子装配体。
  - 如果是黄色图标,则此装配体在工作部件内;
  - 如果是黑色实线图标,则此装配体不在工作部件内;
  - 如果是灰色虚线图标,则此装配体已被关闭。
- ——表示组件。
  - 如果是黄色图标,则此组件在工作部件内;
  - 如果是黑色实线图标,则此组件不在工作部件内;
  - 如果是灰色虚线图标,则此组件已被关闭。
- ——检查框中间为空,表示当前组件或子装配体处于关闭状态。
- ——检查框中显示灰色的勾,表示当前组件或子装配体处于隐藏状态。
- ——检查框中显示红色的勾,表示当前组件或子装配体处于显示状态。

② 装配导航器的快捷菜单

将光标定位在装配体、子装配体或组件处,单击鼠标右键,系统会弹出如图 9-62 所示的快捷菜单。通过执行快捷菜单中各命令,可以对选择的装配体、子装配体或组件进行各种操作,如果操作时快捷菜单中的某个命令为灰色,则表示对当前选择的组件不能进行此项操作。快捷菜单中各命令说明如下:

Make Work Part(转为工作部件);

Make Displayed Part(转为显示部件);

Display Parent(显示父部件);

Open(打开);

Close(关闭);

Replace Reference Set(替换引用集);

Show Lightweight(显示轻量级);

Make Unique(设为唯一);

Replace Component(替换组件);

Assembly Constraints(装配约束);

Move(移动);

Suppression(抑制);

Hide(隐藏);

Show Only(只显示);

Cut(剪切);

Copy(复制);

Delete(删除);

Show Degrees of Freedom(显示自由度);

Properties(属性)。

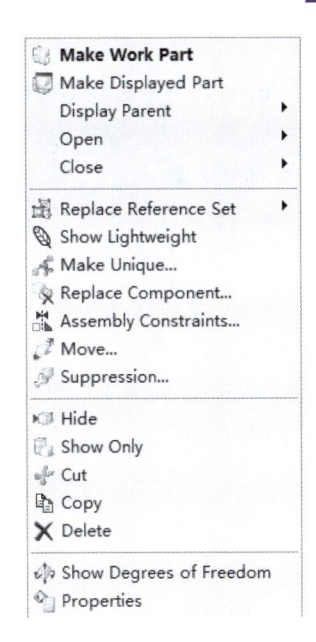

图 9-62 快捷菜单(无隐藏状态)

下面介绍快捷菜单中主要几个命令的功能:

● Make Work Part(转为工作部件)

该命令用于使当前选取的组件成为工作部件。将光标定位在某组件,单击鼠标右键,在快捷菜单中选择该命令,则选择的组件成为工作部件,可以对该组件的几何模型进行创建和编辑。此时其他组件变暗,高亮显示的组件就是当前的工作部件。

● Make Displayed Part(转为显示部件)

该命令用于使当前选取的组件成为显示部件。将光标定位在某组件,单击鼠标右键,在快捷菜单中选择该命令,则选择的组件成为显示部件。在图形窗口中只显示该组件,可以对该组件的几何模型进行创建和编辑。

● Display Parent(显示父部件)

该命令用于显示父部件,用光标定位在具有上级装配的某组件上,单击鼠标右键,在快捷菜单中选择该命令,则系统会显示所有父部件的名称,选择相应的父部件名称的命令,系统会将显示部件变为该父部件。

● Open(打开)

该命令用于在装配结构中打开某个已关闭的组件。用光标定位在没有打开的某组件上,单击鼠标右键,在快捷菜单中选择该命令,系统会弹出相应的级联菜单命令,选取相应的命令,则选择的组件就打开了。

● Close(关闭)

该命令用于关闭组件,使组件数据不出现在装配中,以提高系统操作速度。用光标定位在已打开的某组件上,单击鼠标右键,在快捷菜单中选择该命令,系统会弹出相应的级联菜单命令,选取相应的命令,则选择的组件就关闭了。

● Replace Reference Set(替换引用集)

该命令用于替换当前所选组件的引用集,用光标定位在要替换引用集的组件上,单击鼠标右键,在快捷菜单中选择该命令,在替换引用集命令的级联菜单中选取一个引用集来替换现有的引用集。

● Hide(隐藏)

该命令用于隐藏或显示选取的组件。将光标定位在处于显示状态的组件上,单击鼠标右键,在快捷菜单中选择[Hide(隐藏)],将隐藏所选取的组件。对应检查框中的红色勾变为灰色的。如果用光标定位在处于隐藏状态的组件上,单击鼠标右键,在快捷菜单中选择[Show(显示)],将显示所选取的组件,对应检查框中的灰色勾变为红色的。

(2)检查干涉

简单干涉:用于分析两个实体之间是否相交,即两个实体之间是否包含相互干涉的面、实体或边。

选择下拉菜单:[Analysis(分析)]→[Simple Interference(简单干涉)],弹出如图 9-63 所示的 Simple Interference(简单干涉)对话框。

步骤 1:First Body(第一体)

在 Select Body(选择体)中选择"方块 1",如图 9-64 所示和如图 9-65 所示。

步骤 2:Second Body(第二体)

在 Select Body(选择体)中选择"方块 2"如图 9-64 所示和如图 9-65 所示。

图 9-63 Simple Interference (简单干涉)对话框

步骤 3:Interference Check Results(干涉检查结果)

在 Resulting Object(结果对象)下拉列表中选择 Interference Body(干涉体)。

步骤 4:单击"OK"按钮,结果如图 9-64 所示和如图 9-65 所示。

图 9-64 No interference between bodies
(在两个实体间无干涉)

图 9-65 Only faces or edges interfere
(仅面或边干涉)

(3)装配爆炸图

装配爆炸图是在装配的环境下,把已装配的组件拆分开来,显示整个装配的组成状况。

① 创建爆炸图

选择下拉菜单：[Assemblies(装配)]→[Exploded Views(爆炸视图)]→[New Explosion(新建爆炸图)]，弹出如图 9-66 所示的 New Explosion(新建爆炸图)对话框。在该对话框中输入爆炸图的名称，单击"OK"按钮。

② 组件炸开

建立爆炸图后，各个组件并没有移动，如图 9-67 所示，将组件从装配位置移动的方法有两种：

图 9-66　New Explosion(新建爆炸图)对话框

图 9-67　万向轮装配体

- 方法一：Edit Explosion(编辑爆炸图)

步骤 1：选择下拉菜单：[Assemblies(装配)]→[Exploded Views(爆炸视图)]→[Edit Explosion(编辑爆炸图)]，弹出如图 9-68 所示的 Edit Explosion(编辑爆炸图)对话框。

步骤 2：在 Select Objects(选择对象)选项选中时，选择要炸开的组件。

步骤 3：在如图 9-68 所示的 Edit Explosion(编辑爆炸图)对话框中选择 Move Objects(移动对象)。

步骤 4：用动态手柄直接拖动组件到合适位置。

步骤 5：单击"Apply"按钮，其他零件同理操作，结果如图 9-69 所示。

图 9-68　Edit Explosion(编辑爆炸图)对话框

图 9-69　Edit Explosion(编辑爆炸图)

- 方法二：Auto-explode Components(自动爆炸组件)

自动爆炸组件是基于组件关联条件，沿表面的正交方向自动爆炸组件。

步骤 1：选择下拉菜单：[Assemblies(装配)]→[Exploded Views(爆炸视图)]→[Auto-explode Components(自动爆炸组件)]，弹出 Class Selection(类选择)对话框。

步骤 2：选择要炸开的组件，单击"OK"按钮。

步骤 3：弹出如图 9-70 所示的 Auto-explode Components(自动爆炸组件)对话框，在 Distance(距离)文本框输入组件之间炸开的距离。

步骤 4：单击"OK"按钮，结果如图 9-71 所示。

Auto-explode Components(自动爆炸组件)对话框选项说明：

Distance(距离)：自动爆炸组件之间的距离。

图 9-70 Auto-explode Components(自动爆炸组件)对话框　　图 9-71 Auto-explode Components(自动爆炸组件)

Add Clearance(添加间隙):勾选则表示组件相对于配对组件移动的距离。

自动爆炸只能炸开具有配对条件的组件,对于没有配对条件的组件应使用编辑爆炸图。

(4)组件应用

①Mirror Assembly(镜像装配)

镜像装配是针对沿基准面对称分布规律的组件,实现快速装配相同零部件的一种装配方式。

选择下拉菜单:[Assemblies(装配)]→[Components(组件)]→[Mirror Assembly(镜像装配)],弹出如图 9-72 所示的 Mirror Assemblies Wizard(镜像装配向导)对话框。

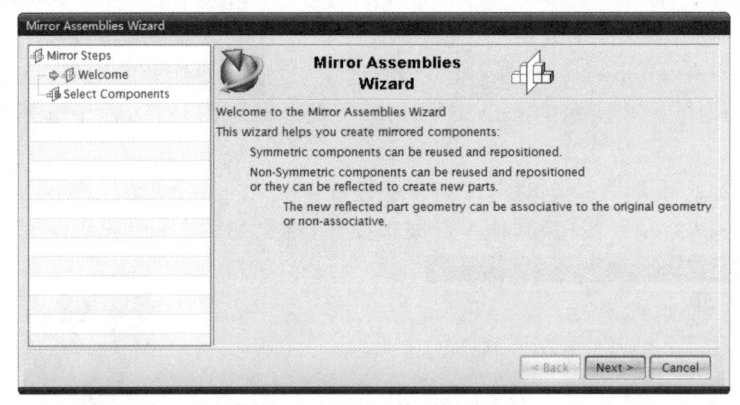

9-72 Mirror Assemblies Wizard(镜像装配向导)对话框——Welcome(欢迎)界面

步骤 1:在 Welcome(欢迎)界面单击"Next(下一个)"按钮,进入 Mirror Assemblies Wizard(镜像装配向导)对话框的 Select Components(选择组件)界面,如图 9-73 所示。

图 9-73 Mirror Assemblies Wizard(镜像装配向导)对话框——Select Components(选择组件)界面

步骤 2：在 Select Components（选择组件）界面选择要镜像的组件，单击"Next（下一个）"按钮，进入 Mirror Assemblies Wizard（镜像装配向导）对话框的 Select Plane（选择平面）界面，如图 9-74 所示。

图 9-74　Mirror Assemblies Wizard（镜像装配向导）对话框——Select Plane（选择平面）界面

步骤 3：在 Select Plane（选择平面）界面选择镜像平面（如果没有平面能作为镜像平面，则单击 Create Datum Plane（创建基准平面）图标，弹出 Datum Plane（基准平面）对话框，选择基准平面后单击"OK"按钮），单击"Next（下一个）"按钮，进入 Mirror Assemblies Wizard（镜像装配向导）对话框的 Mirror Setup（镜像设置）界面，如图 9-75 所示。

图 9-75　Mirror Assemblies Wizard（镜像装配向导）对话框——Mirror Setup（镜像设置）界面

步骤 4：在 Mirror Setup（镜像设置）界面，单击"Next（下一个）"按钮，进入 Mirror Assemblies Wizard（镜像装配向导）对话框的 Mirror Review（镜像查看）界面，如图 9-76 所示。

步骤 5：可以单击 Cycle Reposition Solutions（循环重定位解算方案）图标，切换几种镜像方案，单击"Finish（完成）"按钮，结果如图 9-77 所示。

②Create Component Array（创建组件阵列）

创建组件阵列是按照圆周或线性分布规律快速复制组件，从而快速装配相同零部件的一种装配方式。

选择下拉菜单：［Assemblies（装配）］→［Components（组件）］→［Create Component

图 9-76　Mirror Assemblies Wizard(镜像装配向导)对话框——Mirror Review(镜像查看)界面

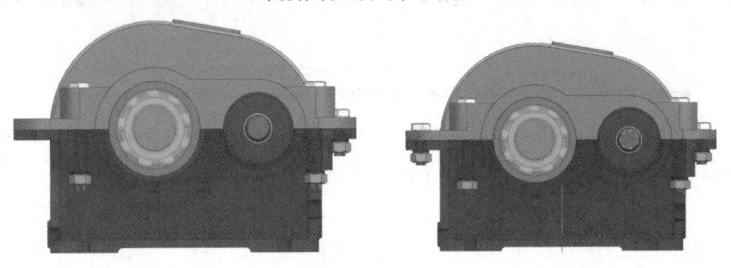

图 9-77　Mirror Assembly(镜像装配)——螺栓、弹簧垫圈、螺母

Array(创建组件阵列)],弹出如图 9-78 所示的 Class Selection(类选择)对话框,选择要阵列的组件,单击"OK"按钮,弹出如图 9-79 所示的 Create Component Array(创建组件阵列)对话框。

图 9-78　Class Selection(类选择)对话框 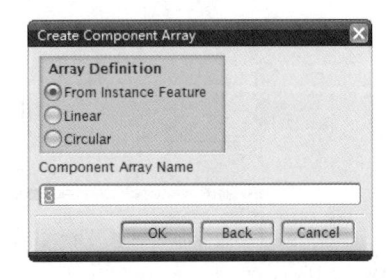　　　　图 9-79　Create Component Array(创建组件阵列)对话框

Array Definition(阵列定义):
From Instance Feature(从实例特征):根据源组件的装配约束来定义阵列组件的装配约束。
Linear(线性):指定参照设置及行数、行距和列数、列距来创建组件特征。
Circular(圆形):将对象绕轴线沿圆周均匀分布来创建组件特征。

● From Instance Feature(从实例特征)

步骤 1:在如图 9-79 所示的 Create Component Array(创建组件阵列)对话框中选择 From Instance Feature(从实例特征)单选按钮。

步骤2：在 Component Array Name(组件阵列名)文本框中编辑阵列名称。
步骤3：单击"OK"按钮，结果如图9-80所示。

图 9-80　From Instance Feature(从实例特征)创建组件阵列

从实例特征是参照装配体中部件的阵列来创建组件阵列的，将组件约束到一个实例特征上。箱体上的四个孔特征是通过矩形阵列特征(对特征形成图样命令中的线性子命令)来创建的，螺栓、弹簧垫圈和螺母被约束到箱体上的四个阵列孔。

- Linear(线性)

步骤1：在如图9-79所示的 Create Component Array(创建组件阵列)对话框中选择 Linear(线性)单选按钮，在 Component Array Name(组件阵列名)文本框中编辑阵列名称，单击"OK"按钮。

步骤2：弹出 Create Linear Array(创建线性阵列)对话框，如图9-81所示，选择 Edge(边)单选按钮，分别在装配体中选择两条边定义 XC 方向和 YC 方向。

Face Normal(面的法向)：选择表面的法向作为阵列的方向。

Datum Plane Normal(基准平面法向)：选择两个方向的基准平面，以它们的法向来定义 XC 和 YC 方向参考。

Edge(边)：选择边线来定义阵列的 XC 和 YC 方向参考。

Datum Axis(基准轴)：选择基准轴来定义阵列的方向。

步骤3：在 Total Number-XC(总数-XC)文本框中输入 XC 方向阵列组件的数量，在 offset-XC(偏置-XC)文本框中输入 XC 方向的阵列距离增量(输入负值表示向相反方向阵列)。

步骤4：在 Total Number-YC(总数-YC)文本框中输入 YC 方向阵列组件的数量，在 offset-YC(偏置-YC)文本框中输入 YC 方向的阵列距离增量(输入负值表示向相反方向阵列)。

步骤5：单击"OK"按钮，结果如图9-82所示。

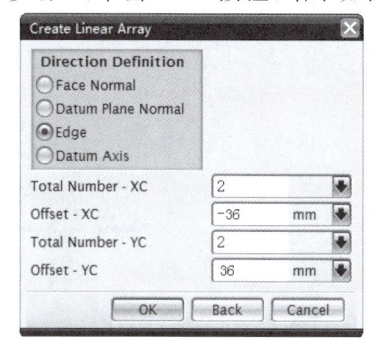

图 9-81　Create Linear Array(创建线性阵列)对话框

图 9-82　Linear(线性)创建组件阵列

- Circular(圆形)

步骤1：在如图9-79所示的 Create Component Array(创建组件阵列)对话框中选择 Circular(圆形)单选按钮，在 Component Array Name(组件阵列名)文本框中编辑阵列名称,单击"OK"按钮。

步骤 2:弹出 Create Circular Array(创建圆形阵列)对话框,如图 9-83 所示,选择 Cylindrical Face(圆柱面)单选按钮,在装配体中选择圆柱面来定义阵列轴。

Cylindrical Face(圆柱面):选择圆柱面定义阵列轴。

Edge(边):选择边线定义阵列轴。

Datum Axis(基准轴):选择基准轴定义阵列轴。

步骤 3:在 Total Number(总数)文本框中输入阵列组件的数量,在 Angle(角度)文本框中输入相邻圆形阵列之间的角度。

步骤 4:单击"OK"按钮,结果如图 9-84 所示。

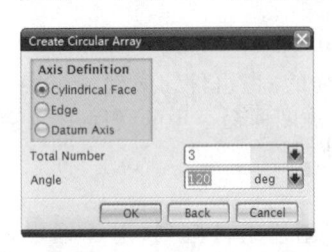

图 9-83　Create Circular Array
(创建圆形阵列)对话框

图 9-84　Circular(圆形)创建组件阵列

③Move Component(移动组件)

根据设计要求来移动装配中组件的一种装配方式。

选择下拉菜单:[Assemblies(装配)]→[Component Position(组件位置)]→[Move Component(移动组件)],弹出如图 9-85 所示的 Move Component(移动组件)对话框。

步骤 1:选择要移动的组件。

步骤 2:在 Motion(运动)下拉列表中选择 Distance(距离)。

步骤 3:在 Specify Vector(指定矢量)下拉列表中选择移动方向。

步骤 4:在 Distance(距离)文本框中输入移动距离值。

步骤 5:在 Mode(模式)下拉列表中选择 No Copy(不复制)。

步骤 6:单击"OK"按钮,结果如图 9-86 所示。

图 9-85　Move Component(移动组件)对话框

图 9-86　Move Component(移动组件)

练习与提示

9-1 根据已完成的千斤顶零件的三维造型,进行装配并创建爆炸图,千斤顶零件与装配体如图 9-87 所示(千斤顶零件的三维造型参见随书附赠光盘)。

component_1 (底座)	component_2 (螺杆)	component_3 (圆杆)
component_4 (托盘)	component_5 (螺钉)	千斤顶装配体

图 9-87 题 9-1 图

9-2 制作阀门的装配体模型,如图 9-88 所示,各零件的结构与尺寸如图 9-89～图 9-94 所示。

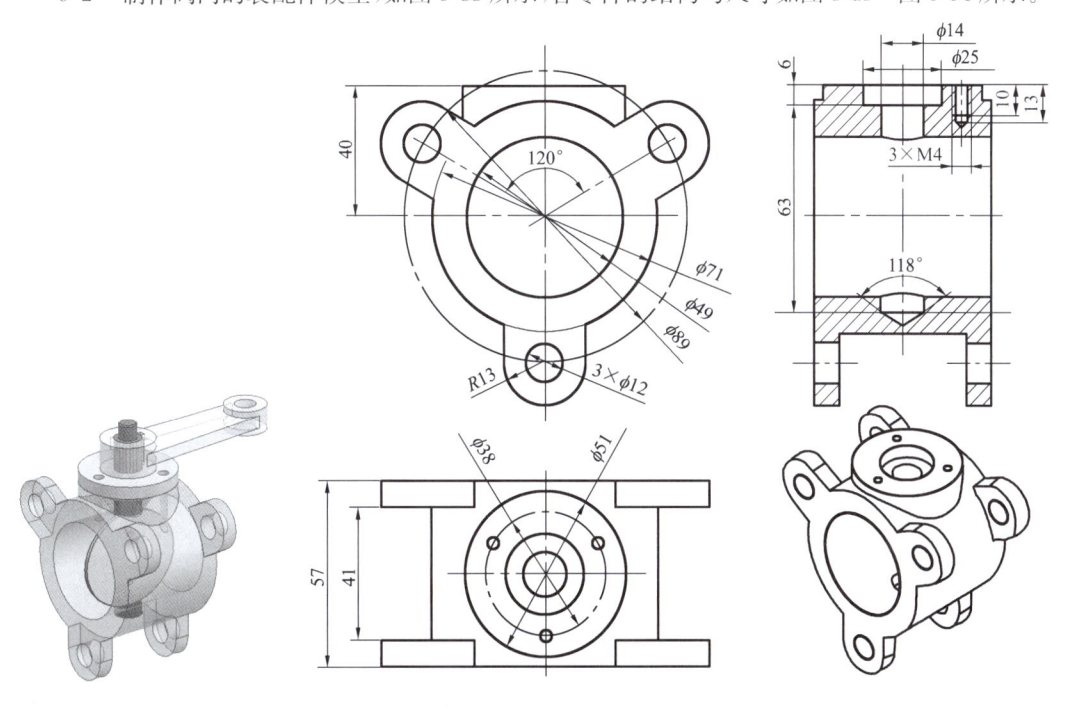

图 9-88 题 9-2 图(1)

图 9-89 题 9-2 图(2)

图 9-90 题 9-2 图(3)

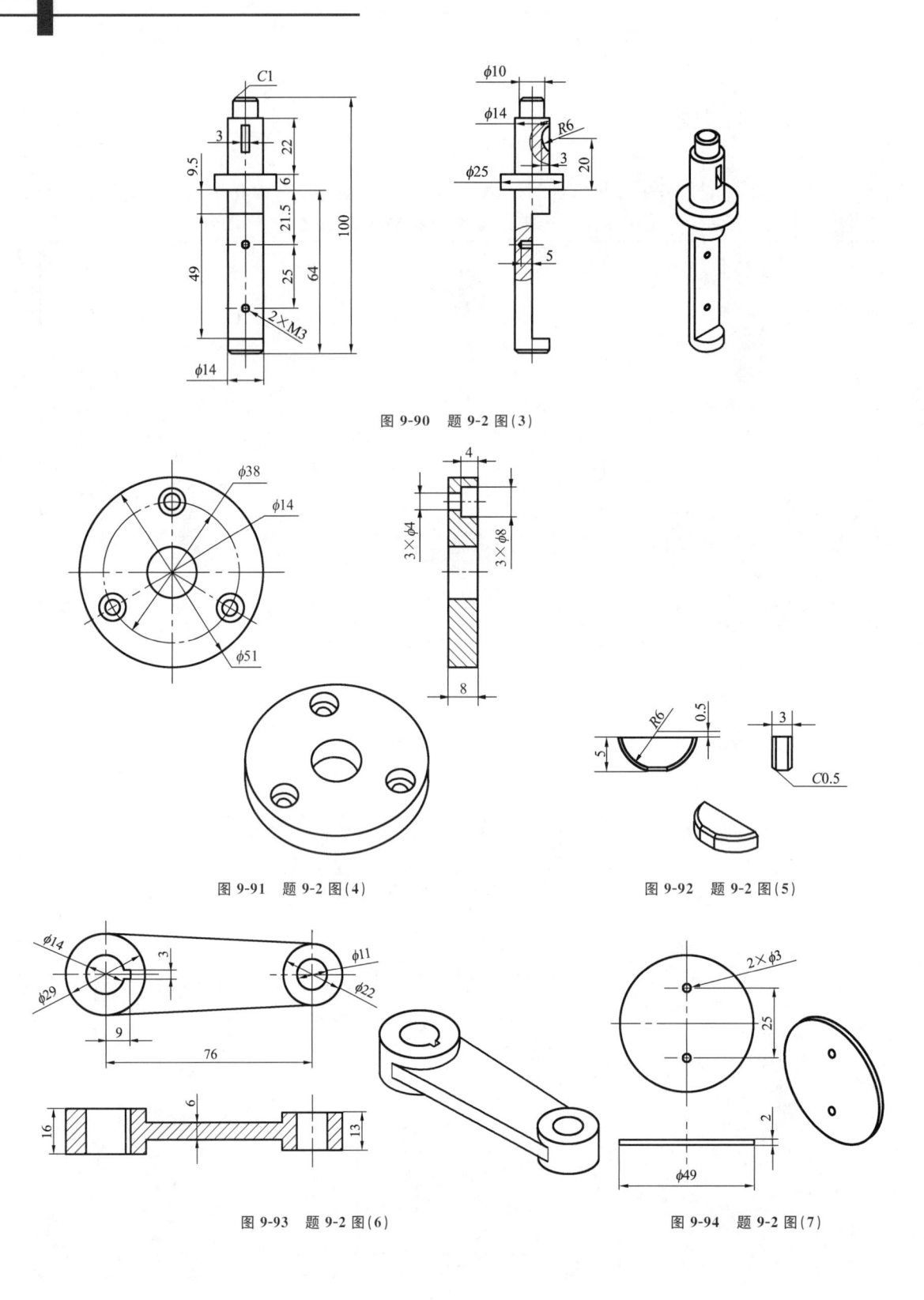

图 9-91 题 9-2 图(4)

图 9-92 题 9-2 图(5)

图 9-93 题 9-2 图(6)

图 9-94 题 9-2 图(7)

学习情境 10
平口钳——绘制工程图

学习目标

1. 利用平口钳的钳口零件模型,生成钳口的二维工程图,让读者进入了解 UG 工程图模块的学习,了解 UG 制图的一般过程及基本视图和全剖视图的绘制。

2. 通过绘制平口钳的活动钳身、固定钳身以及丝杠零件的二维工程图,逐步介绍 UG 工程图模块中投影视图、半剖视图、局部剖视图、局部放大图、断开视图等各种类型视图的运用场合和生成方法,同时逐步展开说明尺寸、几何公差和注释等内容的标注及编辑,以及添加图框和标题栏的方法,让读者能够协调地、系统地完成零件工程图的绘制。

3. 在一定数量零件工程图绘制的基础上,利用 UG 工程图的预设置功能,对制图参数、注释、剖切线、视图和视图标签等进行个性化的预设置,形成个人的制图环境,从建模、装配到工程图全面地完成后面的练习,进一步提高制图的速度和规范性,并得到全面的综合训练。

学习任务

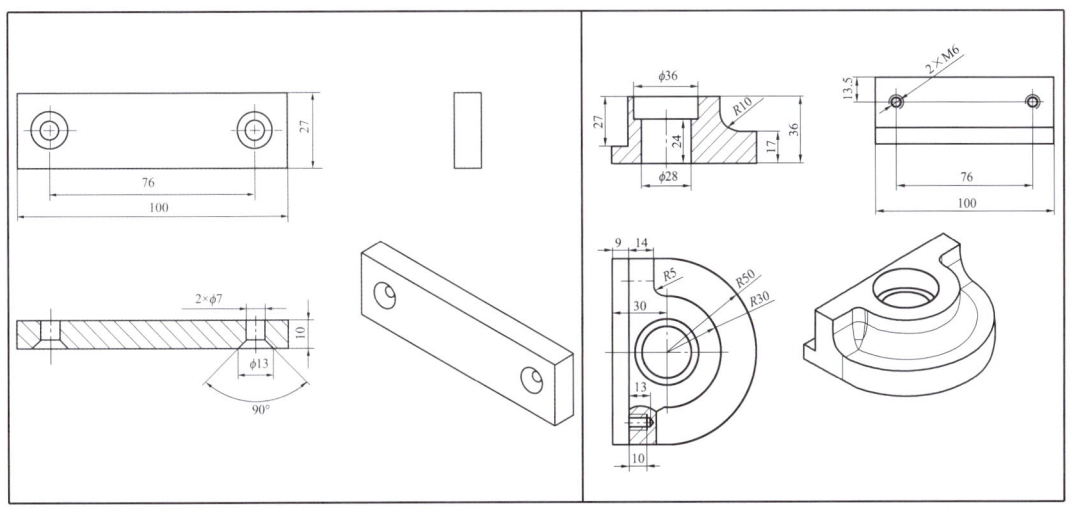

任务 1

任务 2

任务3

任务4

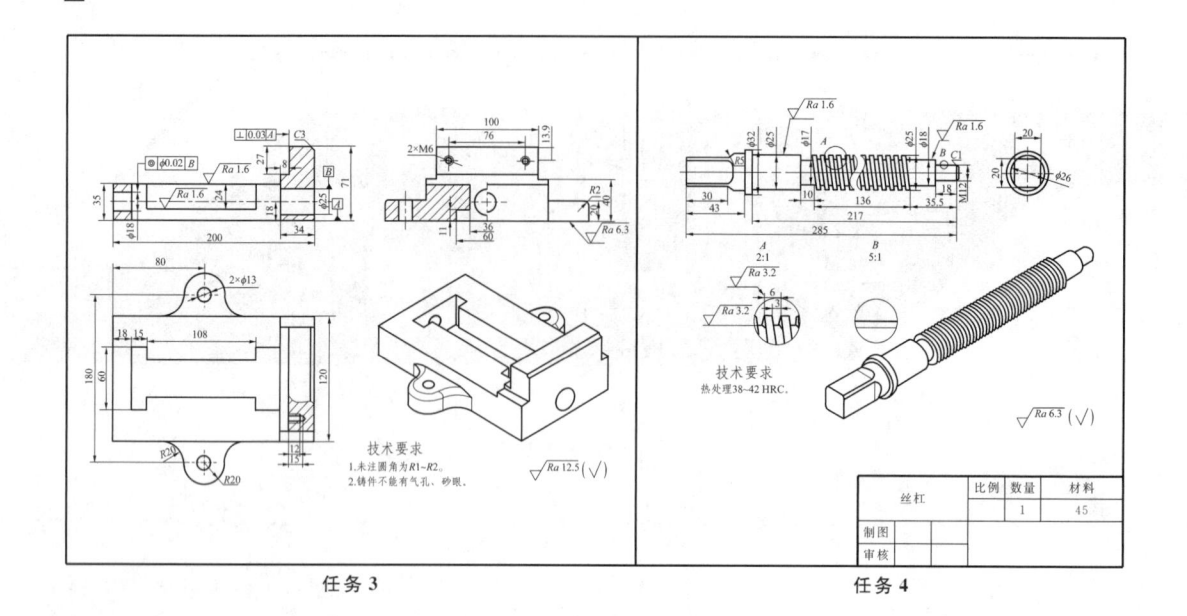

任务1　钳口——图纸的建立与编辑、基本视图、全剖视图

1. 任务要求

制作钳口的三维造型并绘制二维工程图，钳口的结构与尺寸如图10-1所示。

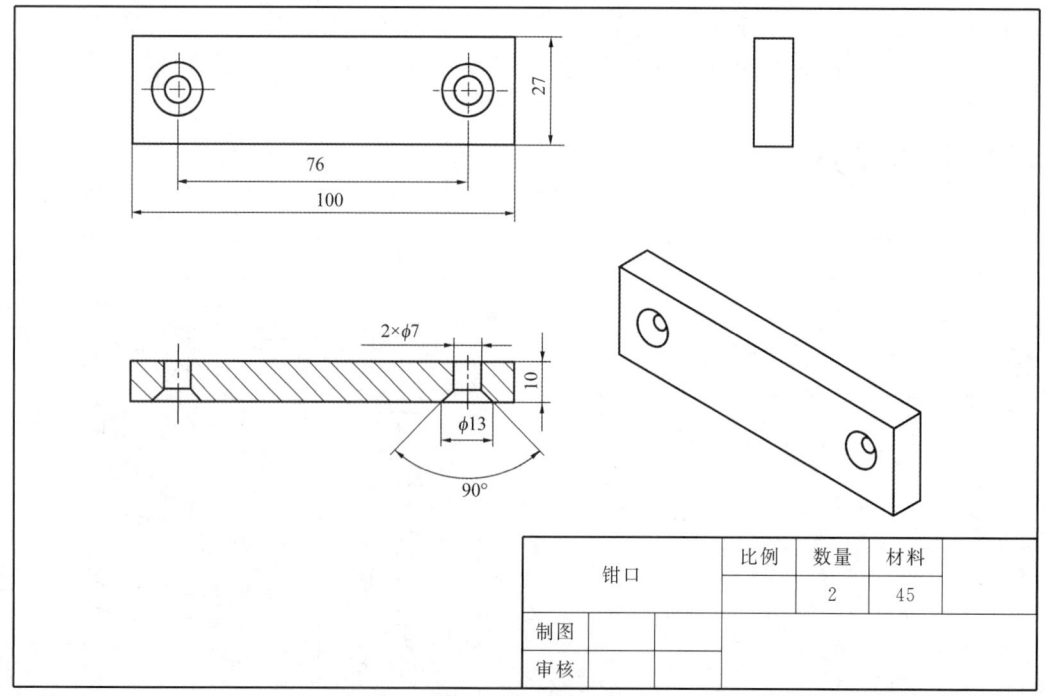

图10-1　钳口零件图

2. 任务分析

钳口零件的形状与结构简单，比较容易运用UG的工程图模块建立钳口的二维工程图。

在选择主视图时，一般首先考虑零件的工作位置或反映零件主要形状特征的投影方向。综合考虑工作位置与形状特征，在创建钳口的三维造型后，通过投影获得主视图、左视图和轴测图，并运用全剖视图来获得俯视图，以表达零件的细节结构。

3. 任务实施

操作步骤见表 10-1。

表 10-1　　　　　　　　　　　　　操作步骤（1）

序号	操作内容	操作结果图示
1	制作钳口三维造型 在 Modeling（三维造型）模块创建钳口三维造型（或打开已创建的钳口三维造型文件）	
2	进入制图环境 选择［Start］→［Drafting］	
3	新建图纸页 单击 Drawing 工具栏中的 New Sheet 图标； 在 Sheet 对话框， Size 组，选择 Standard Size； Size 选择 A4-210×297； Scale 选择 1∶1； Name 组，Drawing Sheet Name 默认 SHT1； Settings 组，Units 选择 Millimeters； Projection 选择 1 st Angle Projection； 取消勾选 Automatically Start View Creation； 单击"OK"按钮	
4	创建基本视图（主视图、左视图、正等测视图） 单击 Drawing 工具栏中的 Base View 图标； Model View 组，Model View to Use 选择 Front； Scale 组，Scale 选择 1∶1； 在图中放置主视图的位置单击鼠标左键（完成主视图创建）；鼠标向正右方拉，在左视图的放置位置单击鼠标左键（完成左视图创建），单击"Close"按钮。 单击 Drawing 工具栏中的 Base View 图标； Model View 组，Model View to Use 选择 Isometric；在图中放置正等测视图的位置单击鼠标左键（完成正等测视图创建）；单击"Close"按钮	

续表

序号	操作内容	操作结果图示
5	创建全剖视图（俯视图） 单击 Drawing 工具栏中的 Section View 图标； 选择主视图； 选择主视图圆心； 鼠标向正下方拉； 在俯视图的放置位置单击鼠标左键（完成俯视图创建）	
6	标注尺寸 单击 Dimension 工具栏中的 Inferred Dimension 图标； 在图中标注尺寸	

4. 知识解析

三维造型设计技术以其特有的优势，取得了巨大的发展与进步，但是在实际生产中，三维造型因为不能表达全部的设计信息，如尺寸公差、几何公差以及表面结构等信息，所以能包含上述信息的二维工程图仍具有重要的实际使用意义。

(1)图纸的建立与编辑

工程图（Drafting）模块的功能是根据已创建的 3D 模型来产生投影视图，并进行尺寸标注。工程图模块具有以下特点：

- 有一个直观的、易于使用的、图形化的用户界面，图与模型相关；
- 主模型方法支持并行工程；
- 自动的正交视图对准；
- 大多数制图对象的编辑与建立在同一对话框中；
- 用户可控制图的更新；
- 支持 GB 制图标准（已达 90% 左右）

UG 制图的一般过程如图 10-2 所示。

①建立图纸

- 进入制图环境

选择下拉菜单：[Start(开始)]→[Drafting(制图)]，如图 10-3 所示。

- 新建图纸页

单击工具栏图标：Drawing(图纸)工具栏中的 New Sheet(新建图纸)图标，弹出如图 10-4 所示的 Sheet(图纸页)对话框。

Ⅰ. Size(大小)组

Use Template(使用模板)：用于直接生成模板视图。

Standard Size(标准尺寸)：用于指定图纸的标准尺寸和规格，可直接从下拉列表中选择。

学习情境 10　平口钳——绘制工程图

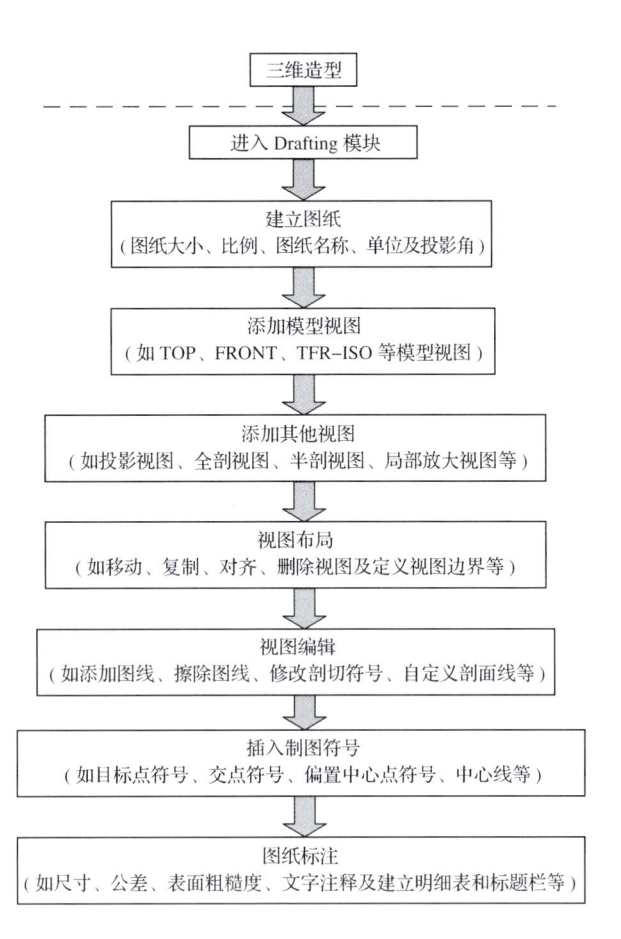

```
三维造型
   ↓
进入 Drafting 模块
   ↓
建立图纸
(图纸大小、比例、图纸名称、单位及投影角)
   ↓
添加模型视图
(如 TOP、FRONT、TFR-ISO 等模型视图)
   ↓
添加其他视图
(如投影视图、全剖视图、半剖视图、局部放大视图等)
   ↓
视图布局
(如移动、复制、对齐、删除视图及定义视图边界等)
   ↓
视图编辑
(如添加图线、擦除图线、修改剖切符号、自定义剖面线等)
   ↓
插入制图符号
(如目标点符号、交点符号、偏置中心点符号、中心线等)
   ↓
图纸标注
(如尺寸、公差、表面粗糙度、文字注释及建立明细表和标题栏等)
```

图 10-2　UG 制图的一般过程

图 10-3　进入制图环境

图 10-4　Sheet(图纸页)对话框 1

Custom Size(定制尺寸):用于用户自己制定非标准图纸尺寸。
Size(大小):用于选择标准尺寸和规格的图纸。
Scale(比例):用于设置工程图中各类视图的比例大小,从下拉列表中选用。
Ⅱ.Name(名称)组
Sheets in Drawing(在图纸中的图纸页)
Drawing Sheet Name(图纸页名称):用于输入新建工程图的名称,系统默认的命名方式为"SHT+数字"。
Sheet Number(页号)
Revision(版本)
Ⅲ.Settings(设置)组
Units(单位):用于设置工程图纸尺寸的单位,包括 Millimeters(毫米)、Inches(英寸)。
Projection(投影角):用于设置视图的投影角度方式。系统提供按第一象限角投影和按第三象限角投影,如图10-5所示,国家标准规定用第一象限角投影。

(a) 第一象限角投影　　　　(b) 第三象限角投影

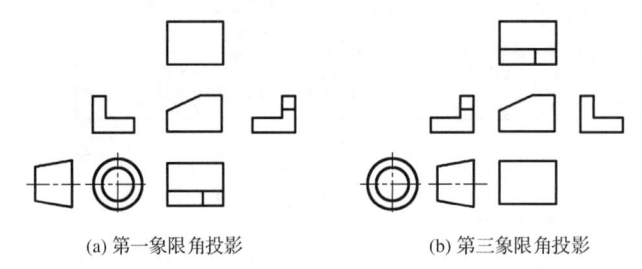

图10-5　Projection(投影角)

② 编辑图纸

选择下拉菜单[Edit(编辑)]→[Sheet(图纸页)],弹出如图10-6所示的Sheet(图纸页)对话框,在该对话框中可以对工程图的图纸页名称、图幅大小、单位、比例等参数进行编辑修改。

(2) 基本视图

单击工具栏图标:Drawing(图纸)工具栏中的Base View(基本视图)图标,或选择下拉菜单:[Insert(插入)]→[View(视图)]→[Base(基本)],弹出如图10-7所示Base View(基本视图)对话框。

① 选项说明

● View Origin(视图原点)组

Specify Location(指定位置):在适合位置单击鼠标左键,放置基本视图。

Move View(移动视图):移动视图至图纸合适位置。

● Model View(模型视图)组

Model View to Use(模型视图的使用):用于设置向图纸中添加的视图类型,其下拉列表提供了 Top(俯视图)、Front(前视图)、Right(右视图)、Back(后视图)、Bottom(仰视图)、Left(左视图)、Isometric(正等测视图)、Trimetric(正二测视图)共八种类型的视图。

图 10-6 Sheet(图纸页)对话框 2 　　　　图 10-7 Base View(基本视图)对话框

Orient View Tool(定向视图工具):用于自由旋转、寻找合适的视角,单击鼠标中键就可以放置基本视图。

- Scale(比例)组

Scale(比例):用于设置图纸中的视图比例。

②操作步骤

步骤 1:设置视图类型、比例、视图显示参数。

步骤 2:放置基本视图。

(3)全剖视图

单击工具栏图标:Drawing(图纸)工具栏中的 Section View(剖视图)图标，或选择下拉菜单:[Insert(插入)]→[View(视图)]→[Section(截面)]→[Simple/Stepped(简单/阶梯剖)],弹出如图 10-8 所示的 Section View(剖视图)工具栏。

图 10-8 Section View (剖视图)工具栏 1

①选项说明

Parent(父):选择一个合适的视图为剖视图的父视图。

Settings(设置):设置剖切线箭头的大小、样式、颜色、线型、线宽以及剖切符号名称等参数。

Preview(预览)

②操作步骤

步骤 1:选择父视图,弹出如图 10-9 所示的 Section View(剖视图)工具栏。

步骤 2:定义剖切位置。

步骤 3:定义剖切方向。

步骤 4:放置全剖视图,如图 10-10 所示。

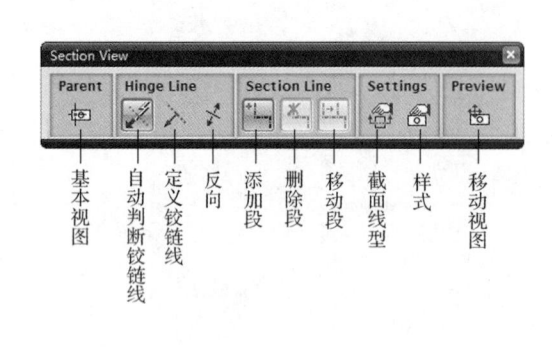

图 10-9　Section View(剖视图)工具栏 2

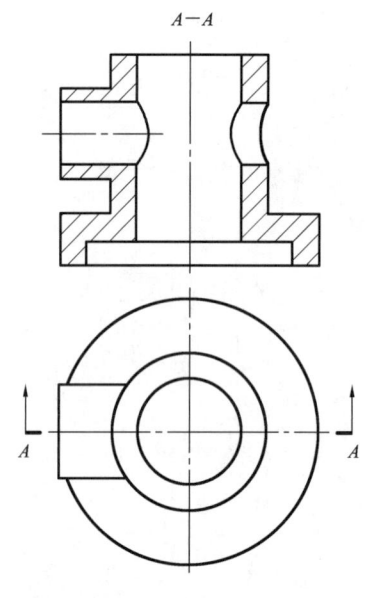

图 10-10　全剖视图

任务 2　活动钳身——投影视图、局部剖视图、标注尺寸

1. 任务要求

制作活动钳身的三维造型并绘制二维工程图,活动钳身的结构与尺寸如图 10-11 所示。

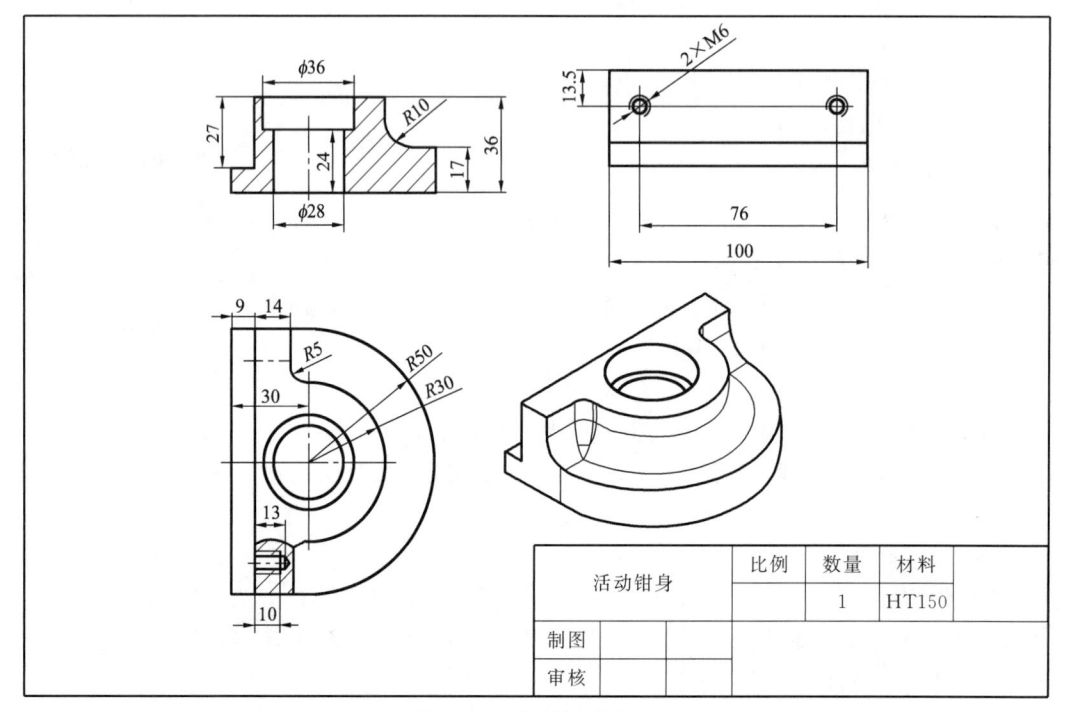

图 10-11　活动钳身零件图

2. 任务分析

活动钳身的形状和结构有些复杂,内有沉头孔、螺纹孔,外有圆弧面、台阶等。拟采用全剖视图的主视图表达沉头孔内部特征,用投影视图取得的左视图表达零件外部特征,在用基本视图获得的俯视图中既能看到零件的外部结构与特征,又运用局部剖视图表达螺纹孔内部的细节特征。

3. 任务实施

操作步骤见表 10-2。

表 10-2　　　　　　　　　　　　操作步骤(2)

序号	操作内容	操作结果图示
1	制作活动钳身三维造型 在 Modeling(三维造型)模块创建活动钳身三维造型 (或打开已创建的活动钳身三维造型文件)	
2	进入制图环境,新建图纸页 选择［Start］→［Drafting］; 单击 Drawing 工具栏中的 New Sheet 图标; 在 Sheet 对话框, Size 组,选择 Standard Size; Size 选择 A3-297×420; Scale 选择 1∶1; Name 组,Drawing Sheet Name 默认 SHT1; Settings 组,Units 选择 Millimeters; Projection 选择 1 st Angle Projection; 取消勾选 Automatically Start View Creation; 单击"OK"按钮	
3	创建基本视图(俯视图、正等测视图) 单击 Drawing 工具栏中的 Base View 图标; Model View 组,Model View to Use 选择 Top; Scale 组,Scale 选择 1∶1; 在图中放置俯视图的位置单击鼠标左键(完成俯视图创建); 单击"Close"按钮。 单击 Drawing 工具栏中的 Base View 图标; Model View 组,Model View to Use 选择 Isometric; 在图中放置正等测视图的位置单击鼠标左键(完成正等测视图创建); 单击"Close"按钮	
4	设置视图样式 双击俯视图边界,弹出 View Style 对话框; 选择 Smooth Edges 选项卡; 取消勾选 Smooth Edges; 单击"OK"按钮 双击正等测视图边界,弹出 View Style 对话框; 选择 Smooth Edges 选项卡; 在 Smooth Edges 选项下的第一个下拉列表中选择 Solid; 在 Smooth Edges 选项下的第二个下拉列表中选择 Thin; 单击"OK"按钮	

续表

序号	操作内容	操作结果图示
5	创建全剖视图（主视图） 单击 Drawing 工具栏中的 Section View 图标； 选择俯视图； 选择俯视图圆心； 鼠标向正上方推； 在主视图的放置位置单击鼠标左键（完成主视图创建）	
6	创建投影视图（左视图） 单击 Drawing 工具栏中的 Projected View 图标； 在 Projected View 对话框中， Parent View 组，单击 Select View 图标； 在绘图区选择主视图，鼠标向正右方推，在左视图的放置位置单击鼠标左键（完成左视图创建）； 单击"Close"按钮	
7	创建局部剖视图（在俯视图中） (1) 绘制局部剖视图的区域线 在俯视图附近单击鼠标右键，选择[Expand]； 单击 Curve 工具栏中的 Studio Spline 图标；在绘图区俯视图中局部剖视图区域单击鼠标左键；构建边界曲线，单击 Studio Spline 对话框中选项 Close，封闭曲线；单击"OK"按钮；再次在俯视图附近单击鼠标右键，选择[Expand]。 (2) 产生局部剖视图 单击 Drawing 工具栏中的 Break-out Section View 图标； 选择俯视图，选择左视图的圆心（右侧的）；单击鼠标中键； 选择样条曲线，单击"Apply"按钮；单击"Cancel"按钮	
8	添加中心线 单击 Annotation 工具栏中的 2D Centerline 图标； 在图中选择 M6 螺纹孔的粗实线； 单击"OK"按钮	
9	标注尺寸 单击 Dimension 工具栏中的 Inferred Dimension 图标； 在图中标注尺寸	

4. 知识解析

(1) 投影视图

单击工具栏图标:Drawing(图纸)工具栏中的 Projected View(投影视图)图标 ，或选择下拉菜单:[Insert(插入)]→[View(视图)]→[Projected View(投影视图)],弹出如图 10-12 所示的 Projected View(投影视图)对话框。

① 选项说明

● Parent View(父视图):系统默认上一步添加的视图为父视图,可以单击 Select View 图标重新选择。

Select View(选择视图)

● Hinge Line(折叶线):系统默认在父视图的中心位置出现一条折叶线,用户拖动鼠标方向来改变折叶线的法线方向,判断实时预览生成的视图。

Vector Option(矢量选项)
Reverse Projected Direction(反转投影方向)
Associative(关联)

● View Origin(视图原点)

Specify Location(指定位置)

Placement(放置)

Method(方法):Infer(自动判断)。

图 10-12 Projected View(投影视图)对话框

② 操作步骤

步骤 1:选择父视图(如图 10-13 所示的全剖视图)。
步骤 2:放置投影视图,如图 10-13 所示。

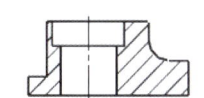

图 10-13 Projected View(投影视图)

(2) 局部剖视图

单击工具栏图标:Drawing(图纸)工具栏中的 Break-Out Section View(局部剖视图)图标 ，或选择下拉菜单:[Insert(插入)]→[View(视图)]→[Section(截面)]→[Break-Out(局部剖)],弹出如图 10-14 所示的 Break-Out Section(局部剖视图)对话框。

步骤 1:选择要局部剖切的视图。
步骤 2:捕捉基点(基点在剖切面上)。
步骤 3:指定拉伸方向(视图的法向)。
步骤 4:选择定义局部剖视图边界的封闭曲线。

注意:剖切曲线的创建——在要局部剖切的视图边界上单击鼠标右键,选择[Expand(扩展)],用曲线功能画剖切封闭边界,再在视图边界上单击鼠标右键,选择[Expand(扩

展)]取消该功能。

步骤5：单击"Apply"按钮，再单击"Cancel"按钮，结果如图10-15所示。

图10-14　Break-Out Section(局部剖视图)对话框

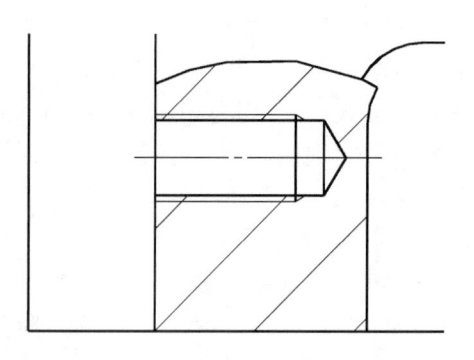

图10-15　Break-Out Section(局部剖视图)

(3)标注尺寸

单击工具栏图标：如图10-16所示Dimension(尺寸)工具栏中的Inferred Dimension(自动判断尺寸)图标，或选择下拉菜单：[Insert(插入)]→[Dimension(尺寸)]，在Dimension(尺寸)子菜单中选择所需要的尺寸类型或选择[Inferred(自动判断)]，弹出如图10-17所示的Inferred Dimension(自动判断尺寸)工具栏。

图10-16　Dimension(尺寸)工具栏

图10-17　Inferred Dimension(自动判断尺寸)工具栏

①Inferred Dimension(自动判断尺寸)工具栏说明

Value(值)

——设置尺寸公差的类型。

——设置小数点后的显示位数。

Text(文本)

——进入Text Editor(文本编辑器)对话框，添加文本与符号(包括前缀和后缀)等，如图10-18所示。

Settings(设置)

——进入Dimension Style(尺寸样式)对话框，如图10-19所示，进行尺寸参数的详细设置。

——Reset(重置)，将各个选项还原为默认值。

Driving(驱动)——用于驱动尺寸标注。

Stacking(层叠)

Alignment(对齐)

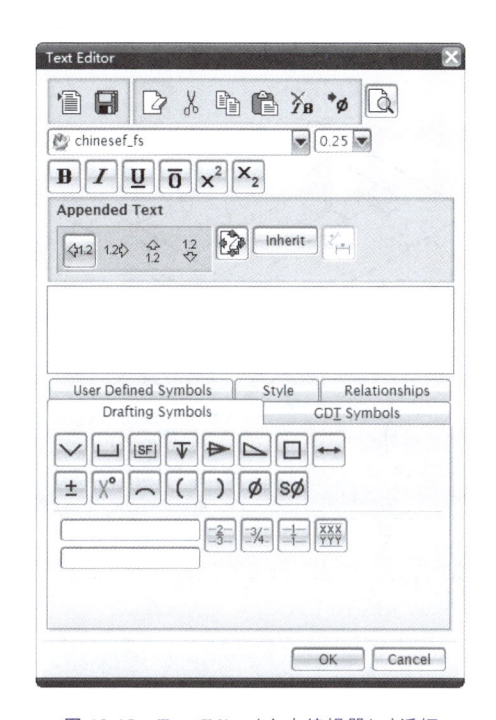

图 10-18　Text Editor(文本编辑器)对话框

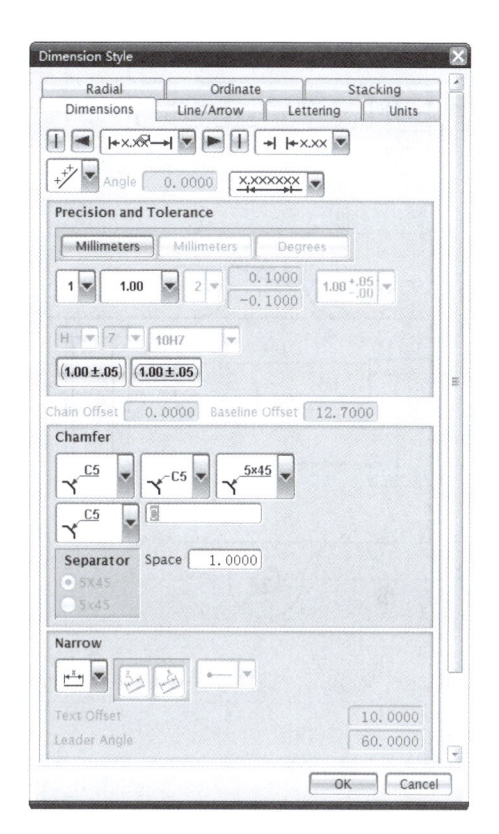

图 10-19　Dimension Style(尺寸样式)对话框

②创建尺寸标准

步骤 1：选择尺寸类型。

步骤 2：设置尺寸样式。

步骤 3：选择要标注尺寸的对象(点或线)。

步骤 4：单击鼠标左键放置尺寸。

③编辑尺寸

用鼠标左键双击一次尺寸值，显示 Edit Dimension(编辑尺寸)对话框。

用鼠标左键双击两次尺寸值，显示 Dimension Style(尺寸样式)对话框。

光标移到某一尺寸，单击鼠标右键显示快捷菜单，选择命令进行编辑。

任务 3　固定钳身——半剖视图、标注几何公差、添加注释

1. 任务要求

制作固定钳身的三维造型并绘制二维工程图，固定钳身的结构与尺寸如图 10-20 所示。

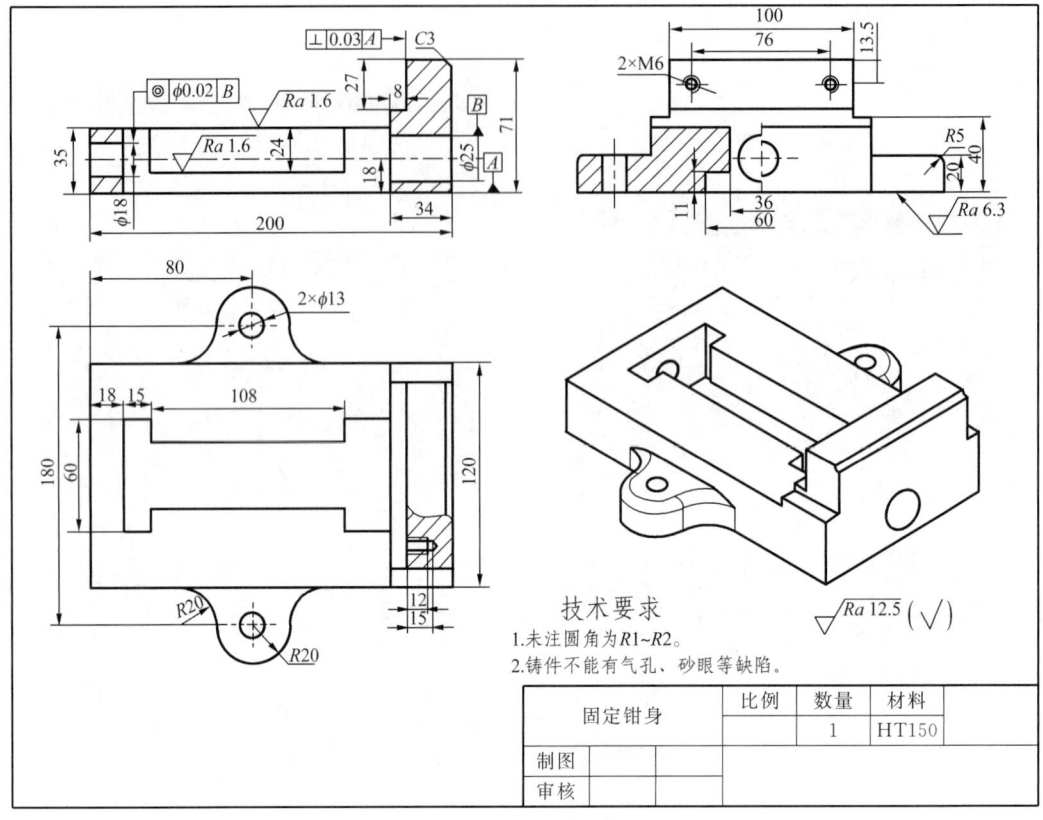

图 10-20 固定钳身零件图

2. 任务分析

固定钳身的形状和结构比较复杂,有矩形腔体、通孔、螺纹孔、台阶等特征。拟采用全剖视图的主视图主要表达零件的内部结构特征,采用半剖视图的左视图内外兼顾,在俯视图中主要表达零件的外部结构特征,并用局部剖视图来表达螺纹孔的细节特征。

3. 任务实施

操作步骤见表 10-3。

表 10-3　　　　　　　　　操作步骤(3)

序号	操作内容	操作结果图示
1	制作固定钳身三维造型 在 Modeling(三维造型)模块创建固定钳身三维造型(或打开已创建的固定钳身三维造型文件)	
2	进入制图环境,新建图纸页 选择[Start]→[Drafting]; 单击 Drawing 工具栏中的 New Sheet 图标; 在 Sheet 对话框, Size 组,选择 Standard Size; Size 选择 A2-420×594; Scale 选择 1∶1; Name 组,Drawing Sheet Name 默认 SHT1; Settings 组,Units 选择 Millimeters; Projection 选择 1 st Angle Projection; 取消勾选 Automatically Start View Creation; 单击"OK"按钮	

续表

序号	操作内容	操作结果图示
3	创建基本视图(俯视图、正等测视图) 单击 Drawing 工具栏中的 Base View 图标； Model View 组，Model View to Use 选择 Top； Scale 组，Scale 选择 1∶1； 在图中放置俯视图的位置单击鼠标左键(完成俯视图创建)；单击"Close"按钮。 单击 Drawing 工具栏中的 Base View 图标； Model View 组，Model View to Use 选择 Isometric； 在图中放置正等测视图的位置单击鼠标左键(完成正等测视图创建)； 单击"Close"按钮	
4	设置视图样式 双击俯视图边界，弹出 View Style 对话框； 选择 Smooth Edges 选项卡； 取消勾选 Smooth Edges； 单击"OK"按钮 双击正等测视图边界，弹出 View Style 对话框； 选择 Smooth Edges 选项卡； 在 Smooth Edges 选项下的第一个下拉列表中选择 Solid； 在 Smooth Edges 选项下的第二个下拉列表中选择 Thin； 单击"OK"按钮	
5	创建全剖视图(主视图) (1)省略剖视图标注 选择下拉菜单[Preferences]→[View Label]； 在 View Label 组，取消勾选 View Label； 单击"OK"按钮。 (2)创建全剖视图 单击 Drawing 工具栏中的 Section View 图标； 选择俯视图； 选择俯视图竖直线中点； 鼠标向正上方推； 在主视图的放置位置单击鼠标左键(完成主视图创建)	
6	创建半剖视图(左视图) 单击 Drawing 工具栏中的 Half Section View 图标； 选择俯视图； 选择俯圆孔中心(上)； 选择俯视图左侧竖线中点； 鼠标向正右方推，单击鼠标左键放置半剖视图； 双击半剖视图边界，弹出 View Style 对话框； 选择 General 选项卡；在 Angle 中输入 90； 单击"OK"按钮； 选择半剖视图，鼠标向上方推，放置在左视图位置	

续表

序号	操作内容	操作结果图示
7	创建局部剖视图(在俯视图中) (1)绘制局部剖视图的区域线 在俯视图附近单击鼠标右键,选择[Expand]; 单击 Curve 工具栏中的 Studio Spline 图标,在绘图区俯视图中局部剖视图区域单击鼠标左键,构建边界曲线,单击 Studio Spline 对话框中选项 Close,封闭曲线;单击"OK"按钮; 再次在俯视图附近单击鼠标右键,选择[Expand]。 (2)产生局部剖视图 单击 Drawing 工具栏中的 Break-Out Section View 图标; 选择俯视图,选择左视图的圆心,单击鼠标中键;选择样条曲线,单击"Apply"按钮,再单击"Cancel"按钮	
8	添加中心线 单击 Annotation 工具栏中的 2D Centerline 图标; 在图中选择 M6 螺纹孔的粗实线; 单击"OK"按钮	
9	标注尺寸 单击 Dimension 工具栏中的 Inferred Dimension 图标; 在图中标注尺寸	
10	标注几何公差 选择[Insert]→[Annotation]→[Feature Control Frame]; Frame 组,Characteristic 选择 Perpendicularity; Frame 组,Frame Style 选择 Single Frame; 在 Frame 组的 Tolerance 文本框输入 0.03; 在 Primary Datum Reference 下拉列表中选择 A; 在 Leader 组单击 Select Terminating Object 图标; 在绘图区单击指引线起点,再单击放置几何公差。 同理标注同轴度中 $\phi 0.02$ 的几何公差	

续表

序号	操作内容	操作结果图示
11	添加注释 单击 Annotation 工具栏中的 Note 图标； 在 Settings 组单击 Style 图标； 设置文本样式； 在 Text Input 组的 Formatting 文本框输入注释信息： 技术要求 1.未注圆角为 $R1\sim R2$。 2.铸件不能有气孔、砂眼等缺陷。 在绘图区单击放置注释文本； 单击"Close"按钮	

4. 知识解析

(1) 半剖视图

单击工具栏图标：Drawing(图纸)工具栏中的 Half Section View(半剖视图)图标，或选择下拉菜单：[Insert(插入)]→[View(视图)]→[Section(截面)]→[Half(半剖)]，弹出如图 10-21 所示的 Half Section View(半剖视图)工具栏。

Parent(父)：要创建"半剖视图"的视图。

Settings(设置)：设置剖切线样式。

Preview(预览)

步骤 1：选择父视图。

步骤 2：定义剖切位置。

步骤 3：定义弯折位置。

步骤 4：定义剖切方向。

步骤 5：放置半剖视图，如图 10-22 所示。

(2) 标注几何公差

① 添加几何公差

单击工具栏图标：Annotation(注释)工具栏中的 Feature Control Frame(特征控制框)图标，或选择下拉菜单：[Insert(插入)]→[Annotation(注释)]→[Feature Control Frame(特征控制框)]，弹出如图 10-23 所示的 Feature Control Frame(特征控制框)对话框。

● Origin(原点)

Specify Location(指定位置)

Alignment(对齐)

Annotation View(注释视图)

● Leader(指引线)

Select Terminating Object(选择终止对象)

Create with Jogs(创建折线)

图 10-21 Half Section View
(半剖视图)工具栏

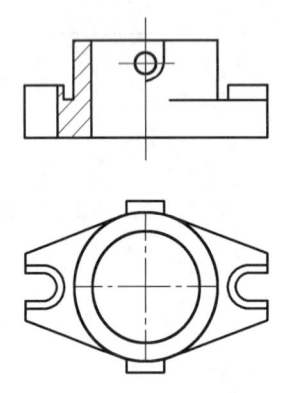

图 10-22 Half Section View(半剖视图)

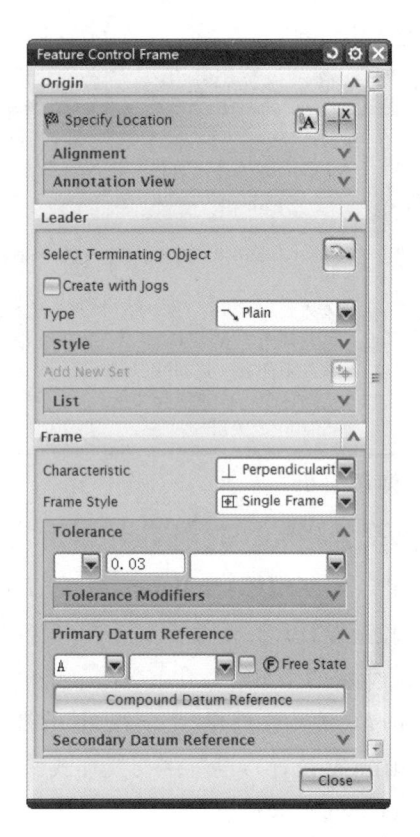

图 10-23 Feature Control Frame
(特征控制框)对话框

Type(类型):Plain(普通)、All Around(全圆符号)、Flag(标志)、Datum(基准)、Dot Terminate(以圆点终止)。

● Frame(框)

Characteristic(特性):Straightness(直线度)、Flatness(平面度)、Circularity(圆度)、Cylindricity(圆柱度)、Profile of a Line(线轮廓度)、Profile of a Surface(面轮廓度)、Angularity(倾斜度)、Perpendicularity(垂直度)、Parallelism(平行度)、Position(位置度)、Concentricity(同轴度)、Symmetry(对称度)、Circular Runout(圆跳动)、Total Runout(全跳动)。

Frame Style(框样式):Single Frame(单框)、Composite Frame(复合框)。

Tolerance(公差):设置几何公差的数值以及前缀和后缀。

Primary Datum Reference(第一基准参考):包含基准符号。

步骤 1:在特性下拉列表中选择几何公差的符号。

步骤 2:在框样式下拉列表中选择几何公差的框格。

步骤 3:在公差框设置几何公差的数值以及前缀和后缀。

步骤 4:在第一基准参考下拉列表中选择基准符号。

步骤 5:在指引线组单击选择终止对象图标,单击指引线起点。

步骤 6:单击放置几何公差,如图 10-24 所示。

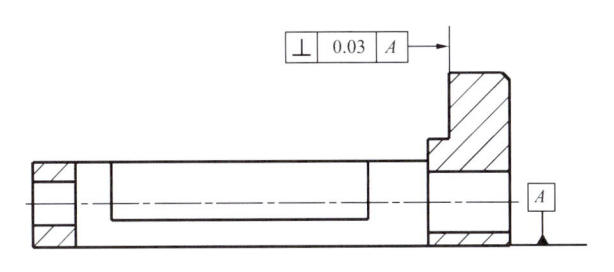

图 10-24　标注几何公差

②添加基准特征符号

单击工具栏图标：Annotation(注释)工具栏中的 Datum Feature Symbol(基准特征符号)图标，弹出如图 10-25 所示的 Datum Feature Symbol(基准特征符号)对话框。

- Origin(原点)
- Leader(指引线)

Select Terminating Object(选择终止对象)
Create with Jogs(创建折线)
Type(类型)：Plain(普通)、All Around(全圆符号)、Flag(标志)、Datum(基准)、Dot Terminate(以圆点终止)。

Style(样式)

Arrowhead(箭头)：Filled Arrow(填充的箭头)、None(无)、Filled Dot(填充圆点)。

Stub Side(短画线侧)

Stub Length(短画线长度)

- Datum Identifier(基准标识符)

Letter(字母)

- Settings(设置)

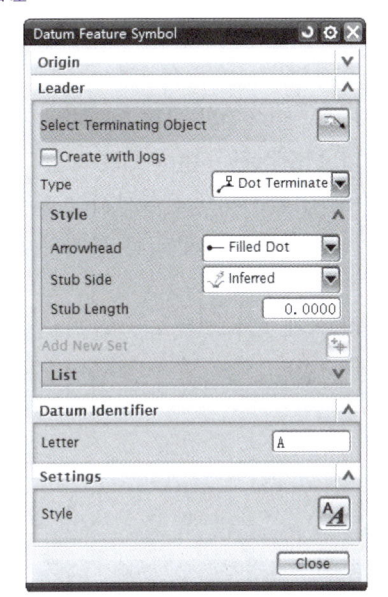

图 10-25　Datum Feature Symbol(基准特征符号)对话框

步骤1：在指引线组的类型下拉列表中选择以圆点终止。

步骤2：在箭头下拉列表中选择填充圆点。

步骤3：在基准标识符组的字母文本框输入基准符号。

步骤4：在指引线组单击选择终止对象图标，单击基准特征符号放置处直线，再单击放置基准特征符号，如图 10-24 所示。

(3)添加注释

单击工具栏图标：Annotation(注释)工具栏中的 Note(注释)图标，或选择下拉菜单：[Insert(插入)]→[Annotation(注释)]→[Note(注释)]，弹出如图 10-26 所示的 Note(注释)对话框。

- Origin(原点)
- Leader(指引线)

- Text Input(文本输入)
Edit Text(编辑文本)
Formatting(格式化)
Symbols(符号)
Import/Export(导入/导出)
- Inherit(继承)
- Settings(设置)
Style(样式)
Vertical Text(竖直文本)
Italic Angle(斜体角度)
Bold Thickness(粗体宽度)
Text Alignment(文本对齐)

步骤1：在设置组单击样式图标，弹出如图10-27所示的Style(样式)对话框，在该对话框中设置文本样式。

步骤2：在文本输入组的格式化文本框中输入注释信息。

步骤3：在合适位置单击鼠标左键，放置注释，如图10-28所示。

图10-26　Note(注释)对话框　　　　图10-27　Style(样式)对话框

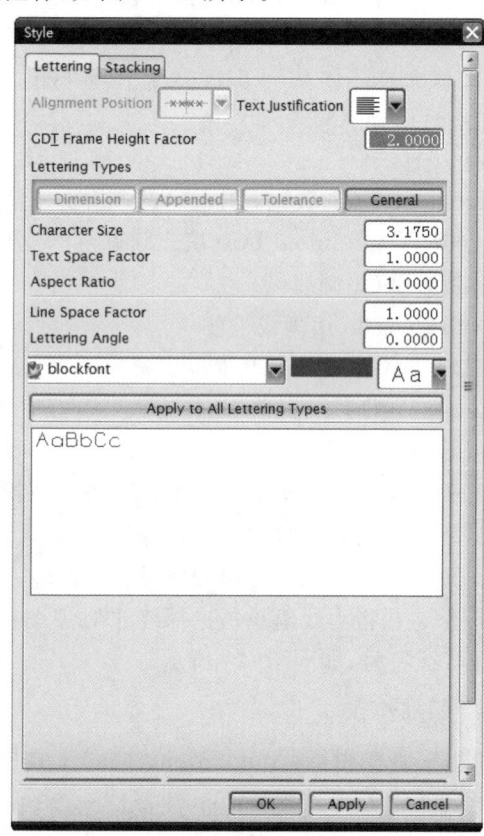

技术要求

1. 未注圆角为 $R1\sim R2$。
2. 铸件不能有气孔、砂眼等缺陷。

图 10-28　Note（注释）

任务 4　丝杠——断开视图、局部放大图、标注表面粗糙度、添加图框和标题栏、预设置工程图参数

1. 任务要求

制作丝杠的三维造型并绘制二维工程图，丝杠的结构与尺寸如图 10-29 所示。

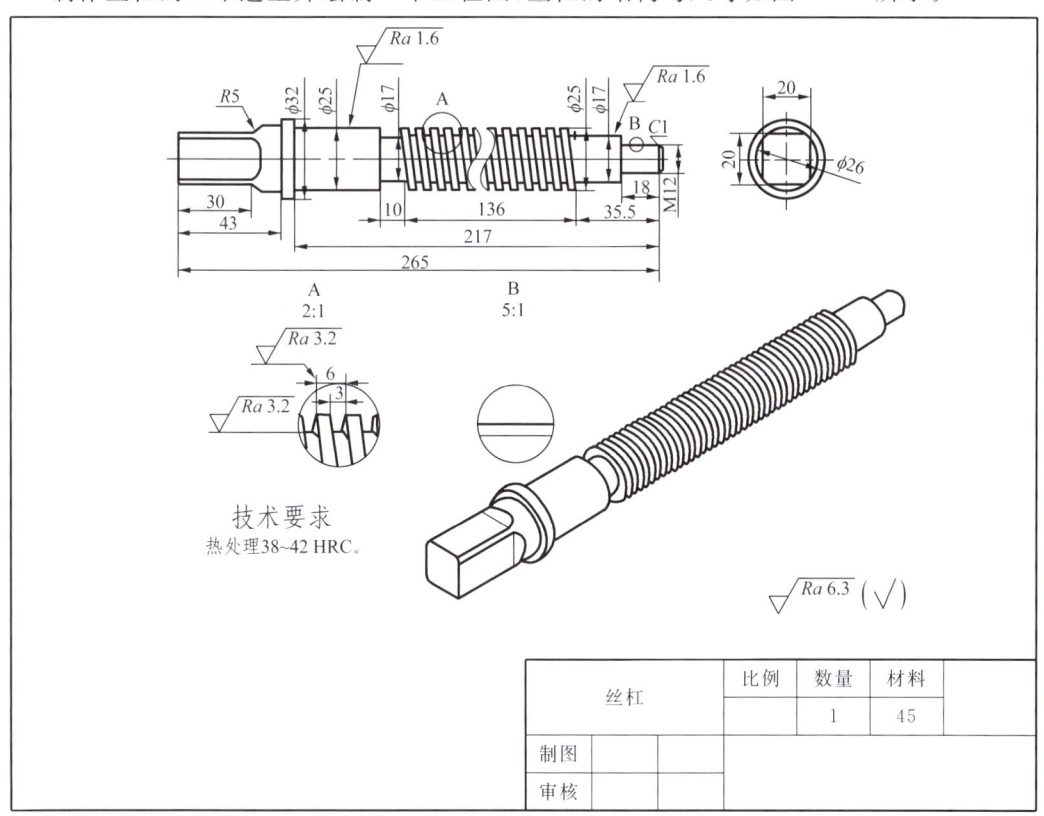

图 10-29　丝杠零件图

2. 任务分析

丝杠零件主要有矩形螺纹、方形结构等形状和结构，由于零件较长且矩形螺纹部分沿长度方向形状按一定规律变化，因此，拟采用基本视图的方法获得主视图，表达零件的主要结构特点，并在主视图中运用断开视图缩短距离，采用投影视图的方法获得左视图，表达方形结构与尺寸，采用局部放大图的方法详细表达矩形螺纹的结构与尺寸。

3. 任务实施

操作步骤见表 10-4。

表 10-4　　　　　　　　　　　　　　　操作步骤(4)

序号	操作内容	操作结果图示
1	制作丝杠三维造型 在 Modeling(三维造型)模块创建丝杠三维造型 (或打开已创建的丝杠三维造型文件)	
2	进入制图环境，新建图纸页 选择[Start]→[Drafting]； 单击 Drawing 工具栏中的 New Sheet 图标； 在 Sheet 对话框， Size 组，选择 Standard Size； Size 选择 A3-297×420； Scale 选择 1∶1； Name 组，Drawing Sheet Name 默认 SHT1； Settings 组，Units 选择 Millimeters； Projection 选择 1 st Angle Projection； 取消勾选 Automatically Start View Creation； 单击"OK"按钮	
3	创建基本视图(主视图、左视图、正等测视图) 单击 Drawing 工具栏中的 Base View 图标； Model View 组，Model View to Use 选择 Right； Scale 组，Scale 选择 1∶1； 在图中放置主视图的位置单击鼠标左键(完成主视图创建)； 鼠标向正右方推，在左视图的放置位置单击鼠标左键(完成左视图创建)； 单击"Close"按钮； 单击 Drawing 工具栏中的 Base View 图标； Model View 组，Model View to Use 选择 Isometric； 在图中放置正等测视图的位置单击鼠标左键(完成正等测视图创建)，单击"Close"按钮	
4	设置视图样式 双击主视图边界，弹出 View Style 对话框； 选择 Smooth Edges 选项卡； 取消勾选 Smooth Edges； 单击"OK"按钮。 双击正等测视图边界，弹出 View Style 对话框； 选择 Smooth Edges 选项卡； 在 Smooth Edges 选项下的第一个下拉列表中选择 Solid； 在 Smooth Edges 选项下的第二个下拉列表中选择 Thin； 单击"OK"按钮	

续表

序号	操作内容	操作结果图示
5	创建断开视图(在主视图中) 单击 Drawing 工具栏中的 Broken View 图标； 选择主视图； 在 Break Line 1 组选择 Associative,Offset 设为 0； 在丝杠轮廓上捕捉一断裂点； 在 Break Line 2 组选择 Associative,Offset 设为 0； 在丝杠轮廓上捕捉另一断裂点； 单击"OK"按钮	
6	创建局部放大图 单击 Drawing 工具栏中的 Detail View 图标； 在 Type 中选择 Circular； 在 Specify Center Point 状态，单击局部放大图区域的中心点； 在 Specify Boundary Point 状态，单击局部放大图区域的边界点； Scale 选择 2∶1； 在合适位置单击鼠标左键，放置局部放大图； 单击"Close"按钮	
7	标注尺寸 单击 Dimension 工具栏中的 Inferred Dimension 图标； 在图中标注尺寸	
8	标注表面粗糙度 选择［Insert］→［Annotation］→［Surface Finish Symbol］； 在 Attributes 组 Material Removal 下拉列表中 选择 Modifier,Material Removal Required； 在 Settings 组单击 Style 图标； 选择 Symbols 选项卡； 在 Drafting Standard 下拉列表中选择 ISO2002，单击"OK"按钮； 在 Roughness(a)下拉列表中选择表面粗糙度值(Ra 3.2)； 单击放置表面粗糙度符号	

续表

序号	操作内容	操作结果图示
9	添加图框 单击 Drawing Format 工具栏中的 Borders and Zones 图标； 在 Borders 组勾选 Create Borders； 在 Margins 组， Top 文本框输入 5； Bottom 文本框输入 5； Left 文本框输入 25； Right 文本框输入 5； 单击"OK"按钮	
10	添加标题栏 单击 Table 工具栏中的 Tabular Note 图标； 在 Origin 组 Auto Alignment 下拉列表选择 Non-associative； 在 Anchor 下拉列表选择 Bottom Right； 在 Table Size 组， Number of Columns 文本框输入 7； Number of Rows 文本框输入 4； Columns Width 文本框输入 15； 在 Settings 组单击 Style 图标，选择仿宋体，设置文本在中心对齐，表格外轮廓为粗实线，表格里面为细实线，行距为 8； 捕捉图框右下角顶点，单击鼠标左键放置表格，单击"Close"按钮； 用鼠标选中要合并的单元格，单击鼠标右键，选择[Merge Cells]； 用鼠标选中表格竖线，左右移动，由显示的列宽值进行调整； 在单元格中双击，弹出文本框，输入文字，按 Enter（回车）键	

4. 知识解析

(1) 断开视图

单击工具栏图标：Drawing(图纸)工具栏中的 View Break(断开视图)图标，或选择下拉菜单：[Insert(插入)]→[View(视图)]→[View Break(断开视图)]，弹出如图 10-30 所示的 View Break(断开视图)对话框。

- Type(类型)：Regular(常规)、Single-Sided(单侧)。
- Master View(主模型视图)：要创建"断开视图"的视图。

Select View(选择视图)

- Direction(方向)

Orientation(方位)

Specify Vector(指定矢量)

Reverse Direction(反向)

- Break Line 1(断裂线 1)

Associative(关联)

Specify Anchor Point(指定锚点):指定断裂点。
Offset(偏置)
● Break Line 2(断裂线 2)
Associative(关联)
Specify Anchor Point(指定锚点)
Offset(偏置)
● Settings(设置):编辑断开参数。
Gap(缝隙)
Style(样式)
Amplitude(幅值)
Extension 1(延伸 1)
Extension 2(延伸 2)
Show Break Line(显示断裂线)

步骤 1:选择断开类型。

步骤 2:在主模型视图组的选择状态,选择要创建"断开视图"的视图。

步骤 3:在断裂线 1 组设置关联、偏置。

步骤 4:在指定锚点激活状态捕捉对象轮廓上一断裂点,如图 10-31 所示。

步骤 5:在断裂线 2 组设置关联、偏置。

步骤 6:指定锚点激活状态捕捉对象轮廓上一另断裂点,如图 10-31 所示。

步骤 7:在设置组编辑断开参数,如图 10-30 所示。

步骤 8:单击"OK"按钮,如图 10-32 所示。

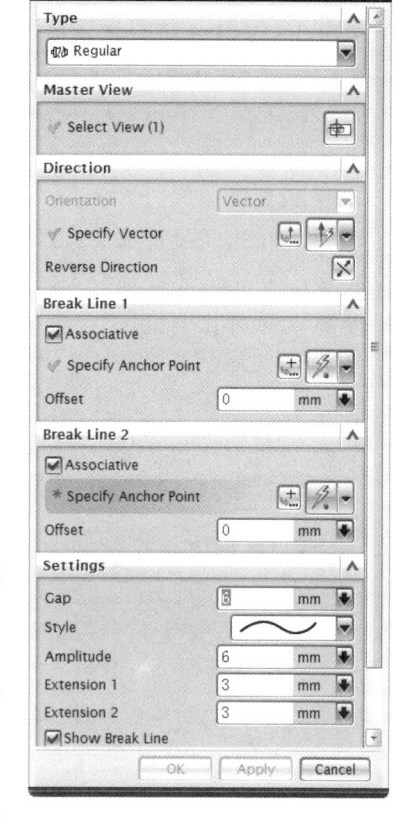

图 10-30 View Break(断开视图)对话框

图 10-31 丝杠零件   图 10-32 View Break(断开视图)

(2)局部放大图

单击工具栏图标:Drawing(图纸)工具栏中的 Detail View(局部放大图)图标,或选择下拉菜单:选择[Insert(插入)]→[View(视图)]→[Detail(局部放大图)],弹出如图 10-33 所示 Detail View(局部放大图)对话框。

● Type(类型):用以定义局部放大图的边界形状,包括 Circular(圆形)、Rectangle by Corners(按拐角绘制矩形)、Rectangle by Center Corner(按中心和拐角绘制矩形)。

● Boundary(边界)
Specify Center Point(指定中心点)
Specify Boundary Point(指定边界点)
● Parent View(父视图)
Select View(选择视图)

- Origin(原点):指定放置位置。
- Scale(比例):选择比例值。
- Label on Parent(父项上的标签)

Label(标签):None(无)、Circle(圆)、Note(注释)、Label(标签)、Embedded(内嵌)、Boundary(边界)。

步骤 1:选择圆形边界。
步骤 2:单击需要局部放大区域的中心点。
步骤 3:单击需要局部放大区域的边界点。
步骤 4:选择比例值。
步骤 5:选择父项上的标签形式。
步骤 6:单击放置局部放大图,如图 10-34 所示。
步骤 7:单击"Close(关闭)"按钮。

图 10-33 Detail View(局部放大图)对话框

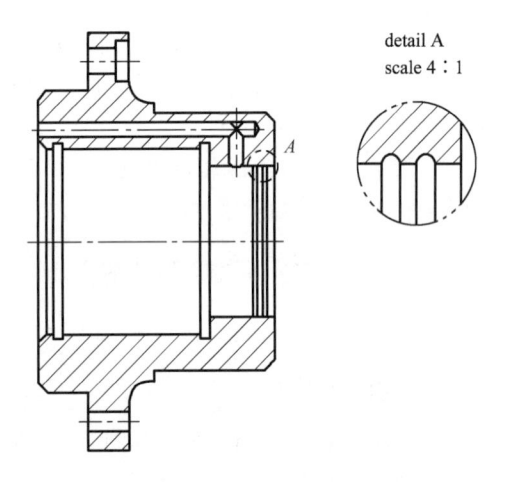

图 10-34 Detail View(局部放大图)

(3)标注表面粗糙度

单击工具栏图标:Annotation(注释)工具栏中的 Surface Finish Symbol(表面粗糙度符号)图标√,或选择下拉菜单:[Insert(插入)]→[Annotation(注释)]→[Surface Finish Symbol(表面粗糙度符号)],弹出如图 10-35 所示的 Surface Finish(表面粗糙度)对话框。

- Origin(原点)

Specify Location(指定位置)

Alignment(对齐)

Annotation View(注释视图)

- Leader(指引线)
- Attributes(属性)

Material Removal(材料移除)

Ⅰ. Modifier, Material Removal Required(修饰符,需要移除材料)。

Ⅱ. Modifier, Material Removal Prohibited(修饰符,禁止移除材料)。

Legend(图例)

Roughness(a)(粗糙度(a))

Secondary Roughness(b)(次要粗糙度(b))

Production Process(c)(生产过程(c))

Lay Symbol(d)(放置符号(d))

Machining(e)(加工(e))

Machining Tolerance(加工公差)

- Settings(设置)

Style(样式)

Angle(角度)

Parentheses(圆括号):None(无)、Left(左)、Right(右)、Both(两侧)

Invert text(反转文本)

图 10-35 Surface Finish(表面粗糙度)对话框

步骤 1:在 Attributes(属性)组的 Material Removal(材料移除)下拉列表中选择修饰符,需要移除材料。

步骤 2:在 Settings(设置)组单击 Style(样式)图标,选择 Symbols(符号)选项卡。

步骤 3:在 Drafting Standard(制图标准)下拉列表中选择 ISO2002,单击"OK"按钮。

步骤 4:在 Roughness(a)[粗糙度(a)]下拉列表中选择表面粗糙度值。

步骤 5:单击放置,如图 10-36 所示。

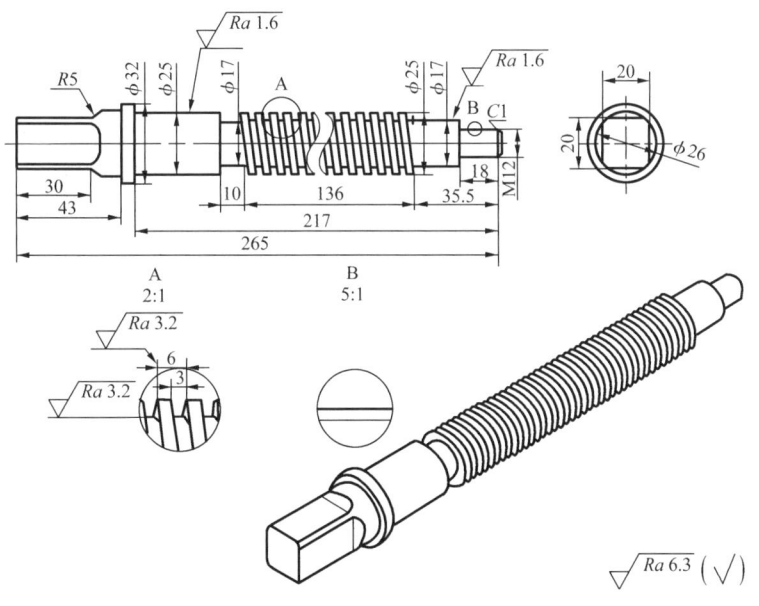

图 10-36 标注 Surface Finish(表面粗糙度)

步骤6：单击"Close(关闭)"按钮。

(4) 添加图框

单击工具栏图标：Drawing Format(图纸格式)工具栏中的 Borders and Zones(边界和区域)图标，弹出如图 10-37 所示的 Borders and Zones(边界和区域)对话框。

- Borders(边界)
  Create Borders(创建边界)
  Width(宽度)
  Centering Marks(中心标记)
- Trimming Marks(修剪标记)
- Zones(区域)
- Zone Labels and Markings(区域标签与标记)
- Margins(留边)
  Top(上)
  Bottom(下)
  Left(左)
  Right(右)

图 10-37 Borders and Zones (边界和区域)对话框

步骤1：在边界组勾选创建边界。

步骤2：在留边组，Top(上)文本框输入 5；Bottom(下)文本框输入 5；Left(左)文本框输入 25；Right(右)文本框输入 5。

步骤3：单击"OK"按钮，如图 10-38 所示。

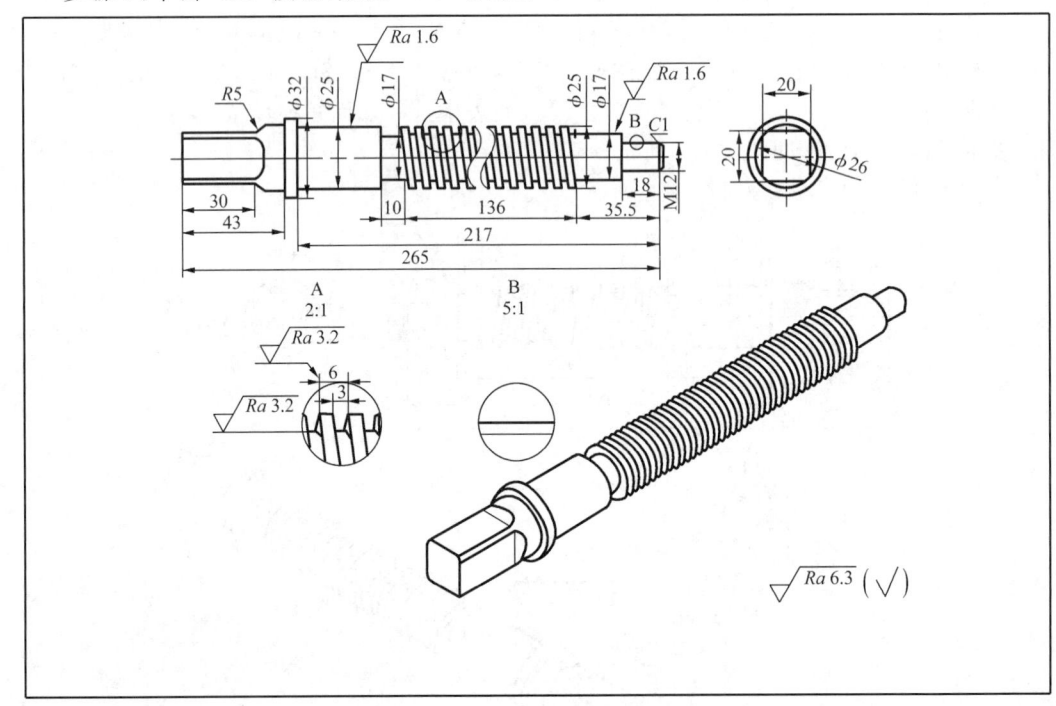

图 10-38 Borders and Zones(边界和区域)

学习情境 10　平口钳——绘制工程图

(5) 添加标题栏

单击工具栏图标：Table（表）工具栏中的 Tabular Note（表格注释）图标，弹出如图 10-39 所示的 Tabular Note（表格注释）对话框。

- Origin（原点）

Specify Location（指定位置）

Alignment（对齐）

Auto Alignment（自动对齐）：Associative（关联）、Non-associative（非关联）、Off（关）。

Anchor（锚点）：Top Left（左上）、Top Right（右上）、Bottom Left（左下）、Bottom Right（右下）。

- Leader（指引线）
- Table Size（表大小）

Number of Columns（列数）

Number of Rows（行数）

Column Width（列宽）

- Settings（设置）

Style（样式）：编辑字体、颜色、大小、文本对齐等。

图 10-39　Tabular Note（表格注释）对话框

步骤 1：在原点组的自动对齐下拉列表选择非关联。

步骤 2：在锚点下拉列表选择右下。

步骤 3：在表大小组，列数文本框输入 7；行数文本框输入 4；列宽文本框输入 15。

步骤 4：在设置组单击样式图标，编辑字体、颜色、大小、文本对齐等。

步骤 5：捕捉图框右下角顶点，单击鼠标左键放置表格，单击"Close"按钮，如图 10-40 所示。

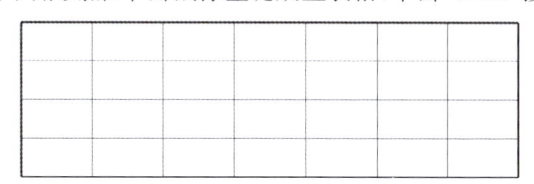

图 10-40　标题栏表格

步骤 6：合并单元格。用鼠标选中要合并的单元格，单击鼠标右键，在快捷菜单中选择 Merge Cells（合并单元格）。

步骤 7：调整标题栏的列宽和行高。如图 10-41 所示，用鼠标直接选中表格竖线，左右移动，根据显示的列宽数值进行调整；用鼠标直接选中表格横线，上下移动，根据显示的行高数值进行调整。

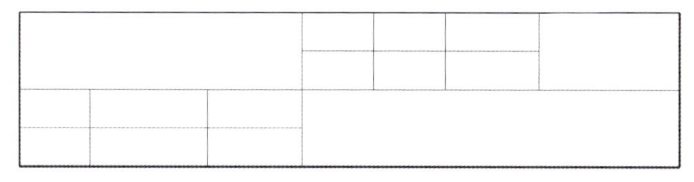

图 10-41　调整标题栏的列宽和行高

步骤8：输入文字。在单元格中双击，弹出文本框，输入文字，按 Enter(回车)键完成一个单元格的输入，同理完成标题栏其他文字的输入，如图 10-42 所示。

			比例	数量	材料
制图					
审核					

图 10-42　输入文字——标题栏

(6) 预设置工程图参数

① 制图参数预设置

选择[Preferences(首选项)]→[Drafting(制图)]，弹出如图 10-43 所示的 Drafting Preferences(制图首选项)对话框。该对话框用于 General(常规)、Preview(预览)、Sheet(图纸页)、View(视图)、Annotation(注释)、View Break(断开视图)六部分的选项操作。

● General(常规)选项卡(图 10-43)

General(常规)选项卡用于指定版本控制、图纸工作流程、图纸设置和栅格设置。

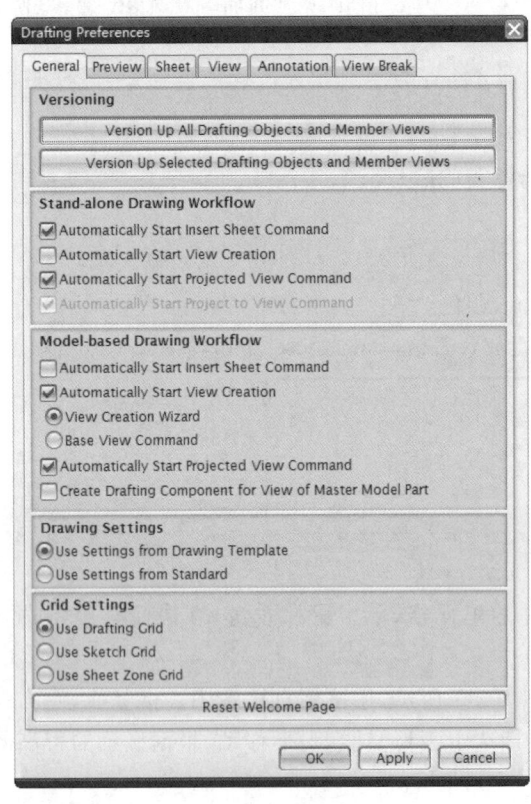

(a)　　　　　　　　　　　　　　　　(b)

图 10-43　Drafting Preferences(制图首选项)对话框——General(常规)选项卡

● Preview(预览)选项卡(图 10-44)

Preview(预览)选项卡用于设置视图样式(如边界、线框、隐藏线框、着色等)及光标跟踪等。

(a)   (b)

图 10-44　Drafting Preferences(制图首选项)对话框——Preview(预览)选项卡

- Sheet(图纸页)选项卡(图 10-45)

Sheet(图纸页)选项卡用于设置初始页号、初始次级编号和次级页号分隔符。

(a)   (b)

图 10-45　Drafting Preferences(制图首选项)对话框——Sheet(图纸页)选项卡

● View(视图)选项卡(图 10-46)

View(视图)选项卡用于控制视图的更新、视图边界的显示等操作。

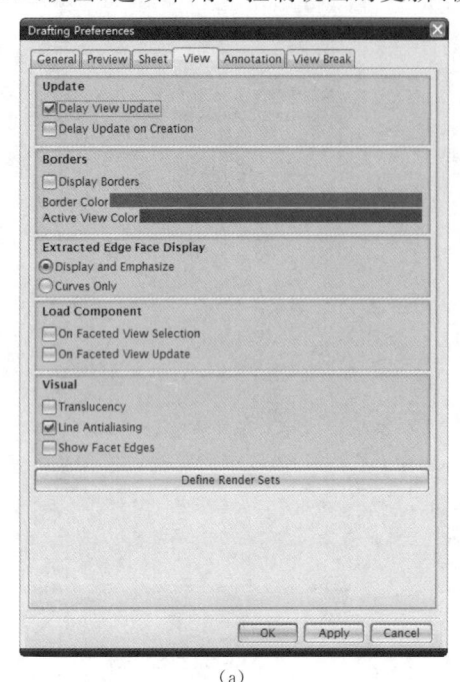

图 10-46　Drafting Preferences(制图首选项)对话框——View(视图)选项卡

● Annotation(注释)选项卡(图 10-47)

Annotation(注释)选项卡用于控制保留还是删除注释，以及定制保留注释的颜色、线型等特性。

图 10-47　Drafting Preferences(制图首选项)对话框——Annotation(注释)选项卡

- View Break(断开视图)选项卡(图 10-48)

View Break(断开视图)选项卡用于断裂线的显示、颜色、宽度等参数设置。

(a)　　　　　　　　　　　　　(b)

图 10-48　Drafting Preferences(制图首选项)对话框——View Break(断开视图)选项卡

②注释预设置

选择[Preferences(首选项)]→[Annotation(注释)],弹出 Annotation Preferences(注释首选项)对话框。

- Symbols(符号)选项卡(图 10-49)

Symbols(符号)选项卡设置应用于各种符号类型的首选项,预览框提供一般符号显示,包括符号的颜色、线型和线宽。

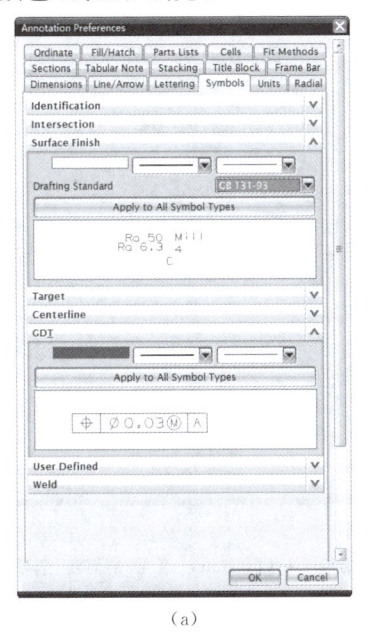

(a)　　　　　　　　　　　　　(b)

图 10-49　Annotation Preferences(注释首选项)对话框——Symbols(符号)选项卡

● Lettering(文字)选项卡(图 10-50)

Lettering(文字)选项卡用于尺寸、附加文本、公差和一般文本(注释、ID 符号等)的文字预设置。

图 10-50　Annotation Preferences(注释首选项)对话框——Lettering(文字)选项卡

● Fill/Hatch(填充/剖面线)选项卡(图 10-51)

Fill/Hatch(填充/剖面线)选项卡用于剖面线和区域填充的预设置。

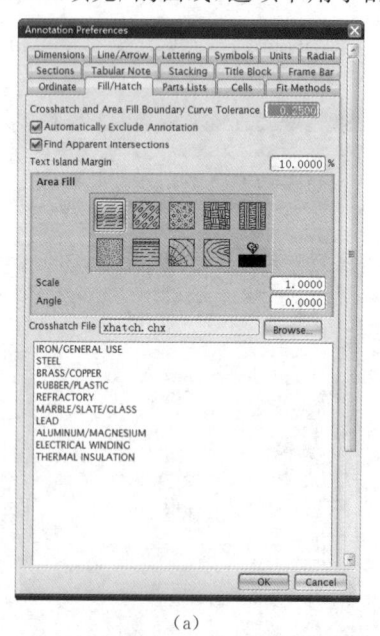

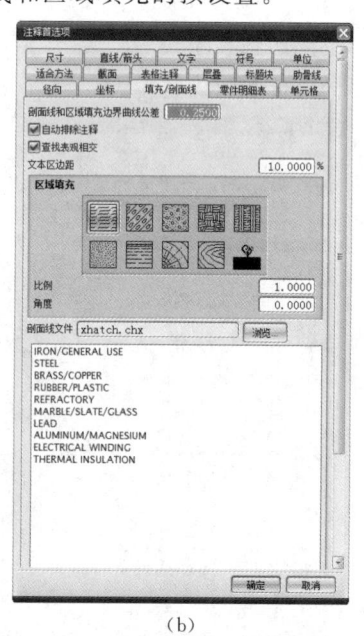

图 10-51　Annotation Preferences(注释首选项)对话框——Fill/Hatch(填充/剖面线)选项卡

● Dimensions(尺寸)选项卡(图 10-52)

Dimensions(尺寸)选项卡用于对尺寸的显示、放置类型、公差和精度格式、文本角度等要素进行设置。

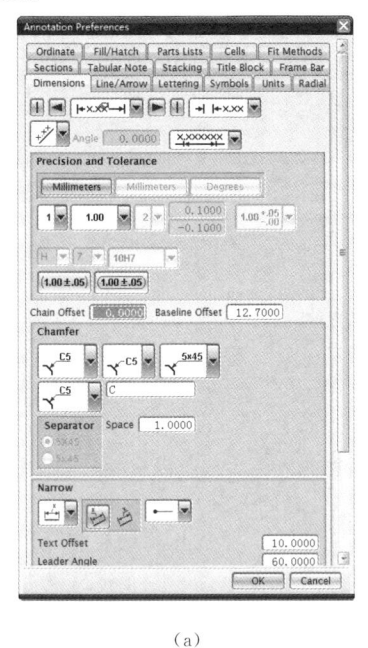

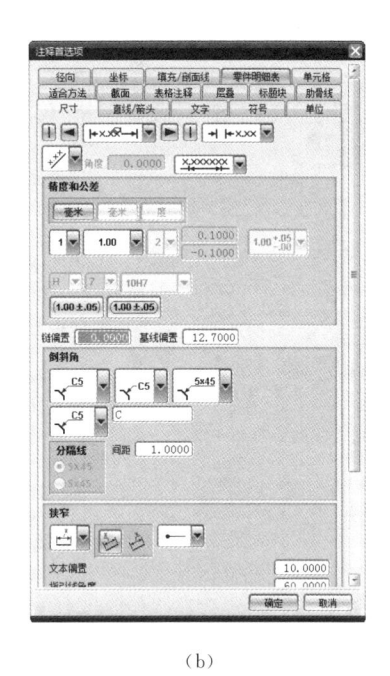

(a) (b)

图 10-52　Annotation Preferences(注释首选项)对话框——Dimensions(尺寸)选项卡

- Line/Arrow(直线/箭头)选项卡(图 10-53)

Line/Arrow(直线/箭头)选项卡用于对箭头、指引线以及尺寸界线的颜色、线型等进行预设置。

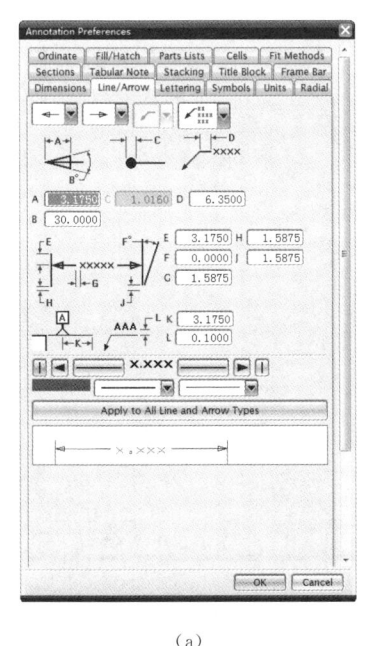

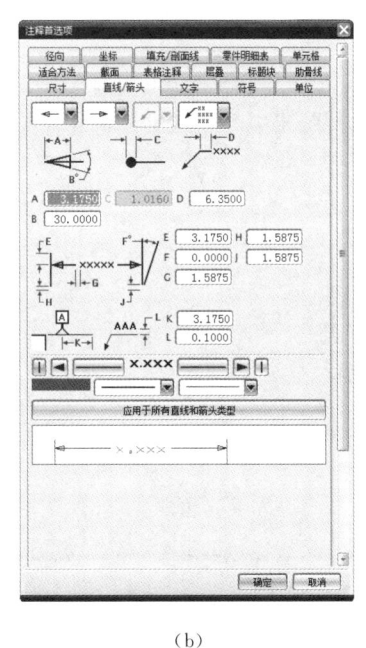

(a) (b)

图 10-53　Annotation Preferences(注释首选项)对话框——Line/Arrow(直线/箭头)选项卡

- Units(单位)选项卡(图 10-54)

Units(单位)选项卡可以设置所需的尺寸测量单位,还可以控制是以单尺寸还是双尺寸格式创建尺寸。

(a) (b)

图 10-54　Annotation Preferences(注释首选项)对话框——Units(单位)选项卡

● Radial(径向)选项卡(图 10-55)

Radial(径向)选项卡用于直径和半径尺寸值显示的预设置。

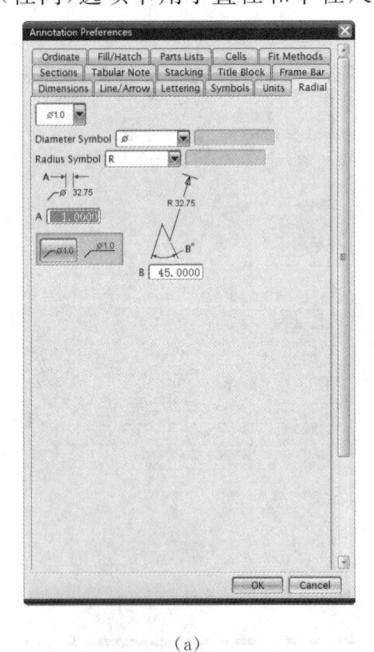

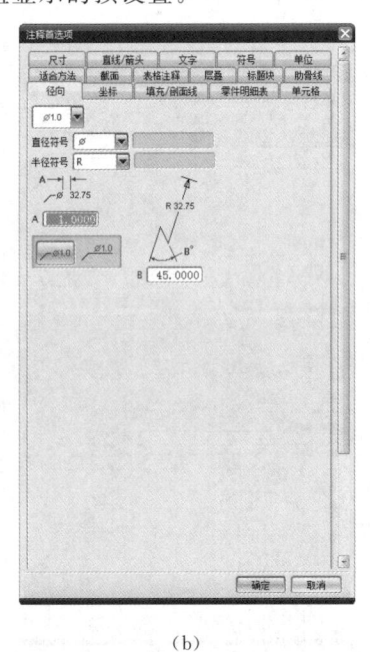

(a) (b)

图 10-55　Annotation Preferences(注释首选项)对话框——Radial(径向)选项卡

③剖切线预设置

选择[Preferences(首选项)]→[Section Line(截面线)]，弹出如图 10-56 所示的 Section Line Preferences(截面线首选项)对话框。

（a） （b）

图 10-56　Section Line Preferences(截面线首选项)对话框

Section Line Preferences(截面线首选项)对话框包含以下选项：
- Label(标签)：用于设置剖视图中是否显示标签以及标签字母。
- Legend(图例)：用于显示剖视图中剖切线箭头的参数和剖切线的延长线参数。
- Dimensions(尺寸)：用于设置箭头样式和箭头各部分参数。
- Offset(偏置)：用于设置是否使用偏置。
- Settings(设置)：用于设置剖切线的类型、颜色和宽度。

④视图预设置

选择［Preferences（首选项）］→［View（视图）］，弹出如图 10-57 所示的 View Preferences(视图首选项)对话框。

（a） （b）

图 10-57　View Preferences(视图首选项)对话框

View Preferences(视图首选项)对话框主要包含以下选项：
General(常规)：用于设置视图的最大轮廓线、参考、UV 栅格等。
Hidden Lines(隐藏线)：用于设置视图中隐藏线的显示方法。
Visible Lines(可见线)：用于设置可见线的颜色、线型和粗细等。
Smooth Edges(光顺边)：用于设置光顺边是否显示以及光顺边显示的颜色、线型和粗细。
Virtual Intersections(虚拟交线)：用于设置虚拟交线是否显示以及虚拟交线显示的颜色、线型和粗细。
Section(截面)：用于设置阴影线的显示类型，包括背景、剖面线、断面线等。
Shading(着色)：用于设置着色模式显示图纸成员视图。
Threads(螺纹)：用于设置螺纹表示的标准。
Base(基本)：用于设置基本视图的装配布置、小平面表示、剪切边界和注释的转移。

⑤视图标签预设置

选择[Preferences(首选项)]→[View Label(视图标签)]，弹出如图 10-58 所示的 View Label Preferences(视图标签首选项)对话框。该对话框用于设置视图标签的位置与视图标签中前缀、字母格式、字母大小比例因子以及视图比例的文本的位置、前缀、前缀文本比例因子、数值格式和数值比例因子。

(a)　　　　　　　　　　(b)

图 10-58　View Label Preferences(视图标签首选项)对话框

View Label Preferences(视图标签首选项)对话框 Type(类型)包括：
Other(其他)：用于设置除局部放大图或剖视图之外的视图标签。
Detail(局部放大图)：用于设置局部放大图的视图标签。
Section(剖视图)：用于设置剖视图的视图标签。

练习与提示

10-1　创建零件的工程图,如图10-59所示。
提示:①画出零件的三维造型。
　　　②设置图纸规格、比例、名称、单位、投影角。
　　　③添加主视图、俯视图、正等测视图。
　　　④标注尺寸。

10-2　创建零件的工程图,如图10-60所示。
提示:①画出零件的三维造型。
　　　②设置图纸规格、比例、名称、单位、投影角。
　　　③添加主视图、左视图、正等测视图。
　　　④标注尺寸。

10-3　创建零件的工程图,如图10-61所示。

图10-59　题10-1图

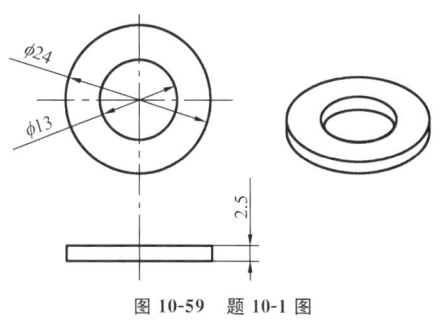

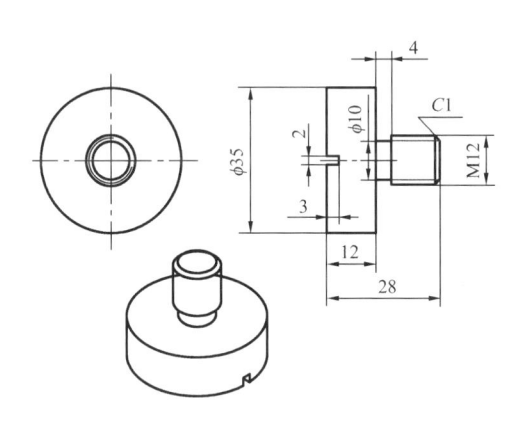

图10-60　题10-2图

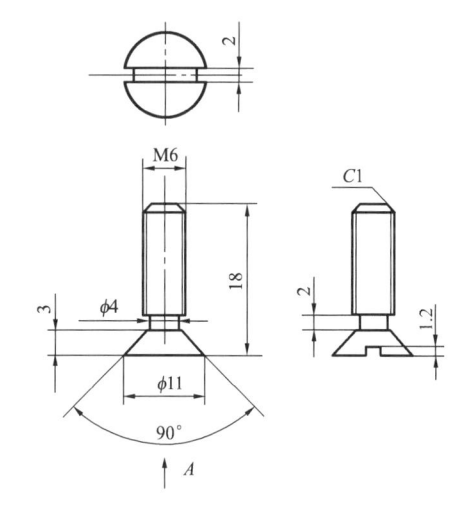

图10-61　题10-3图

10-4　创建零件的工程图,如图10-62所示。
提示:①画出零件的三维造型。
　　　②设置图纸规格、比例、名称、单位、投影角。
　　　③添加俯视图、主视图(半剖视图)、正等测视图。
　　　④标注尺寸。

10-5　创建零件的工程图,如图10-63所示。
提示:①画出零件的三维造型。
　　　②设置图纸规格、比例、名称、单位、投影角。
　　　③添加主视图、左视图(全剖视图)、局部放大图和正等测视图。
　　　④标注尺寸。

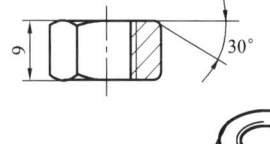

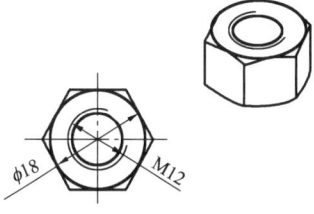

图10-62　题10-4图

图 10-63 题 10-5 图

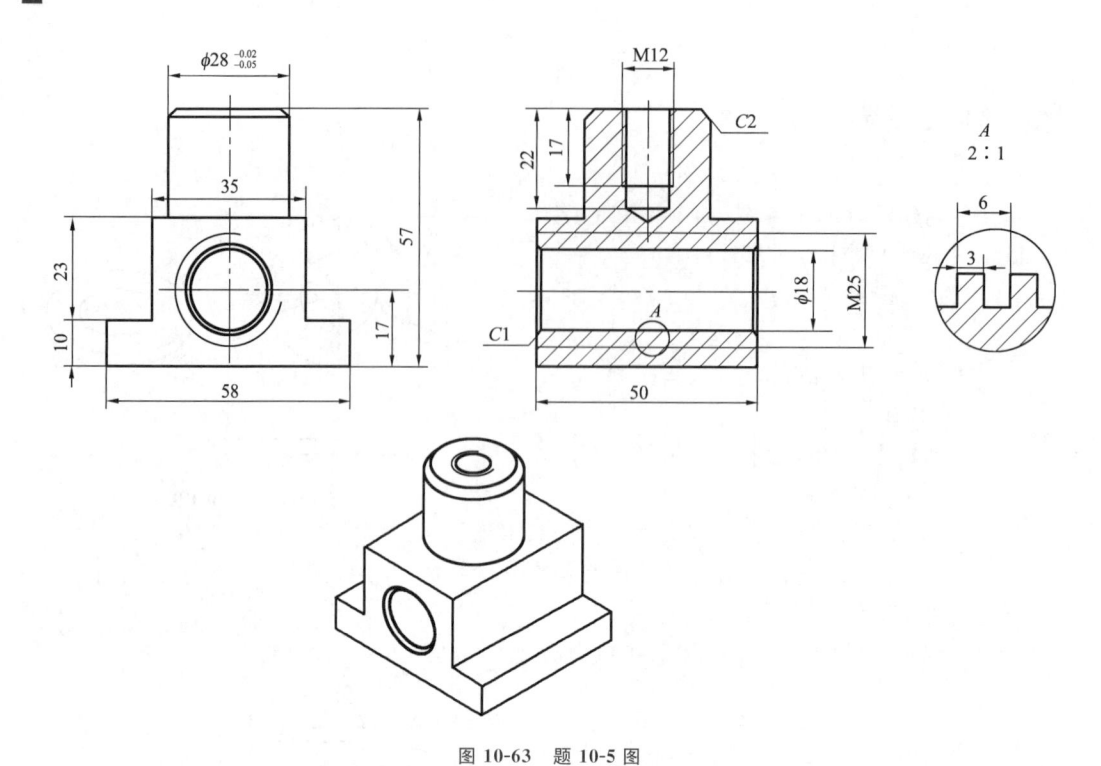

10-6 运用在学习情境 10 中已完成的平口钳零件三维造型,进行装配,如图 10-64 所示。

component_1（钳口）	component_2（活动钳身）	component_3（固定钳身）	component_4（丝杠）
component_5（螺钉）	component_6（螺母）	component_7（固定螺钉）	component_8（垫片）
component_9（螺母 M12）	subassembly_1（子装配体_1）	subassembly_2（子装配体_2）	assembly（装配体）

图 10-64 题 10-6 图

学习情境 11
手机盖、鼠标底座等模型的修改——同步建模

学习目标

1. 以企业实际案例为背景,学习 UG NX 8.0 推出的同步建模命令,通过十一个生产中真实的任务,逐步展示同步建模命令中的移动面、拉出面、偏置区域、替换面、调整圆角大小、调整面、删除面、复制面、设为共面、线性尺寸和横截面编辑等功能和使用方法,突显同步建模的突破性优势和在先进制造业中发挥的巨大作用。要求读者依样练习,并选择后面的练习进行具体运用。

2. 读者通过选择日常生活或企业生产中的产品独立进行产品的结构设计,达到熟练地运用 UG NX 8.0 软件建模、装配以及工程图模块中的各种功能,特别是各种建模方法,从而快速、流畅、精确地完成产品的三维建模、虚拟装配和工程图,并在运用中体会 UG 软件的集成化、参数化及灵活、高效的强大功能和突出特点。

学习任务

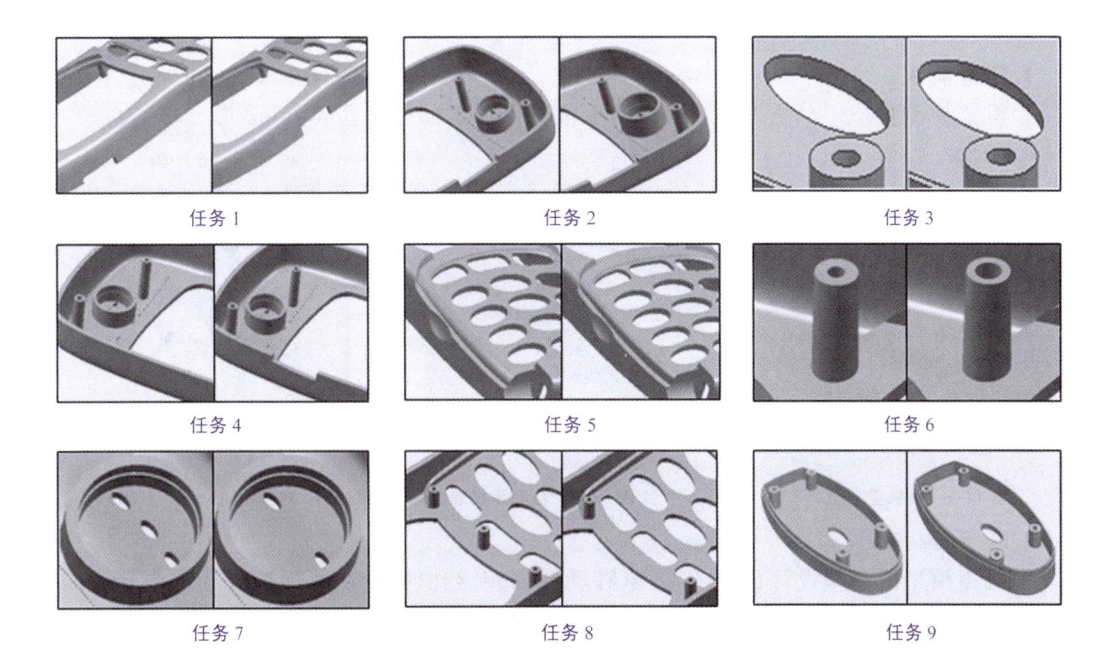

任务 1

任务 2

任务 3

任务 4

任务 5

任务 6

任务 7

任务 8

任务 9

任务 10　　　　　　　　　　　　任务 11

2008 年 Siemens PLM Software 推出了同步建模技术，实现了交互式三维实体建模中一个成熟的、突破性的飞跃。该项新技术在参数化、基于历史记录建模的基础上前进了一大步，同时与先前的技术共存。

同步建模技术是数字化产品开发方面取得的又一项重大突破，是 PLM 行业首个基于特征的无参数建模技术，这项技术可以使用户的设计速度提高 100 倍。

同步建模命令位于 Synchronous Modeling(同步建模)工具栏中，如图 11-1 所示。这些命令可用于修改模型，而不考虑模型的原点、关联性或特征历史记录。模型可能是从其他 CAD 系统导入的、非关联的以及无特征的，或者可能是具有特征的原生 UG NX 模型。通过直接使用这些模型，UG NX 可省去用于重新构建或转换几何体的时间。通过同步建模，设计者可以使用参数化特征，而不受特征历史记录的限制。

图 11-1　Synchronous Modeling(同步建模)工具栏

任务 1　修改手机盖模型侧面按键孔的位置——移动面

1. 任务要求

手机盖模型如图 11-2 所示，要求移动手机盖模型侧面按键孔 30 mm(沿－YC 方向)，如图 11-3 所示。

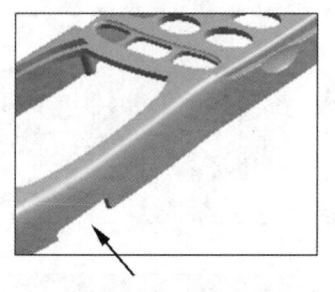

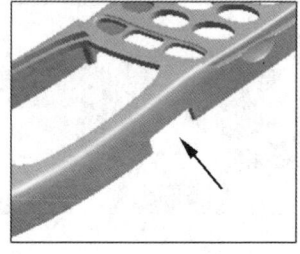

图 11-2　手机盖模型　　　　图 11-3　移动手机盖模型侧面按键孔 30 mm(沿－YC 方向)

2. 任务分析

手机盖模型的造型设计已完成，要求移动侧面按键孔的位置，侧面按键孔共由五个面组成，可运用同步建模命令(移动面)对侧面按键孔的面进行移动，从而完成修改任务。

3. 任务实施

操作步骤如下：

（1）在 UG NX 8.0 中打开 11_1.prt 文件，加入 Modeling（建模）模块。

（2）选择 Part Navigator（部件导航器），在 History Mode（历史记录模式）处单击鼠标右键，在弹出的快捷菜单中选取［History-Free Mode（无历史记录模式）］。

（3）在 Synchronous Modeling（同步建模）工具栏中单击 Move Face（移动面）图标。

（4）选择侧面按键孔的面。

（5）在如图 11-4 所示的 Move Face（移动面）对话框的 Specify Distance Vector（指定距离矢量）框选择－YC 方向，在 Distance（距离）框中输入移动距离 30。

（6）单击"OK"按钮。

4. 知识解析

Move Face（移动面）：移动一组面并调整相邻面与之适应。

单击工具栏图标：Synchronous Modeling（同步建模）工具栏中的 Move Face（移动面）图标，或选择下拉菜单：［Insert（插入）］→［Synchronous Modeling（同步建模）］→［Move Face（移动面）］，弹出如图 11-4 所示的 Move Face（移动面）对话框。

步骤 1：Face（面）

Select Face（选择面）：选择要移动的一个或多个面。

Face Finder（面查找器）：

● Results（结果）：列出建议的面。

● Settings（设置）：列出可以用来选择相关面的几何条件。

Use Face Finder（使用面查找器）

Select Coaxial（选择共轴）

Select Tangent（选择相切）

Select Coplanar（选择共面）

Select Coplanar Axes（选择共面轴）

Select Equal Radius（选择等半径）

Select Symmetric（选择对称）

Select Offset（选择偏置）

● Reference（参考）：列出可以参考的坐标系。

Absolute（绝对）——Work Part（工作部件）

Absolute（绝对）——Displayed Part（显示部件）

WCS（工作坐标系）——Work Part（工作部件）

WCS（工作坐标系）——Displayed Part（显示部件）

步骤 2：Transform（变换）

Motion（运动）：为选定要移动的面提供线性和角度变换方法。

图 11-4　Move Face（移动面）对话框

Specify Distance Vector(指定距离矢量):指定移动方向。
Specify Pivot Point(指定枢轴点):指轴心或绕轴点。
Distance(距离):输入移动选定面的距离。
Angle(角度):输入移动选定面绕轴旋转的角度。
步骤3:单击"OK"按钮。

任务 2　修改手机盖模型圆台的高度——拉出面

1. 任务要求

调整圆台高度 2 mm,如图 11-5 所示。

2. 任务分析

手机盖模型的造型设计已完成,要求将如图 11-5 所示圆台的上表面升高 2 mm,可运用同步建模命令(拉出面)对圆台的上表面进行拉伸,从而完成修改任务。

3. 任务实施

操作步骤如下:

图 11-5　调整圆台高度 2 mm

(1)在 UG NX 8.0 中打开 11_2.prt 文件,加入 Modeling(建模)模块。

(2)选择 Part Navigator(部件导航器),在 History Mode(历史记录模式)处单击鼠标右键,在弹出的快捷菜单中选取[History-Free Mode(无历史记录模式)]。

(3)在 Synchronous Modeling(同步建模)工具栏中单击 Pull Face(拉出面)图标 。

(4)选择要调整的圆台上表面。

(5)在如图 11-6 所示的 Full Face(拉出面)对话框的 Specify Vector(指定矢量)框中选择-ZC 方向,在 Distance(距离)文本框中输入拉出距离 2。

(6)单击"OK"按钮。

4. 知识解析

Pull Face(拉出面):从模型中拉出面以便添加材料,或将面抽取到模型中以便减去材料。

单击工具栏图标:Synchronous Modeling(同步建模)工具栏中的 Pull Face(拉出面)图标 ,或选择下拉菜单:[Insert(插入)]→[Synchronous Modeling(同步建模)]→[Pull Face(拉出面)],弹出如图 11-6 所示的 Pull Face(拉出面)对话框。

步骤 1:Face(面)

Select Face(选择面):在实体上选择一个或多个面。

步骤 2:Transform(变换)

Motion(运动):为选定要拉出的面提供变换类型。

图 11-6　Pull Face(拉出面)对话框

- Distance between Points(点之间的距离):通过在原点和测量点之间沿轴的距离来定义变换。
  - Radial Distance(径向距离):测量点和轴之间的距离(垂直于轴测量)来定义变换。
  - Point to Point(点到点):定义两点之间(从一个点到另一个点)的变换。
  - Distance(距离):沿矢量的一段距离来定义变换。

步骤3:Specify Vector(指定矢量),指定拉出方向。

步骤4:Distance(距离),输入拉出距离。

步骤5:单击"OK"按钮。

任务3 修改鼠标底座模型底板的厚度——偏置区域

1. 任务要求

在如图11-7所示的鼠标底座模型内表面,减小底板厚度0.5 mm,如图11-8所示。

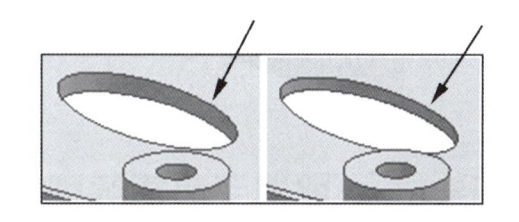

图11-7 鼠标底座模型　　图11-8 减小底板厚度0.5 mm

2. 任务分析

鼠标底座模型的造型设计已完成,要求在如图11-7所示的鼠标底座模型内表面减小底板厚度0.5 mm,可以运用同步建模命令(偏置区域)对鼠标底座模型内表面的底板厚度进行偏置,从而减小底板厚度0.5 mm,完成修改任务。

3. 任务实施

操作步骤如下:

(1)在UG NX 8.0中打开11_3.prt文件,加入Modeling(建模)模块。

(2)选择Part Navigator(部件导航器),在History Mode(历史记录模式)处单击鼠标右键,在弹出的快捷菜单中选取[History-Free Mode(无历史记录模式)]。

(3)在Synchronous Modeling(同步建模)工具栏中单击Offset Region(偏置区域)图标。

(4)选择鼠标底座模型内表面。

(5)在如图11-9所示的Offset Region(偏置区域)对话框中单击Reverse Direction(反向)图标,设置偏置方向,在Distance(距离)文本框中输入偏置距离0.5。

(6)单击"OK"按钮。

4. 知识解析

Offset Region(偏置区域):从当前位置偏置一组面,并调整相邻圆弧面与之适应。

单击工具栏图标：Synchronous Modeling(同步建模)工具栏中的 Offset Region(偏置区域)图标，或选择下拉菜单：[Insert(插入)]→[Synchronous Modeling(同步建模)]→[Offset Region(偏置区域)]，弹出如图 11-9 所示的 Offset Region(偏置区域)对话框。

步骤 1：Face(面)

Select Face(选择面)：选择一个或多个要偏置的面。

Face Finder(面查找器)：

● Results(结果)：列出建议的面。

● Settings(设置)：列出可以用来选择相关面的几何条件。

● Reference(参考)：列出可以参考的坐标系。

步骤 2：Offset(偏置)

Distance(距离)：输入偏置距离。

Reverse Direction(反向)图标：单击该图标可反转偏置方向。

步骤 3：单击"OK"按钮。

图 11-9　Offset Region(偏置区域)对话框

任务 4　取消手机盖模型侧面的按键孔——替换面

1. 任务要求

取消手机盖模型侧面的按键孔，如图 11-10 所示。

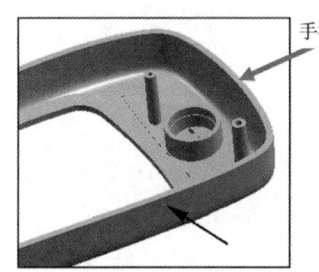

图 11-10　取消手机盖模型侧面的按键孔

2. 任务分析

手机盖模型的造型设计已完成，要求取消手机盖模型侧面的按键孔，如图 11-10 所示，手机盖模型侧面的按键孔由五个表面组成，可运用同步建模命令(替换面)用手机盖模型的一个端面替换按键孔的五个表面，从而完成修改任务。

3. 任务实施

操作步骤如下：

(1)在 UG NX 8.0 中打开 11_4.prt 文件，加入 Modeling(建模)模块。

(2)选择 Part Navigator(部件导航器),在 History Mode(历史记录模式)处单击鼠标右键,在弹出的快捷菜单中选取[History-Free Mode(无历史记录模式)]。

(3)在 Synchronous Modeling(同步建模)工具栏中单击 Replace Face(替换面)图标 。

(4)选择手机盖模型侧面的按键孔面。

(5)在如图 11-11 所示的 Replace Face(替换面)对话框的 Replacement Face(替换面)组中,单击 Select Face(选择面)图标,再选择手机盖模型的端面。

(6)单击"OK"按钮。

4. 知识解析

图 11-11 Replace Face(替换面)对话框

Replace Face(替换面):用一个或多个面替换一组面,并调整相邻圆弧面与之适应。

单击工具栏图标:Synchronous Modeling(同步建模)工具栏中的 Replace Face(替换面)图标 ,或选择下拉菜单:[Insert(插入)]→[Synchronous Modeling(同步建模)]→[Replace Face(替换面)],弹出如图 11-11 所示的 Replace Face(替换面)对话框。

步骤 1:Face to Replace(要替换的面)

Select Face(选择面):激活 Select Face(选择面)状态,选择要被替换的面。

步骤 2:Replacement Face(替换面)

Select Face(选择面):单击该图标将激活 Select Face(选择面)状态。

步骤 3:选择替换面。

步骤 4:Offset(偏置)

Distance(距离):输入要替换的面的偏置距离。

步骤 5:单击"OK"按钮。

任务 5　修改手机盖模型的圆弧半径——调整圆角大小

1. 任务要求

修改手机盖模型的圆弧半径为 3 mm,如图 11-12 所示。

2. 任务分析

手机盖模型的造型设计已完成,要求修改手机盖模型的圆弧半径为 3 mm,如图 11-12 所示,手机盖模型可能无特征历史记录,或由其软件设计后转换而来,或是未参数化的实体,上述情况均可用同步建模命令(调整圆角大小)来进行修改。

3. 任务实施

操作步骤如下:

(1)在 UG NX 8.0 中打开 11_5.prt 文件,加入 Modeling(建模)模块。

(2)选择 Part Navigator(部件导航器),在 History Mode(历史记录模式)处单击鼠标右

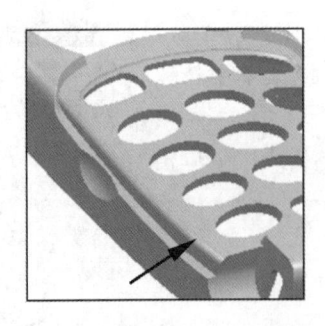

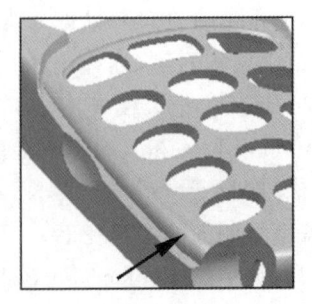

图 11-12　修改手机盖模型的圆弧半径为 3 mm

键,在弹出的快捷菜单中选取[History-Free Mode(无历史记录模式)]。

(3)在 Synchronous Modeling(同步建模)工具栏中单击 Resize Blend(调整圆角大小)图标 。

(4)选择手机盖模型圆弧面,如图 11-12 所示。

(5)在如图 11-13 所示的 Resize Blend(调整圆角大小)对话框的 Radius(半径)文本框中输入 3。

(6)单击"OK"按钮。

4. 知识解析

Resize Blend(调整圆角大小):在不考虑圆弧面特征历史的情况下,更改它的半径。

图 11-13　Resize Blend(调整圆角大小)对话框

单击工具栏图标:Synchronous Modeling(同步建模)工具栏中的 Resize Blend(调整圆角大小)图标 ,或选择下拉菜单:[Insert(插入)]→[Synchronous Modeling(同步建模)]→[Detail Feature(细节特征)]→[Resize Blend(调整圆角大小)],弹出如图 11-13 所示的 Resize Blend(调整圆角大小)对话框。

步骤 1:Face(面)

Select Blend Face(选择圆角面):选择要编辑的圆弧面。

步骤 2:Radius(半径),输入半径值。

步骤 3:单击"OK"按钮。

任务 6　修改手机盖模型的安装柱——调整面

1. 任务要求

修改手机盖模型的安装柱,如图 11-14 所示,内孔直径改为 1.5 mm,外圆锥面拔模斜度改为 1°。

2. 任务分析

手机盖模型的造型设计已完成,要求修改手机盖模型安装柱,内孔直径改为 1.5 mm,外圆锥面拔模斜度改为 1°,如图 11-14 所示,可运用同步建模命令(调整面)来进行修改。调整面命令就是通过修改圆柱面或球面的直径并自动更新相邻的圆角面,更改孔的直径、调整

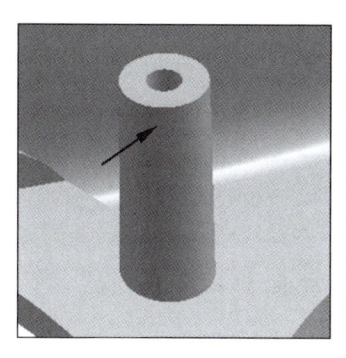

学习情境 11　手机盖、鼠标底座等模型的修改——同步建模

图 11-14　修改手机盖模型的安装柱

锥角等。

3. 任务实施

操作步骤如下：

(1) 在 UG NX 8.0 中打开 11_6.prt 文件，加入 Modeling(建模)模块。

(2) 选择 Part Navigator(部件导航器)，在 History Mode(历史记录模式)处单击鼠标右键，在弹出的快捷菜单中选取[History-Free Mode(无历史记录模式)]。

(3) 在 Synchronous Modeling(同步建模)工具栏中单击 Resize Face(调整面)图标 。

(4) 选择安装柱内孔，如图 11-14 所示。

(5) 在如图 11-15 所示的 Resize Face(调整面)对话框的 Diameter(直径)文本框中输入 1.5。

(6) 单击"Apply"按钮。

(7) 选择安装柱外圆锥面，在如图 11-16 所示的 Resize Face(调整面)对话框的 Angle(角度)文本框中输入 1。

(8) 单击"OK"按钮。

图 11-15　Resize Face(调整面)对话框——Diameter(直径)　　图 11-16　Resize Face(调整面)对话框——Angle(角度)

4. 知识解析

Resize Face(调整面)：更改圆柱面或球面的直径，并调整相邻圆弧面与之适应。

单击工具栏图标：Synchronous Modeling(同步建模)工具栏中的 Resize Face(调整面)图标，或选择下拉菜单：[Insert(插入)]→[Synchronous Modeling(同步建模)]→[Resize Face(调整面)]，弹出如图 11-15 所示的 Resize Face(调整面)对话框。

步骤 1：Face(面)

Select Face(选择面)：选择要调整大小的圆柱面、球面或锥形面。

Face Finder(面查找器)

步骤 2：Size(尺寸)

如果选择的是圆柱面或球面，则对话框如图 11-15 所示。

Diameter(直径)：输入直径值。

如果选择的是锥形面，则对话框如图 11-16 所示。

Angle(角度)：输入角度值。

步骤 3：单击"OK"按钮。

任务 7　修改手机盖模型的听筒孔——删除面

1. 任务要求

修改手机盖模型的听筒孔，如图 11-17 所示。

图 11-17　修改手机盖模型的听筒孔

2. 任务分析

手机盖模型的造型设计已完成，要求删除手机盖模型三个听筒孔中的中间一个，如图 11-17 所示，可运用同步建模命令(删除面)来进行修改。删除面命令通过删除中间孔的面并延伸相邻面，自动修复模型中删除面留下的开放区域。

3. 任务实施

操作步骤如下：

(1)在 UG NX 8.0 中打开 11_7.prt 文件，加入 Modeling(建模)模块。

(2)选择 Part Navigator(部件导航器)，在 History Mode(历史记录模式)处单击鼠标右键，在弹出的快捷菜单中选取[History-Free Mode(无历史记录模式)]。

（3）在Synchronous Modeling(同步建模)工具栏中单击Delete Face(删除面)图标🗙。

（4）选择手机盖模型听筒孔中间小孔的孔壁面。

（5）单击"OK"按钮。

4. 知识解析

Delete Face(删除面)：从模型中删除面集，并通过延伸相邻的面来修复留在模型中的开放区域。

单击工具栏图标：Synchronous Modeling(同步建模)工具栏中的Delete Face(删除面)图标🗙，或选择下拉菜单：[Insert(插入)]→[Synchronous Modeling(同步建模)]→[Delete Face(删除面)]，弹出如图11-18所示的Delete Face(删除面)对话框。

步骤1：Type(类型)

Face(面)：用于选择一个或多个要删除的面。

Hole(孔)：用于选择要删除的孔。

步骤2：Face(面)

Select Face(选择面)：选择要删除的面。

Select Hole(选择孔)：选择要删除的孔。

Select Holes by Size(按尺寸选择孔)：小于或等于指定直径尺寸的孔会被选中，如图11-19所示。

步骤3：单击"OK"按钮。

图11-18　Delete Face(删除面)对话框——Face(面)　　图11-19　Delete Face(删除面)对话框——Hole(孔)

任务8　添加手机盖模型的安装柱——复制面

1. 任务要求

添加手机盖模型的安装柱，如图11-20所示。

2. 任务分析

手机盖模型的造型设计已完成，要求添加手机盖模型的安装柱，如图11-20所示，可运用同步建模命令(复制面)来进行修改。复制面命令可从实体中复制一组面，将其粘贴到相同的实体或不同的实体上。

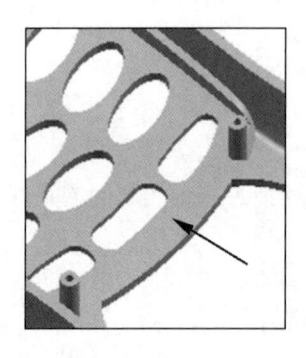

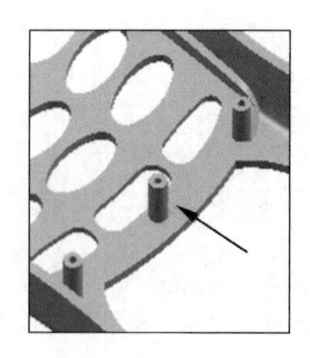

图 11-20　添加手机盖模型的安装柱

3. 任务实施

操作步骤如下：

(1)在 UG NX 8.0 中打开 11_8.prt 文件，加入 Modeling(建模)模块。

(2)选择 Part Navigator(部件导航器)，在 History Mode(历史记录模式)处单击鼠标右键，在弹出的快捷菜单中选取[History-Free Mode(无历史记录模式)]。

(3)在 Synchronous Modeling(同步建模)工具栏中单击 Copy Face(复制面)图标。

(4)选择右侧安装柱的内、外表面。

(5)在如图 11-21 所示的 Copy Face(复制面)对话框的 Motion(运动)下拉列表中选择 Point to Point(点到点)。

(6)在 Specify From Point(指定出发点)激活状态，选取右侧安装柱顶端中心。

(7)在 Specify To Point(指定终止点)激活状态，单击 Point Dialog(点对话)图标，输入坐标(0,56,−1.8)，单击"OK"按钮。

(8)勾选 Paste Copied Faces(粘贴复制的面)。

(9)单击"OK"按钮。

4. 知识解析

Copy Face(复制面)：从实体中复制一组面。复制的面集将形成片体，可以将其粘贴到相同的实体或不同的实体上。

单击工具栏图标：Synchronous Modeling(同步建模)工具栏中的 Copy Face(复制面)图标，或选择下拉菜单：[Insert(插入)]→[Synchronous Modeling(同步建模)]→[Reuse(重用)]→[Copy Face(复制面)]，弹出如图 11-21 所示的 Copy Face(复制面)对话框。

步骤 1：Face(面)

Select Face(选择面)：选择要复制的面。

Face Finder(面查找器)

步骤 2：Transform(变换)

图 11-21　Copy Face(复制面)对话框

Motion(运动):为要复制的选定面提供线性或角度变换方法,包括 Distance-Angle(距离-角度)、Distance(距离)、Angle(角度)、Distance between Points(点之间距离)、Radial Distance(径向距离)、Point to Point(点到点)、Rotate by Three Point(根据三点旋转)、Align Axis to Vector(将轴与矢量对齐)、CSYS to CSYS(CSYS 到 CSYS)、None(无)。

如果在 Motion(运动)下拉列表中选择 Distance(距离)则继续以下操作。

步骤 3:Specify Vector(指定矢量),选取复制面移动的方向。

步骤 4:Distance(距离),输入复制面移动的距离值。

步骤 5:Paste(粘贴)

Paste Copied Faces(粘贴复制的面):选中该复选框,则复制面与实体求和。

步骤 6:单击"OK"按钮。

任务9 修改鼠标底座模型安装柱的高度——设为共面

1. 任务要求

鼠标底座模型如图 11-22 所示,修改鼠标底座模型安装柱的高度(使其与上端面等高),如图 11-23 所示。

图 11-22 鼠标底座模型

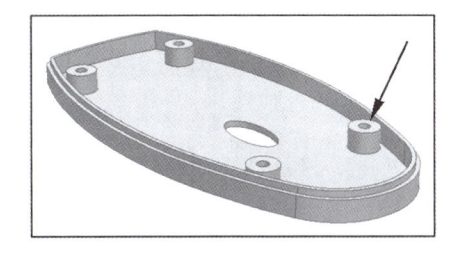

图 11-23 修改鼠标底座模型安装柱的高度(使其与上端面等高)

2. 任务分析

鼠标底座模型的造型设计已完成,要求鼠标底座模型的安装柱高度一致,如图 11-23 所示,可运用同步建模命令(设为共面)来进行修改。设为共面命令是通过移动面使所选面共面。

3. 任务实施

操作步骤如下:

(1)在 UG NX 8.0 中打开 11_9.prt 文件,加入 Modeling(建模)模块。

(2)选择 Part Navigator(部件导航器),在 History Mode(历史记录模式)处单击鼠标右键,在弹出的快捷菜单中选取[History-Free Mode(无历史记录模式)]。

(3)在 Synchronous Modeling(同步建模)工具栏中单击 Make Coplanar(设为共面)图标,弹出如图 11-24 所示的 Make Coplanar(设为共面)对话框。

(4)选择安装柱端面(四个端面中任意一个)作为运动面。

(5)选择鼠标底座模型上端面作为固定面。

(6)选择其余三个安装柱端面。

(7)单击"OK"按钮。

4. 知识解析

Make Coplanar(设为共面):通过移动面,使所选面与固定面共面。

单击工具栏图标:Synchronous Modeling(同步建模)工具栏中的 Make Coplanar(设为共面)图标,或选择下拉菜单:[Insert(插入)]→[Synchronous Modeling(同步建模)]→[Relate(相关)]→[Make Coplanar(设为共面)],弹出如图 11-24 所示的 Make Coplanar(设为共面)对话框。

步骤 1:Motion Face(运动面),要移动的面,将使其与固定面共面。

Select Face(选择面):选择要与固定面共面的平面。

步骤 2:Stationary Face(固定面),是平的面或基准平面,在运动面变换成与其共面的过程中保持固定。

图 11-24 Make Coplanar(设为共面)对话框

Select Face(选择面):选择固定面。

步骤 3:Motion Group(运动组),要移动的其他平面。

Select Face(选择面):选择其余要与固定面共面的平面。

Face Finder(面查找器)

步骤 4:单击"OK"按钮。

任务 10 修改手机盖模型安装柱的位置——线性尺寸

1. 任务要求

修改手机盖模型安装柱的位置,要求在 $X-Y$ 平面内,X 方向尺寸为 30 mm,如图11-25所示。

图 11-25 修改手机盖模型安装柱位置

2. 任务分析

手机盖模型的造型设计已完成,要求修改手机盖模型安装柱的位置,如图 11-25 所示,可运用同步建模命令(线性尺寸)来进行修改。线性尺寸命令就是通过将线性尺寸标注在模型上并修改模型的原始值来移动一组面。

3. 任务实施

操作步骤如下：

(1) 在 UG NX 8.0 中打开 11_10.prt 文件，加入 Modeling(建模)模块。

(2) 选择 Part Navigator(部件导航器)，在 History Mode(历史记录模式)处单击鼠标右键，在弹出的快捷菜单中选取[History-Free Mode(无历史记录模式)]。

(3) 在 Synchronous Modeling(同步建模)工具栏中单击 Linear Dimension(线性尺寸)图标 。

(4) 选择安装柱顶端中心(右侧)，再选择另一安装柱顶端中心(左侧)，单击放置尺寸。

(5) 选择 Face To Move(要移动的面)中的 Select Face(选择面)图标，选择安装柱内、外表面(左侧)。

(6) 在 Distance(距离)文本框输入 30。

(7) 单击"OK"按钮。

4. 知识解析

Linear Dimension(线性尺寸)：通过将线性尺寸添加至模型，修改其值来移动一组面。

单击工具栏图标：Synchronous Modeling(同步建模)工具栏中的 Linear Dimension(线性尺寸)图标 ，或选择下拉菜单：[Insert(插入)]→[Synchronous Modeling(同步建模)]→[Dimension(尺寸)]→[Linear Dimension(线性尺寸)]，弹出如图 11-26 所示的 Linear Dimension(线性尺寸)对话框。

步骤 1：Origin(原点)

Select Origin Object(选择原始对象)

步骤 2：Measurement(测量)

Select Measurement Object(选择测量对象)

步骤 3：Orientation(方位)：设置尺寸所在平面和方向。

步骤 4：Location(位置)

Specify Location(指定位置)：单击鼠标左键放置尺寸。

步骤 5：Face To Move(要移动的面)

Select Face(选择面)：选择要移动的面。

Face Finder(面查找器)

步骤 6：Distance(距离)：输入尺寸值。

步骤 7：单击"OK"按钮。

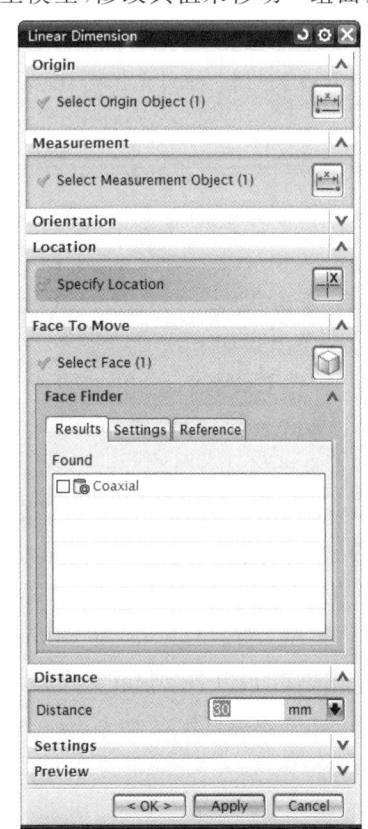

图 11-26 Linear Dimension(线性尺寸)对话框

任务 11 修改电器盒盖模型的截面形状和尺寸——横截面编辑

1. 任务要求

电器盒盖模型如图 11-27 所示,修改该模型的截面形状和尺寸,如图 11-28 所示。

图 11-27　电器盒盖模型

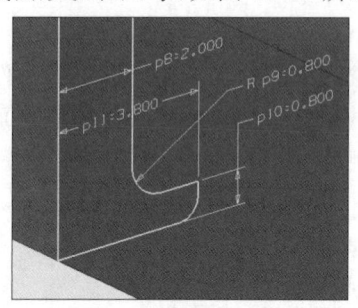

图 11-28　修改电器盒盖模型的截面形状和尺寸

2. 任务分析

电器盒盖模型的造型设计已完成,要对其截面形状和尺寸进行修改,如果该模型是运用 UG 软件进行三维造型的,由于 UG 软件是参数化的,只要修改参数,模型会自动更新,非常方便;如果该模型是由其他软件设计后转换而来的,或未参数化(参数已被删除等原因),则只能运用同步建模命令(横截面编辑)对选定的截面(用户自选)进行修改(可以改变截面曲线的形状和尺寸,从而改变电器盒盖模型),完成修改任务。

3. 任务实施

操作步骤如下:

(1)在 UG NX 8.0 中打开 11_11.prt 文件,加入 Modeling(建模)模块。

(2)选择 Part Navigator(部件导航器),在 History Mode(历史记录模式)处单击鼠标右键,在弹出的快捷菜单中选取[History-Free Mode(无历史记录模式)]。

(3)在 Synchronous Modeling(同步建模)工具栏中单击 Edit Section(编辑截面)图标。

(4)在如图 11-29 所示的 Cross Section Edit(横截面编辑)对话框的 Type(类型)中选择 On Plane(在平面上)。

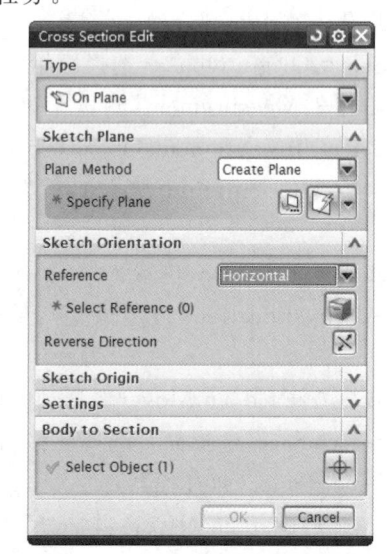

(5)在 Plane Method(平面方法)中选择 Create Plane(创建平面)。

图 11-29　Cross Section Edit(横截面编辑)对话框

(6)选择电器盒盖模型的前面,在绘图区的 Distance(距离)文本框输入 -25。

(7)在 Sketch Orientation(草图方向)组中单击 Select Reference(选择参考)图标,再在模型中选择水平参考,单击"OK"按钮。

(8)在草图环境中,用尺寸约束或几何约束或直接拖拉截面曲线进行修改,如图 11-28 所示。

(9)单击"Finish Sketch"(完成草图)按钮。

4. 知识解析

Cross Section Edit(横截面编辑):通过在草图中编辑横截面来修改实体(仅无历史记录模式)。

单击工具栏图标:Synchronous Modeling(同步建模)工具栏中的 Edit Section(编辑截面)图标,或选择下拉菜单:[Insert(插入)]→[Synchronous Modeling(同步建模)]→[Edit Section(编辑截面)],弹出如图 11-29 所示的 Cross Section Edit(横截面编辑)对话框。

步骤 1:Type(类型),从下拉列表中选择要创建的草图类型。

- On Plane(在平面上):在平面或平的面上的适当位置绘制草图(通常选择在平面上)。
- On Path(在轨迹上):在轨迹上绘制草图。

步骤 2:Sketch Plane(草图平面)

Plane Method(平面方法):

- Existing Plane(现有平面):设置直接选取模型平面或坐标平面作为草图平面。
- Create Plane(创建平面):设置创建平面。单击 Plane Dialog(平面对话)图标,在弹出的 Plane(平面)对话框中选择 Inferred(自动判断)、Point and Direction(点和方向)、At Distance(按某一距离)、At Angle(呈一角度)、YC－ZC Plane(YC－ZC 平面)、XC－ZC Plane(XC－ZC 平面)、XC－YC Plane(XC－YC 平面)等方式建立草图平面。

Specify Plane(指定平面):用于选取平面。

步骤 3:Sketch Orientation(草图方向)

Reference(参考):Horizontal(水平)、Vertical(竖直)。

Select Reference(选择参考):用于在模型中选择相应的参考。

步骤 4:Body to Section(要编辑截面的实体),选择要编辑截面的实体或片体(如果只有一个实体,则自动选择该实体)。

步骤 5:单击"OK"按钮,进入草图环境,用草图工具编辑截面曲线。

步骤 6:单击"Finish Sketch(完成草图)"按钮。

练习与提示

11-1 修改模型如图 11-30 所示,椭圆按钮孔沿 YC 轴方向移动 1 mm。

提示:移动面。

11-2 修改模型如图 11-31 所示,加长安装柱 2 mm。

提示:拉出面。

图 11-30　题 11-1 图　　　　　　　　　　　　图 11-31　题 11-2 图

11-3　修改模型如图 11-32 所示,减小厚度 0.5 mm。

提示:偏置区域。

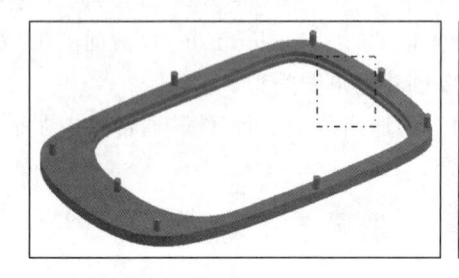

图 11-32　题 11-3 图

11-4　修改模型如图 11-33 所示,取消缺口。

提示:替换面。

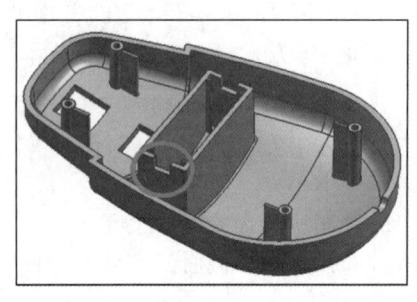

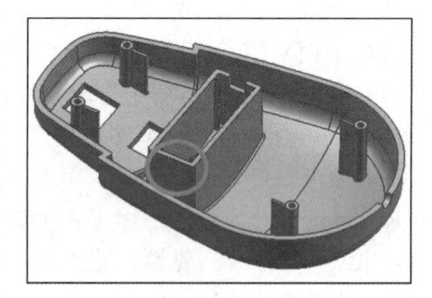

图 11-33　题 11-4 图

11-5　修改模型如图 11-34 所示,圆柱直径改为 1 mm。

提示:调整面。

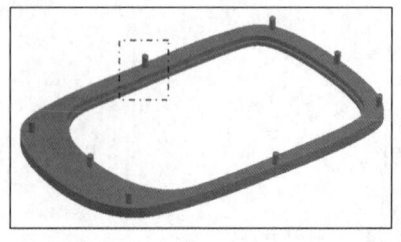

图 11-34　题 11-5 图

11-6 修改模型如图 11-35 所示，取消图 11-35 中所示方孔。

提示：删除面。

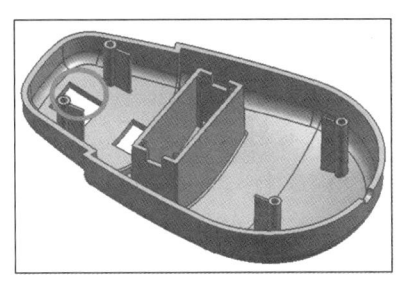

图 11-35 题 11-6 图

11-7 修改模型如图 11-36 所示，沿 $-YC$ 轴方向距离右侧圆柱体 3 mm 处添加一圆柱体。

提示：复制面。

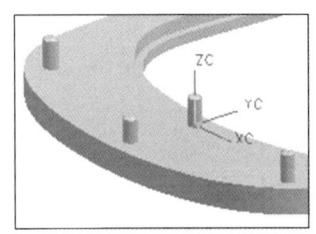

图 11-36 题 11-7 图

参 考 文 献

[1] 王兰美,冯秋官.机械制图[M].2版.北京:高等教育出版社,2010.

[2] 姜永武,彭金银.UG造型设计典型案例教程[M].2版.北京:电子工业出版社,2018.

[3] 杨晓琦,胡仁喜.UG NX 6.0中文版标准教程[M].北京:清华大学出版社,2008.

[4] 吴宗泽,罗圣国,高志,李威.机械设计课程设计手册[M].5版.北京:高等教育出版社,2018.

[5] 麓山文化.UG NX 8中文版机械设计从入门到精通[M].北京:机械工业出版社,2012.

[6] 钟日铭.UG NX 8.0完全自学手册[M].北京:机械工业出版社,2012.

[7] 林晓新,陈亮.工程制图习题集[M].3版.北京:机械工业出版社,2018.